高等职业教育校企合作新形态教材

工业机器人基础

主　编　张　强
副主编　董　健　刘　娟　张晨明
参　编　张　昕　郭方营　张苗苗

机械工业出版社

本书主要介绍工业机器人的基础理论以及编程应用，包括工业机器人的发展与分类认知、工业机器人机械结构认知、工业机器人感知系统认知、工业机器人控制系统认知、让机器人动起来、工业机器人基础设置、工业机器人轨迹编程和工业机器人搬运等8个项目。通过学习，学生可以全面、深入地了解并掌握工业机器人的基础知识和相关技术，为今后研究、开发和应用各类工业机器人打下坚实的基础。

本书以任务为驱动，成果为导向，进行项目化教学，并配备相应的任务考核。本书在内容设置上，按照实际岗位要求进行模块化设计，既保证了内容贴近企业需求，同时又注重知识、技能以及素养的综合提升。本书既适合作为高职院校自动化类专业的教材，也可为从事工业机器人编程与操作的相关技术人员提供参考。

为方便教学，本书有电子课件、项目评测答案、模拟试卷及答案等教学资源，凡选用本书作为授课教材的老师，均可通过QQ（2314073523）咨询。

图书在版编目（CIP）数据

工业机器人基础 / 张强主编. —北京：机械工业出版社，2023.8（2025.2 重印）
高等职业教育校企合作新形态教材
ISBN 978-7-111-73631-8

Ⅰ.①工… Ⅱ.①张… Ⅲ.①工业机器人 – 高等职业教育 – 教材
Ⅳ.① TP242.2

中国国家版本馆 CIP 数据核字（2023）第 144719 号

机械工业出版社（北京市百万庄大街 22 号　邮政编码 100037）
策划编辑：曲世海　　　　　　责任编辑：曲世海　冯睿娟
责任校对：张　征　梁　静　　封面设计：马若濛
责任印制：郜　敏
北京富资园科技发展有限公司印刷
2025 年 2 月第 1 版第 2 次印刷
184mm×260mm・16.75 印张・402 千字
标准书号：ISBN 978-7-111-73631-8
定价：55.00 元

电话服务　　　　　　　　　　网络服务
客服电话：010-88361066　　　机 工 官 网：www.cmpbook.com
　　　　　010-88379833　　　机 工 官 博：weibo.com/cmp1952
　　　　　010-68326294　　　金 书 网：www.golden-book.com
封底无防伪标均为盗版　　　　机工教育服务网：www.cmpedu.com

前　言

工业机器人技术是先进制造领域的重要标志和关键技术，目前我国制造业正处于加快转型升级的关键时期，利用工业机器人转型智能制造已然成为发展趋势。发展以工业机器人为主体的机器人产业对于打造中国制造优势、推动工业转型升级、加快制造强国建设有着重要意义。本书是为了适应新时代智能制造、高等职业教育发展需要，根据中国特色高水平高职学校和专业建设计划要求编写而成。

本书内容集知识理论与技术技能于一体，依据国家级电气自动化技术专业群"工业机器人基础"专业平台课课程标准进行设置。通过学习使学生对工业机器人系统有一个明确的概念，了解工业机器人的发展与分类、工业机器人机械结构、工业机器人感知系统、工业机器人控制系统，初步掌握工业机器人手动操纵、基础设置、轨迹编程和搬运，培养学生的职业道德和职业意识，提高学生的综合素质与职业能力，为今后研究、开发和应用各类工业机器人打下必要的基础。

本书以任务为驱动，坚持成果导向，配备相应的任务考核，使学生在完成任务的同时，掌握工业机器人的相关基础知识，具备工业机器人技术设计与分析解决问题的能力。在内容设置上，与职业技能等级证书标准对接，在夯实理论的基础上，着重介绍了工业机器人操作与编程方面的知识与技能。本书在编写过程中积聚来自院校、行业、企业的资源，同北京华航唯实机器人科技股份有限公司等企业紧密合作，校企合作开发教材，使得教材内容更加生动、丰富，更加贴近生产实际。

本书图文并茂、体例丰富，穿插了大量结构图与流程图，以"纸质＋云端"新形态教材开发为目标，配有丰富的视频、微课、动画和PPT等数字化资源，同时配套建设在线课程资源。

本书由张强担任主编并负责统稿，董健、刘娟、张晨明担任副主编，张昕、郭方营、张苗苗参与编写。由于编者水平有限，书中难免存在疏漏与不足，恳请广大读者不吝赐教，多加指正。

编　者

二维码索引

序号	二维码	页码	序号	二维码	页码
1		2	9		41
2		5	10		46
3		7	11		50
4		15	12		54
5		18	13		56
6		24	14		64
7		32	15		68
8		33	16		77

（续）

序号	二维码	页码	序号	二维码	页码
17		89	28		184
18		96	29		186
19		102	30		193
20		111	31		200
21		115	32		209
22		130	33		211
23		136	34		224
24		151	35		229
25		156	36		235
26		173	37		247
27		183			

目　　录

前言
二维码索引

项目1　工业机器人的发展与分类认知 …… 1
　任务1.1　了解工业机器人的发展史与
　　　　　 定义 ………………………………… 1
　任务1.2　工业机器人的类型区分 ………… 7
　任务1.3　工业机器人的基本组成与主要参数
　　　　　 辨析 ………………………………… 15
　任务1.4　了解工业机器人的行业发展趋势 … 23
　项目评测 ……………………………………… 29

项目2　工业机器人机械结构认知 …………… 31
　任务2.1　辨识工业机器人的末端执行器 …… 31
　任务2.2　区分工业机器人的手腕类型 ……… 40
　任务2.3　学习工业机器人的手臂分类与
　　　　　 特点 ………………………………… 46
　任务2.4　配置工业机器人的机身 …………… 50
　任务2.5　介绍工业机器人的行走机构与传动
　　　　　 系统 ………………………………… 54
　项目评测 ……………………………………… 61

项目3　工业机器人感知系统认知 …………… 63
　任务3.1　认识工业机器人传感器 …………… 63
　任务3.2　学习工业机器人内部传感器的
　　　　　 分类与选用 ………………………… 67
　任务3.3　学习工业机器人外部传感器的
　　　　　 分类与选用 ………………………… 76
　项目评测 ……………………………………… 86

项目4　工业机器人控制系统认知 …………… 88
　任务4.1　工业机器人控制基础知识介绍 …… 88
　任务4.2　工业机器人的运动学分析 ………… 95

　任务4.3　齐次坐标变换和运算认知 ………… 102
　项目评测 ……………………………………… 108

项目5　让机器人动起来 ……………………… 110
　任务5.1　工业机器人的开关机与重启 ……… 110
　任务5.2　工业机器人的手动操纵 …………… 114
　项目评测 ……………………………………… 126

项目6　工业机器人基础设置 ………………… 129
　任务6.1　认识工业机器人示教器 …………… 129
　任务6.2　工具与工件坐标系的建立 ………… 135
　任务6.3　工业机器人I/O通信的建立 ……… 150
　项目评测 ……………………………………… 169

项目7　工业机器人轨迹编程 ………………… 172
　任务7.1　工业机器人三角形
　　　　　 轨迹编程 …………………………… 172
　任务7.2　工业机器人圆形轨迹编程 ………… 193
　任务7.3　工业机器人多种轨迹编程 ………… 198
　项目评测 ……………………………………… 205

项目8　工业机器人搬运 ……………………… 207
　任务8.1　工业机器人单块物料搬运 ………… 207
　任务8.2　利用循环指令码垛的
　　　　　 案例讲解 …………………………… 223
　任务8.3　数组在码垛程序中的
　　　　　 案例讲解 …………………………… 227
　任务8.4　利用带参数的例行程序
　　　　　 实现搬运 …………………………… 232
　任务8.5　利用功能程序实现码垛点位
　　　　　 计算 ………………………………… 241
　任务8.6　中断程序TRAP的使用 …………… 246
　项目评测 ……………………………………… 256

参考文献 ……………………………………… 260

项目 1
工业机器人的发展与分类认知

📝 项目描述

工业机器人是最典型的机电一体化设备之一，同时也是计算机科学与人工智能发展的产物。本项目教学对象为初步接触工业机器人相关知识的学生，通过对工业机器人发展史的介绍，带领学生逐步掌握工业机器人的分类、基本结构与主要参数，同时对行业现状及发展趋势形成一定认识。

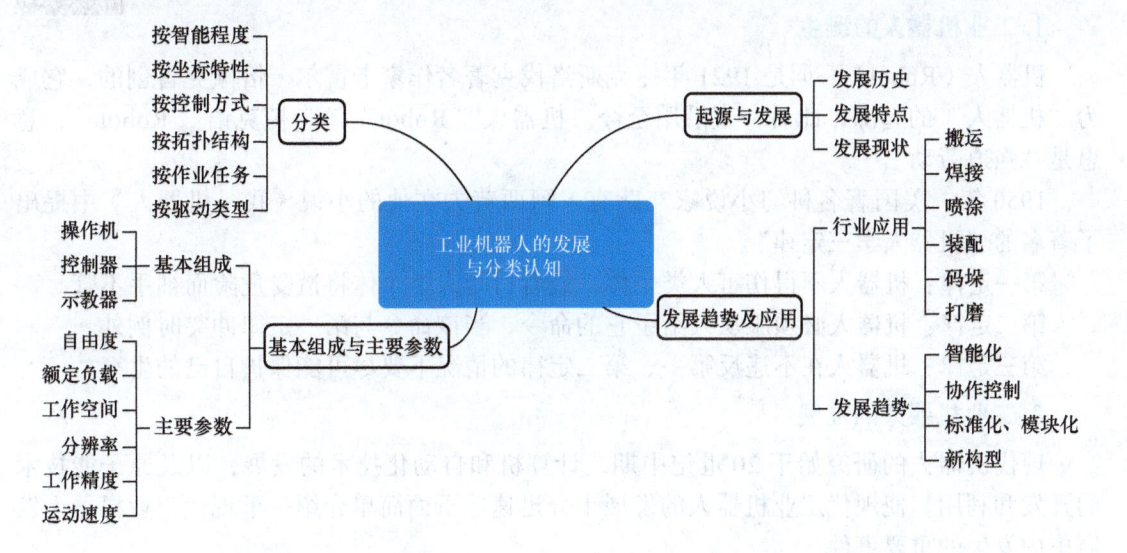

```
                按智能程度
                按坐标特性
                按控制方式
                按拓扑结构 ── 分类 ──────┐        ┌── 发展历史
                按作业任务                         起源与发展 ── 发展特点
                按驱动类型                                      └── 发展现状
                                                                     ┌ 搬运
    操作机                                                            │ 焊接
    控制器 ── 基本组成                                                  │ 喷涂
    示教器                工业机器人的发展      ─ 行业应用 ──┤ 装配
                           与分类认知                        │ 码垛
    自由度                                                            └ 打磨
    额定负载                                                 ┌ 智能化
    工作空间 ── 主要参数              发展趋势及应用 ── 发展趋势 ── 协作控制
    分辨率                                                            │ 标准化、模块化
    工作精度                                                          └ 新构型
    运动速度
```

任务 1.1　了解工业机器人的发展史与定义

💡 任务描述

本任务主要介绍工业机器人的发展史，帮助学生掌握工业机器人的定义及特点，对生产生活中的工业机器人形成初步认知。

工业机器人基础

问题引导

1）尝试简述工业机器人的发展史。
2）如何定义工业机器人？
3）工业机器人有哪些特点？

能力要求

知识要求：了解工业机器人的发展历史，掌握工业机器人定义及特点等内容。
技能要求：能够通过查阅资料了解目前工业机器人的发展水平和应用领域。
素质要求：增长见识，激发对工业机器人相关技术与应用的兴趣，关注行业发展，乐于沟通与合作。

知识准备

一、工业机器人的发展史

1. 工业机器人的诞生

机器人（Robot）一词是 1921 年捷克斯洛伐克著名作家卡雷尔·恰佩克首创的，它成为"机器人"的起源，此后一直沿用至今。机器人"Robot"源自捷克语"Robota"，意思是"强迫劳动"。

1950 年，美国著名科幻小说家艾萨克·阿西莫夫在他的小说《我，机器人》中提出了著名的"机器人学三定律"。

第一定律：机器人不得伤害人类个体，或者目睹人类个体将遭受危险而袖手不管。
第二定律：机器人必须服从人给予它的命令，当该命令与第一定律冲突时例外。
第三定律：机器人在不违反第一、第二定律的情况下要尽可能保护自己的生存。

2. 工业机器人的发展

现代机器人的研究始于 20 世纪中期，计算机和自动化技术的发展，以及原子能技术的开发和利用，使现代工业机器人的发展十分迅速。下面简单介绍一下现代工业机器人发展史中发生的重要事件。

1954 年，美国的乔治·德沃尔提出了一个与工业机器人有关的技术方案，并申请了"通用机器人"专利。该专利的要点在于借助伺服技术来控制机器人的各个环节，同时可以利用人手完成对机器人工作的示教，实现机器人动作的记录和再现。

1959 年，德沃尔与美国发明家约瑟夫·英格尔伯格联手制造出第一台工业机器人 Unimate，如图 1-1 所示，机器人的历史才真正拉开帷幕。

1962 年，美国机械与铸造公司（AMF）生产了世界上第一台圆柱坐标工业机器人 Versatran，如图 1-2 所示。Versatran 机器人可进行点位和轨迹控制，是世界上第一台用于工业生产的机器人。

项目 1　工业机器人的发展与分类认知

图 1-1　工业机器人 Unimate

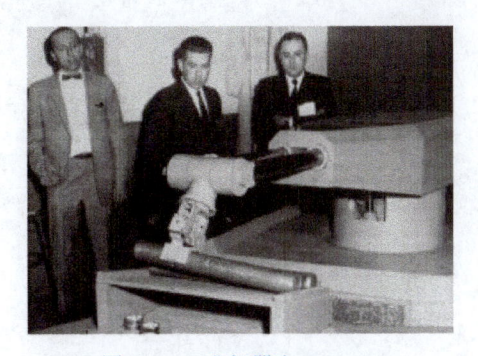

图 1-2　工业机器人 Versatran

1967 年，Unimation 公司推出机器人 Mark Ⅱ，将第一台涂装机器人出口到日本。同年，日本川崎重工业公司从美国引进机器人及其相关技术，建立生产厂房，并于 1968 年试制出第一台日本产机器人 Unimate。

1972 年，IBM 公司开发出供其内部使用的直角坐标机器人，并最终开发出 IBM7656 型商业直角坐标机器人，如图 1-3 所示。

1974 年，瑞士的 ABB 公司研发出世界上第一台全电控式工业机器人 TRB6，主要用于工件的取放和物料的搬运。

1978 年，Unimation 公司推出通用工业机器人 PUMA，这标志着串联工业机器人技术已经完全成熟。同年，日本山梨大学的牧野洋研制出了平面关节型机器人。

1979 年，Mccallino 等人首次设计出了基于小型计算机控制，在精密装配过程中完成校准任务的并联机器人，从而真正拉开了并联机器人研究的序幕。

1985 年，法国克拉维尔（Clavel）教授设计出并联机器人 DELTA。

1999 年，ABB 公司推出了 4 自由度的并联机器人 FlexPicker，如图 1-4 所示。

图 1-3　IBM7656 型商业直角坐标机器人

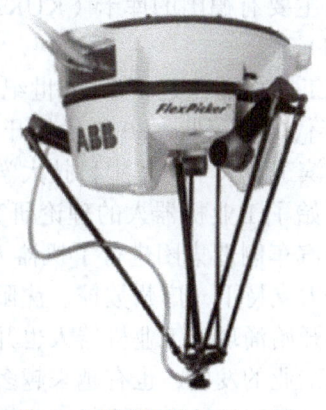

图 1-4　并联机器人 FlexPicker

2005 年，日本安川公司推出了产业机器人 MOTOMAN-DA20 和 MOTOMAN-IA20，能够代替人类完成搬运和装配工作。MOTOMAN-DA20 是一款配备 2 个六轴驱动臂的双臂机器人，如图 1-5 所示。MOTOMAN-IA20 是一款七轴工业机器人，也是全球首款七轴驱动的产业机器人，更加接近人类的动作，如图 1-6 所示。

图1-5 产业机器人 MOTOMAN-DA20

图1-6 产业机器人 MOTOMAN-IA20

2014年，ABB公司推出了其首款双七轴臂协作机器人YuMi，如图1-7所示。2015年，川崎公司推出了双腕平面关节型机器人duAro，如图1-8所示。

图1-7 双七轴臂协作机器人 YuMi

图1-8 双腕平面关节型机器人 duAro

目前，国际上的机器人公司主要为日系和欧系。日系机器人公司主要有发那科（FANUC）、安川（YASKAWA）、那智不二越（NACHI）、松下（Panasonic）等。欧系机器人公司主要有德国的库卡（KUKA）、克鲁斯（CLOOS），瑞士的ABB，意大利的柯马（COMAU）等。

我国工业机器人起步于20世纪70年代初期。经过50多年发展，大致经历了三个阶段：70年代的萌芽期、80年代的开发期和90年代后的应用期。20世纪70年代，清华大学、哈尔滨工业大学、华中科技大学、中国科学院沈阳自动化研究所等一批高校和科研院所最早开始了工业机器人的理论研究。20世纪80年代和90年代，沈阳自动化研究所和中国第一汽车制造集团进行了机器人的试制和初步应用工作。进入21世纪以来，在国家政策的大力支持下，广州数控、沈阳新松、安徽埃夫特、南京埃斯顿等一批优秀的本土机器人公司开始涌现，工业机器人也开始在中国形成了初步产业化规模。现在，国家更加重视机器人工业的发展，也有越来越多的企业和科研人员投入到机器人的开发研究中。

目前，我国已基本掌握了工业机器人的结构设计和制造技术、控制系统硬件和软件技术、运动学和轨迹规划技术，也具备了机器人部分关键元器件的规模化生产能力。一些公司开发出的喷漆、弧焊、点焊、装配、搬运等机器人已经在多家企业的自动化生产线上获得规模应用。

总体来看，我国的工业机器人由于起步较晚，在技术开发和工程应用水平上与国外相比还有一定的差距。

> **课间加油站**
>
> 中国机器人之父——蒋新松
>
> 新松机器人自动化有限公司是以"中国机器人之父"蒋新松的名字命名的。蒋新松的一生是为祖国和科学而献身的一生。他作为中国机器人研究的开拓者之一，在国内率先从事机器人研究，领导并直接参与我国第一台计算机控制的工业机器人和水下机器人的研制，参与国家"863"计划的制定，为我国CIMS和智能机器人研究发展和跻身世界行列做出了贡献。蒋新松秉承"献身、求实、协作、创新"的科研精神，以强烈的使命感、责任感和紧迫感，为实现科技自立自强、建设科技强国贡献力量。

二、工业机器人的定义及特点

1. 工业机器人的定义

随着机器人技术的飞速发展和信息时代的到来，机器人所涵盖的内容越来越丰富，机器人的定义也不断充实和创新。美国机器人协会（RIA）提出的定义为"工业机器人是一种用于移动各种材料、零件、工具或专用装置的，通过可编程序动作来执行种种任务的，并具有编程能力的多功能操作机"。日本工业机器人协会（JIRA）提出的定义为"工业机器人是一种装备有记忆装置和末端执行器的，能够完成各种移动来代替人类劳动的通用机器"。国际标准化组织（ISO）提出的定义为"工业机器人是一种自动的、位置可控的、具有编程能力的多功能操作机，这种操作机具有几个轴，能够借助于可编程序操作来处理各种材料、零件、工具和专用装置，以执行各种任务"。

国家标准GB/T 12643—2013将工业机器人定义为"自动控制的、可重复编程、多用途的操作机，可对三个或三个以上轴进行编程"。

总之，工业机器人是面向工业领域的多关节机械手或多自由度的机器人，工业机器人是自动执行工作的机器装置，是靠自身动力和控制能力来实现各种功能的一种机器。它可以接受人类指挥，也可以按照预先编排的程序运行，现代的工业机器人还可以根据人工智能技术制定的原则纲领行动。

2. 工业机器人的特点

（1）可编程　生产自动化的进一步发展是柔性自动化。工业机器人可随其工作环境变化的需要而再编程，因此它在小批量、定制化、多品种、高效率、柔性制造过程中能发挥很好的作用，是柔性制造系统的一个重要组成部分。

（2）通用性　除专门设计的工业机器人外，一般机器人在执行不同的作业任务时具有较好的通用性。更换不同的末端执行器和不同的动作程序便可执行不同的作业任务。

（3）拟人性　工业机器人在机械结构上具有类似人的大臂、小臂、手腕、手爪等部分。此外，智能化工业机器人还有许多类似人类的生物传感器，如皮肤性接触传感器、力传感器、视觉传感器、声觉传感器和语言功能传感器等。

（4）智能性　工业机器人具有不同的智能程度，如感知系统、记忆功能等可提高工业机器人对周围环境的适应能力。新一代智能机器人不仅具有获取外部环境信息的各种传感器，而且还具有记忆能力、语言理解能力、图像识别能力、推理判断能力等。

任务实施

根据调研场所内的机器人型号进行结构特点分析，同时通过查阅官方网址，记录国内外典型工业机器人品牌的常用型号及应用领域。借助报告书完成对工业机器人品牌型号的认知分析。

工业机器人品牌型号认知报告书

题目名称		
学习主题	工业机器人品牌的认识和简单分析能力	
重点难点	工业机器人型号的结构特点	
训练目标	主要知识能力指标	1）能根据工业机器人型号查阅、分析其相关结构和特点 2）能够通过铭牌了解机器人技术参数 3）了解国内外工业机器人主要品牌和型号
	相关能力指标	1）能够正确制定工作计划，养成独立工作的习惯 2）能够阅读工业机器人相关技术手册与说明书 3）培养学生良好的职业素质及团队协作精神
参考资料 学习资源	图书馆内相关书籍、工业机器人相关网站等	
学生准备	熟悉所选工业机器人系统，准备教材、笔、笔记本、练习纸等	
教师准备	熟悉教学标准、机器人实训设备说明、演示实验，讲授内容，设计教学过程、记分册	
工作步骤	明确任务	教师提出任务
	分析过程（学生借助于参考资料、教材和教师的引导，自己做一个工作计划，并拟定出检查、评价工作成果的标准要求）	辨识调研场所的工业机器人型号
		查阅、了解不同型号的结构和特点
		根据铭牌了解各种机器人的技术参数
		查阅国内外典型机器人品牌的网站
		了解各品牌旗下工业机器人常用型号及应用领域
		形成对工业机器人品牌、型号的认知分析报告
	检查	在整个过程中，学生依据拟定的评价标准检查自己是否符合要求地完成了工作任务
	评价	由小组、教师评价学生的任务完成情况并给出建议

项目 1 工业机器人的发展与分类认知

任务评价

任务评测表

姓名		学号		日期		年　月　日	
小组成员				教师签字			
类别	项目		考核内容	得分	总分	评分标准	
理论	知识准备（100分）		正确列举国际知名工业机器人公司（50分）			根据完成情况打分	
			正确说出工业机器人的特点（50分）				
评分说明							
备注	1）评测表原则上不能出现涂改现象，若出现则必须在涂改之处签字确认 2）每次考核结束后，教师及时记录考核成绩						

任务 1.2　工业机器人的类型区分

任务描述

本任务主要介绍工业机器人的主要分类方式及特点。

问题引导

1）工业机器人常用的分类方式有哪些？
2）多关节型机器人可以分为哪几类？
3）串联型机器人和并联型机器人有何特点？

能力要求

知识要求：掌握工业机器人按智能程度分类、按坐标特性分类、按控制方式分类、按拓扑结构分类、按驱动类型分类、按作业任务分类等多种分类方法。

技能要求：能够对实验工作中的工业机器人类型进行正确认定和归类，能够在工作学习中根据不同类型工业机器人的特点进行选型。

素质要求：增长见识，激发对机器人行业的兴趣，关注行业发展，了解行情。

知识准备

工业机器人的分类方法，国际上没有制定统一的标准，可按智能程度、坐标特性、控制方式、拓扑结构、驱动类型、作业任务等不同角度和标准进行划分。

一、按工业机器人的智能程度分类

按照机器人大脑智能的发育阶段,可以将工业机器人分为三代:第一代是示教再现机器人,以编程计算机计算为主;第二代是感知机器人,通过各种传感技术的应用提高机器人对外部环境的适应性,即"情商"得到提升;第三代是智能机器人,除具备完善的感知能力外,机器人"智商"也得到增强,可以自主规划任务和运动轨迹。

1. 示教再现机器人

示教再现机器人又称计算智能机器人,第一代工业机器人的基本工作原理是"示教—再现",起源于20世纪60年代,如图1-9所示,由编程员事先将完成某项作业所需的运动轨迹、作业条件和作业顺序等信息通过直接或间接的方式对机器人进行示教,在此过程中机器人逐一记录每一步操作。编程结束后,机器人便可在一定的精度范围内重复"所学"动作,目前在工业现场应用的机器人大多属于第一代机器人。

a) 手把手示教 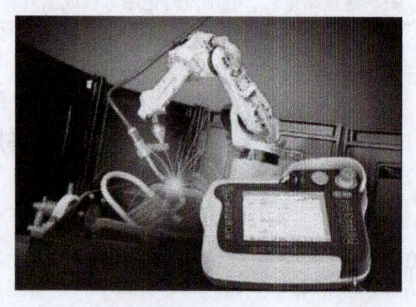　　　　b) 示教器示教

图1-9　示教再现机器人

2. 感知机器人

为克服第一代工业机器人编程烦琐、环境适应性差以及存在潜在危险等问题,第二代工业机器人配备有若干传感器(如视觉传感器、力传感器、触觉传感器等),能够获取周边环境作业对象的变化信息,以及对行为过程的碰撞进行实时检测。然后经过计算机处理分析,并做出简单的逻辑推理,对自身状态进行及时调整,基本实现了"人—机—物"的闭环控制。图1-10所示为配备视觉系统的感知机器人。

3. 智能机器人

第二代工业机器人虽具有一定的感知智能,但其未能实现对基于行为过程的传感器融合进行逻辑推理、自

图1-10　配备视觉系统的感知机器人

主决策和任务规划,对于非结构化环境的自适应能力十分有限。作为发展目标,第三代工业机器人将借助人工智能技术(如以互联网、大数据、云计算为代表的新一代"物物相连""物物相通"信息技术),通过不断深度学习和进化,能够在复杂变化的外部环境和作业任务中,自主决定自身的行为,具有良好的适应性和高度自治能力。

二、按工业机器人的坐标特性分类

对于工业机器人而言,不论用于模仿人体的上肢动作,还是用于模仿人体的下肢移动,其肢体结构在应用和推广中不断改进和完善,可配轴、轮数越来越多,灵活性也越来越高,机器人的机构特征可以通过合适的坐标系加以描述,如三轴工业机器人可采用直角坐标、柱面坐标、球面坐标(极坐标),四轴以上的工业机器人可采用关节坐标。从全球机器人装机数量来看,直角坐标机器人和多关节机器人应用更为普遍。

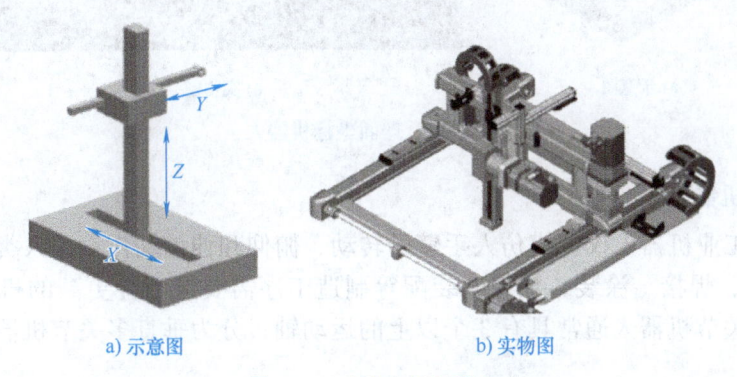

1. 直角坐标机器人

直角坐标机器人也称笛卡尔坐标机器人(见图1-11),具有空间上相互独立垂直的3个移动轴,可以实现机器人沿X、Y、Z三个方向调整手臂的空间位置(手臂升降和伸缩动作),但无法变换手臂的空间姿态,其动作空间为一长方体。作为一种成本低廉、结构简单的自动化解决方案,直角坐标机器人一般用于机械零件的搬运和上下料码垛作业。

a) 示意图　　　　b) 实物图

图 1-11　直角坐标机器人

2. 柱面坐标机器人

与直角坐标机器人相比,柱面坐标机器人(见图1-12)同样具有空间上相互独立垂直的3个运动轴,由旋转机身、垂直移动轴和水平移动轴构成,X、Y和θ为坐标系的三个坐标,具有一个回转和两个平移自由度,无法实现空间姿态的变化,其动作空间呈圆柱形。此种类型的机器人一般被应用于生产线尾的码垛作业。

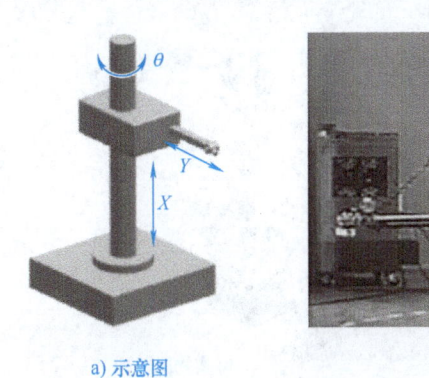

a) 示意图　　　　b) 实物图

图 1-12　柱面坐标机器人

3. 球面坐标机器人

球面坐标机器人又称极坐标机器人（见图1-13），它拥有空间上相互独立垂直的2个转动轴和1个移动轴，不仅可以实现机器人沿 θ、γ 两个方向调整手臂的空间位置，还能够沿 β 轴变换手臂的空间姿态（手臂转动、俯仰和伸缩动作）。此种类型的机器人一般被用于金属铸造中的搬运作业。

a) 示意图 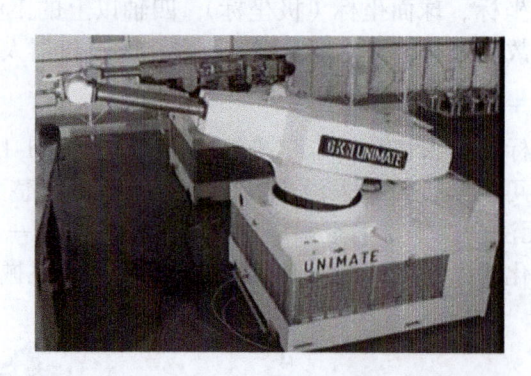　　　　　　　　　　b) 实物图

图1-13　球面坐标机器人

4. 多关节机器人

上述三种工业机器人仅能模仿人手臂的转动、俯仰和伸缩动作，而人类工作以手臂为主的仅占20%，焊接、涂装、加工、装配等制造工序需要灵活性更高的机器人——多关节机器人。多关节机器人通常具有3个以上的运动轴，分为垂直多关节机器人和平面多关节机器人。

（1）垂直多关节机器人　垂直多关节机器人（见图1-14）模拟了人的手臂功能，一般由4个以上的转动轴串联而成，通过手臂和手腕的转动、摆动，可以自由实现三维空间的任一姿态，完成各种复杂的运动轨迹。垂直多关节机器人中，六轴垂直多关节机器人结构紧凑、灵活性高，是通用性工业机器人的主流配置，比较适合焊接、涂装、加工、装配等柔性作业。

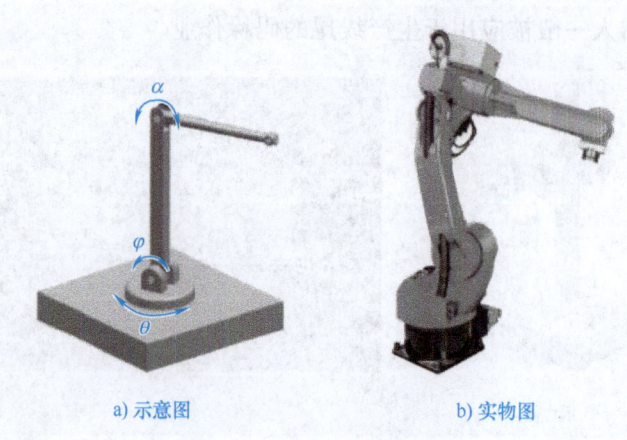

a) 示意图　　　　　　　　　　b) 实物图

图1-14　垂直多关节机器人

（2）平面多关节机器人　平面多关节机器人又称SCARA机器人（见图1-15），结构

上具有轴线相互平行的两个转动关节和一个圆柱关节，可以实现平面内定位和定向。此类机器人结构轻巧、响应快、水平方向具有柔性且垂直方向刚性良好，比较适合3C电子产品中小规格零件的快速拾取、压装和插装作业。

a) 示意图　　　　　　b) 实物图

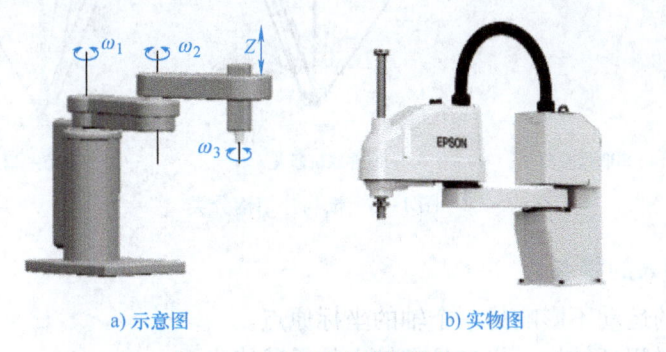

图 1-15　平面多关节机器人

三、按工业机器人的控制方式分类

按照控制方式可把工业机器人分为非伺服控制机器人和伺服控制机器人两种。

1. 非伺服控制机器人

此类机器人工作能力比较有限，机器人按照预先编好的程序进行工作，使用限位开关、制动器、插销板和定序器来控制机器人的运动。驱动装置接通能源后，就带动机器人的手臂、手腕和末端执行器等装置运动。当移动到由限位开关所规定的位置时，限位开关切换工作状态，给定序器送去一个工作任务已完成的信息，并使制动器动作，切断驱动能源，使机器人停止运动。

2. 伺服控制机器人

此类机器人有更强的工作能力，价格更贵，在某些情况下不如简单的机器人可靠。伺服系统的被控制量可为机器人末端执行器执行装置的位置、速度、加速度和力等。传感器取得的反馈信号与来自给定装置的综合信号，通过比较器比较，得到误差信号，经过放大后用以激发机器人的驱动装置，进而带动末端执行器以一定的规律运动，到达规定的位置和速度等。

四、按工业机器人的拓扑结构分类

如图 1-16 所示，按照拓扑结构可以把工业机器人分为串联机器人、并联机器人和混联机器人。

1. 串联机器人的特点

1）一个轴的运动会改变另一个轴的坐标原点。
2）结构简单、易操作、灵活性强、工作空间大，应用较广泛。
3）运动链较长，系统的刚度和大运动精度较低。
4）各手臂的运动惯量相对较大，因而不宜实现高速或超高速操作。

a) 串联机器人　　b) 并联机器人　　c) 混联机器人

图 1-16　按拓扑结构分类

2. 并联机器人的特点

1）一个轴的运动不影响另一个轴的坐标原点。
2）采用并联闭环结构，机构具有较大的承载能力。
3）动态性能优越，适合高速、高加速场合。
4）并联机构各个关节的误差可以相互抵消、相互弥补，运动精度高。
5）运动空间相对较小。

3. 混联机器人的特点

1）具有至少一个并联机构和一个或多个串联机构。
2）既有串联机器人工作空间大、运动灵活的特点，又有并联机器人刚度大、承载能力强的特点。
3）因其精度高的特点，可以高精度、高效率地实现物料的高速分拣，大大地提高效率和准确度。
4）可在大范围工作空间中高速、高效率地完成大型物体地抓取和搬运工作，如码垛机器人。

五、按工业机器人的驱动类型分类

按驱动类型分类如图 1-17 所示。

气压驱动
以压缩空气来驱动执行机构

电力驱动
利用电动机产生的力或力矩驱动执行机构

按驱动类型

液压驱动
使用液体油液来驱动执行机构

新型驱动
利用新的工作原理制造的新型驱动装置驱动执行机构

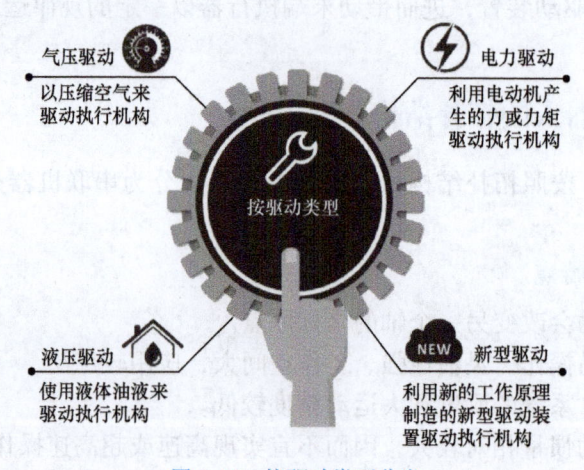

图 1-17　按驱动类型分类

1. 气压驱动

优点是空气来源方便、动作迅速、结构简单、造价低；缺点是空气具有可压缩性，工作速度的稳定性较差，因气源的压力较低，所以此类机器人适用于对抓举力要求小的场合。

2. 液压驱动

相对于气压驱动，液压驱动的机器人具有大得多的抓举力，抓举质量可高达上百千克。液压驱动机器人结构紧凑、传动平稳且动作灵敏，但对密封的要求较高，且不宜在高温或低温的场合工作，制造精度较高，成本较高。

3. 电力驱动

电力驱动具有无污染、易于控制、运动精度高、成本低、驱动效率高等优点，应用最广泛。

4. 新型驱动

伴随着机器人技术大发展，出现利用新的工作原理制造的新型驱动装置，如静电驱动装置、压电驱动装置、形状记忆合金驱动装置、人工肌肉及光驱动装置等。

> **课间加油站**
>
> 目前工业机器人的驱动方式仍然以电力驱动为主，与液压驱动和气压驱动相比，电力驱动有哪些优势？

六、按工业机器人的作业任务分类

按作业任务分类如图 1-18 所示。

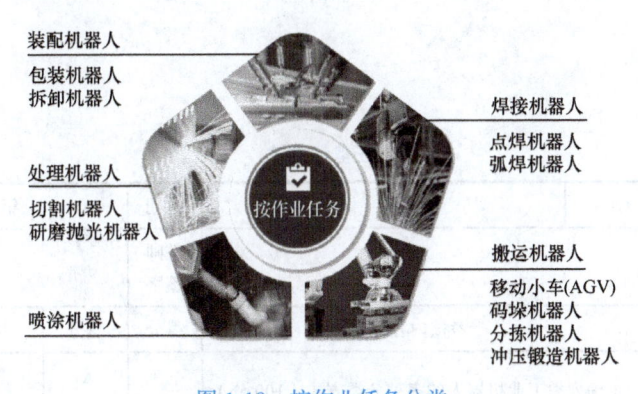

图 1-18 按作业任务分类

任务实施

尝试对实训室内的工业机器人进行不同方式的分类，同时说明其适用的场景及特点。根据报告书完成任务要求。

工业机器人基础

工业机器人类型区分报告书

题目名称		
学习主题	工业机器人类型区分	
重点难点	工业机器人不同类型的特点	
训练目标	主要知识能力指标	1）能根据不同方式对实际场景中的工业机器人进行类型划分 2）掌握不同类型工业机器人的特点及适用场景
	相关能力指标	1）能够正确制定工作计划，养成独立工作的习惯 2）能够阅读工业机器人相关技术手册与说明书 3）培养学生良好的职业素质及团队协作精神
参考资料学习资源	图书馆内相关书籍、工业机器人相关网站等	
学生准备	熟悉所选工业机器人系统，准备教材、笔、笔记本、练习纸等	
教师准备	熟悉教学标准、机器人实训设备说明、演示实验、讲授内容、设计教学过程、记分册	
工作步骤	明确任务	教师提出任务
	分析过程（学生借助于参考资料、教材和教师的引导，自己做一个工作计划，并拟定出检查、评价工作成果的标准要求）	对调研场所内的工业机器人，按照坐标特性进行分类
		对调研场所内的工业机器人，按照控制方式进行分类
		对调研场所内的工业机器人，按照拓扑结构进行分类
		对调研场所内的工业机器人，按照驱动类型进行分类
		对调研场所内的工业机器人，按照应用领域进行分类
		对工业机器人的分类进行整理，分析各机器人能适应的工作条件要求
	检查	在整个过程中，学生依据拟定的评价标准检查自己是否符合要求地完成了工作任务
	评价	由小组、教师评价学生的任务完成情况并给出建议

任务评价

任务评测表

姓名		学号			日期		年　月　日	
小组成员					教师签字			
类别	项目	考核内容			得分	总分	评分标准	
理论	知识准备（100分）	正确列举工业机器人的多种分类方式（100分）					根据完成情况打分	
评分说明								
备注	1）评测表原则上不能出现涂改现象，若出现则必须在涂改之处签字确认 2）每次考核结束后，教师及时记录考核成绩							

任务 1.3 工业机器人的基本组成与主要参数辨析

任务描述

本任务主要介绍工业机器人的基本组成和主要参数，在掌握工业机器人各组成部分功能的基础上，通过技术参数来了解机器人的主要性能，进而帮助完成工业机器人的选用。

问题引导

1）工业机器人的基本组成可以划分为哪三部分？
2）工业机器人的主要参数包括哪些？
3）什么是工业机器人的自由度？自由度是不是越多越好？

能力要求

知识要求：掌握工业机器人的基本组成与主要参数。
技能要求：能够正确认识实验中工业机器人的组成部分，能够通过典型工业机器人参数列表全面了解其特性及适用场合。
素质要求：增长见识，激发对机器人行业的兴趣，广泛学习，培养系统结构化的思维。

知识准备

一、工业机器人的基本组成

第一代工业机器人主要由操作机、控制器和示教器组成。从细分领域看，工业机器人主要由控制系统、驱动系统、机械结构系统、机器人本体感知系统、外界环境感知系统和人机交互系统六个子系统构成，如图 1-19 所示。

1. 操作机

操作机（或称机器人本体）是工业机器人的机械主体，是用来完成各种作业的执行机构。它主要由机械臂、驱动装置、传动单元及内部传感器等部分组成。图 1-20 所示为关节机器人操作机基本构造。

2. 控制器

控制器是根据指令以及传感信息控制机器人完成一定动作或作业任务的装置，是决定机器人功能和性能的主要因素，也是机器人系统中更新和发展最快的部分。控制器类似于人的大脑，它通过各种硬件和软件的结合来操作机器人，并协调机器人与周边设备的关系。

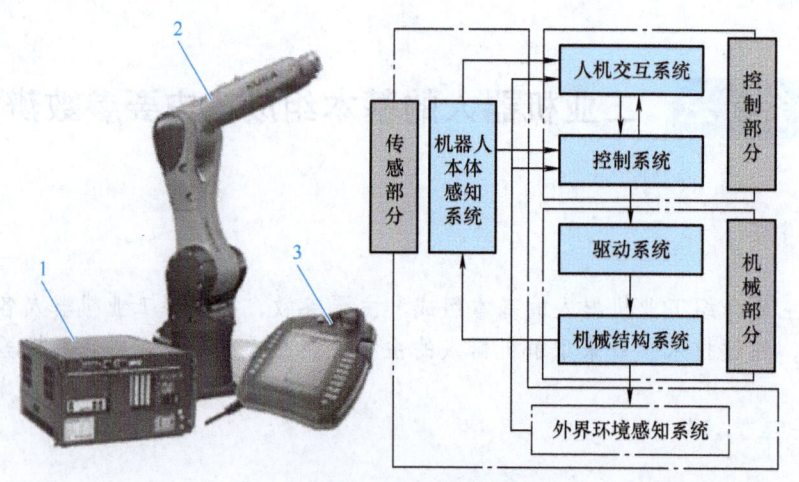

图 1-19 工业机器人的基本组成
1—控制器　2—操作机　3—示教器

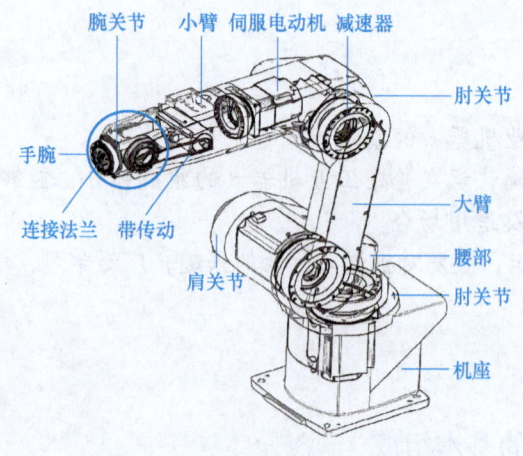

图 1-20 关节机器人操作机基本构造

随着微电子技术的发展，同时出于节约占地面积考虑，工业机器人一般使用整合型单柜控制器（见图 1-21），其硬件包括电源模块、主控制计算机、轴控制计算机、伺服驱动模块以及支持多种现场总线技术的输入/输出连接接口等。

控制器的基本功能如下：

1）记忆功能：存储作业顺序、运动路径、运动方式、运动速度和与生产工艺有关的信息。

2）示教功能：指在线示教与离线编程。

3）与外围设备联系功能：指输入和输出接口、通信接口、网络接口、同步接口。

4）坐标设置功能：有关节坐标系、基坐标系、工具坐标系、用户自定义坐标系四种。

5）人机交互接口：包括示教器、操作面板、显示屏、触摸屏等。

6）传感器接口：包括位置检测传感器接口、视觉传感器接口、触觉传感器接口、力觉传感器接口等。

7）位置伺服功能：包括机器人多轴联动、运动控制、速度和加速度控制、动态补偿等。

8）故障诊断与安全保护功能：指运行时系统状态监视、故障状态下的安全保护和故障自我诊断功能。

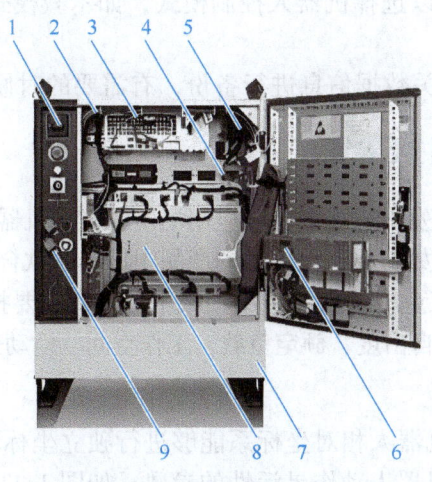

图 1-21　整合型单柜控制器

1—操作面板　2—电源模块　3—主控制计算机　4—轴控制计算机　5—安全保护回路　6—PLC 模块
7—操作机连接接口（盖板下面）　8—伺服驱动模块（盖板下面）　9—示教盒及用户连接接口

3. 示教器

示教器又称示教编程器或示教盒，主要由液晶屏幕和操作按键组成，可由操作者手持移动。它是机器人的人机交互接口，机器人的所有操作基本上都是通过它来完成的。示教器实质上就是一个专用的智能终端。示教时的数据流关系如图 1-22 所示。示教器的基本功能如下：

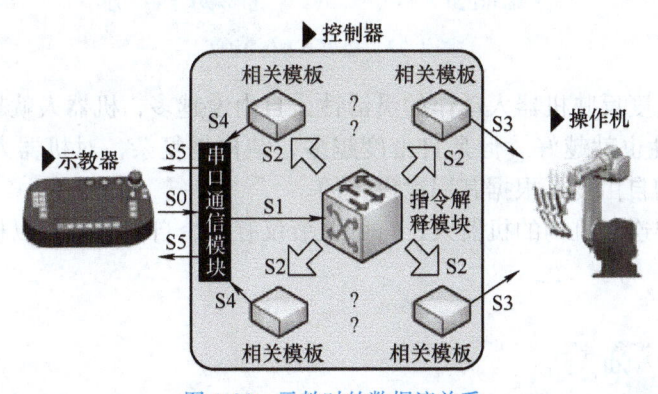

图 1-22　示教时的数据流关系

1）手动操纵机器人本体：在示教模式下，通过示教器上的轴操作键可以实现机器人各轴点动和连续移动。

2）编写与修改程序：在示教器的通用显示区，可对作业程序进行显示、编辑和修改。

3）运行与测试程序：作业程序编辑完成后，在示教模式下可实现该程序手动运行。当运行程序有错误时，示教器会自动报警，提示错误原因，操作人员根据原因进行相关修改。

4）设置和查看系统信息：通过示教器可以设置、查看机器人状态信息，如速度、位置等。

5）选择控制模式：可以选择机器人控制模式，如示教模式、再现/自动模式、远程/遥控模式等。

6）备份与恢复：对相关数据信息进行备份，有需要的时候也可恢复相关数据信息。

二、工业机器人的主要参数

如今机器人制造商已研发出适用于各种应用场所的工业机器人产品，对于系统集成商和最终用户而言，如何在琳琅满目的产品中选择一款合适的机器人，又如何评价其性能优劣呢？工业机器人的应用领域不同，其主要技术性能和参数也不尽相同，不过关键性能指标一般包括自由度、额定负载、工作空间、运动速度、分辨率、工作精度等。

1. 自由度

机器人的自由度是指机器人相对坐标系能够进行独立坐标轴运动的数目，不包括末端执行器的动作，它是度量机器人动作灵活性的参数，如图1-23所示。

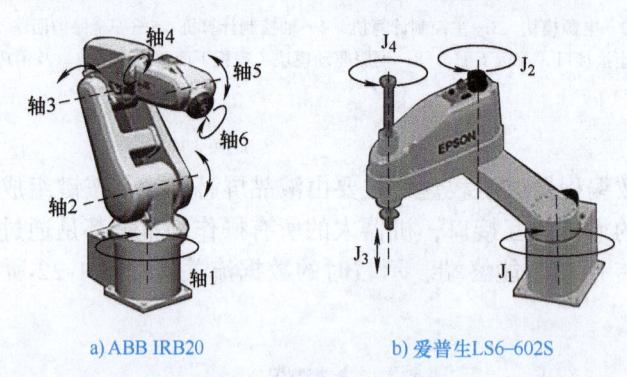

a) ABB IRB20　　b) 爱普生LS6-602S

图 1-23　机器人的自由度

机器人的自由度反映机器人动作的灵活性，自由度越多，机器人就越能接近人手的动作机能，其通用性也就越好。但是自由度越多，结构越复杂，对机器人的整体要求就越高，因此机器人的自由度是根据其用途设计的。

采用空间开链连杆机构的机器人，每个关节仅有一个自由度，所以机器人的自由度数等于它的关节数。

课间加油站

机器人的自由度数目越多，功能就越强，在高速、高重复度的包装程序中，为什么一般会选用四轴SCARA机器人，而不选用更灵活的六轴机器人？

目前，焊接和涂装机器人多为6个自由度，搬运、码垛和装配机器人多为4～6个自由度，而7个及以上的自由度是冗余自由度，可以满足复杂工作环境和多变的工作需求。从运动学角度上看，完成某一特定作业时具有多余自由度的机器人称为冗余度机器人，如库卡公司的LBR iiwa和Rethink Robotics的Baxter，如图1-24所示。

项目1　工业机器人的发展与分类认知

a) 7自由度的KUKA-LBR iiwa　　　b) 7自由度的Rethink Robotics-Baxter

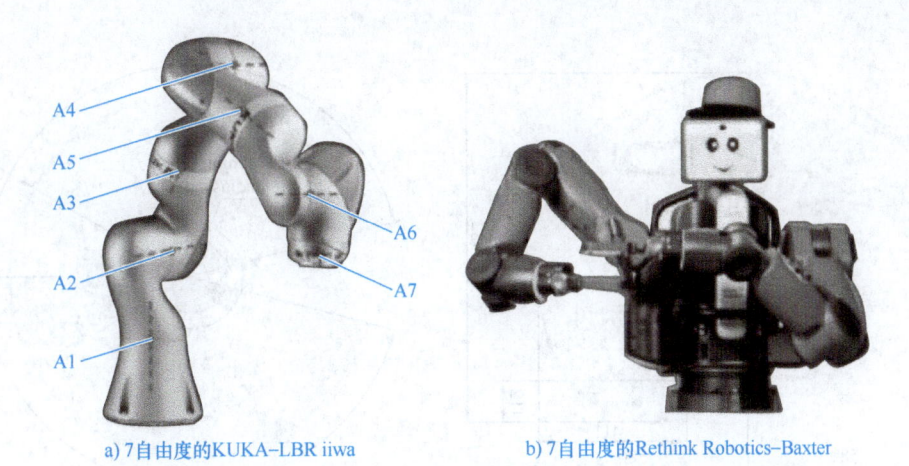

图1-24　冗余度机器人

2. 额定负载

额定负载也称为有效负荷，它是指在正常作业条件下，机器人在规定性能范围内，手腕末端能承受的最大载荷。目前使用的工业机器人负载范围较大，为0.5～2300kg。额定负载通常用载荷图表示，如图1-25所示，纵轴（Z）表示负载重心到连接法兰端面的距离。横轴（L或X、Y）表示负载重心在连接法兰端面所在平面上的投影与连接法兰中心的距离。物件重心落在1.5kg载荷线上，表示此物件质量不能超过1.5kg。

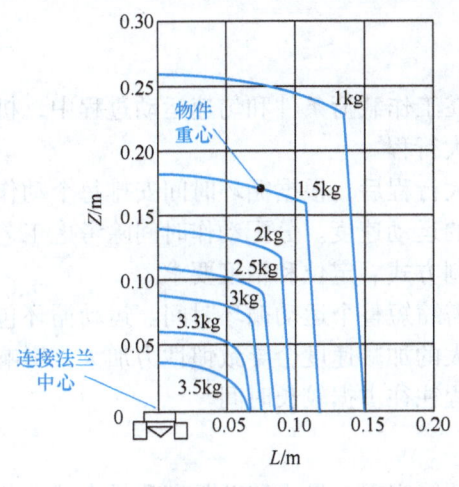

图1-25　载荷图

3. 工作空间

机器人的工作空间是指机器人工作时，其手腕参考点所能掠过的空间（常用图形表示），不包括末端执行器和工件运动时所能掠过的空间。它是由手腕各关节平移或旋转的区域附加于该手腕参考点的，直接决定了机器人动作的可达性。图1-26所示为ABB IRB120机器人工作空间。

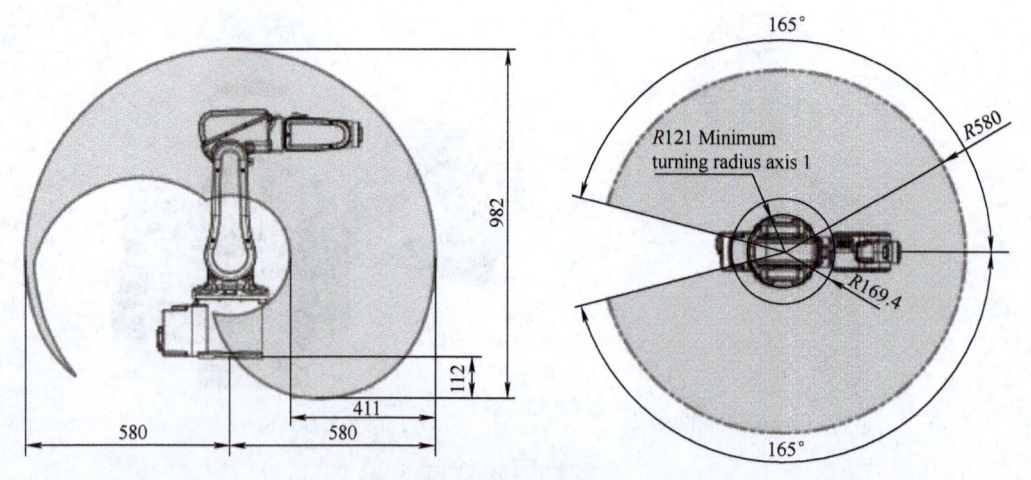

图 1-26　ABB IRB120 机器人工作空间

工作空间的形状和大小反映了机器人工作能力的大小，它不仅与机器人连杆的尺寸有关，还与机器人的总体结构有关。机器人在作业时可能会因存在末端执行器不能达到的作业死区而不能完成规定任务。

由于末端执行器的形状和尺寸是多种多样的，为真实反映机器人的特征参数，生产厂商给出的工作空间一般是不安装末端执行器时可以达到的区域。在安装上末端执行器后，实际的可达空间会和生产厂商给出的有所差距，因此需要通过比例作图和模型核算来判断是否满足实际要求。

4. 运动速度

运动速度是指机器人在工作载荷条件和匀速运动过程中，机械接口中心或工具中心点在单位时间内所移动的最大行程。

确定机器人手臂的最大行程后，根据循环时间安排每个动作的时间，根据每个动作进行的顺序，确定每个动作的运动速度。分配动作时间除考虑工艺动作要求外，还要考虑惯性和行程大小、驱动和控制方式、定位和精度要求。

为了提高生产效率，需缩短整个运动循环时间。运动循环包括加速起动、等速运动和减速制动的整个过程。过大的加减速度会导致惯性力加大，影响动作的平稳和精度，为了保证定位精度，加减速过程往往占据较长时间。

5. 分辨率

分辨率是机器人每根轴能实现的最小移动距离和最小转动角度。机器人的分辨率由系统设计的检测参数决定，并受到位置反馈检测单元性能的影响。系统分辨率可分为编程分辨率和控制分辨率两部分。

1）编程分辨率是程序中可设定的最小距离单位。如，当电动机旋转 0.1°，机器人对应机械臂尖端点移动的直线距离为 0.01mm 时，其编程分辨率为 0.01mm。

2）控制分辨率是位置反馈回路能够检测到的最小位移量。如，若每周（转）1000 个脉冲的增量式编码器与电动机同轴安装，则电动机每旋转 0.36°，编码器就会发出一个脉冲。而小于 0.36° 的角度变化无法被检测，因此该系统的控制分辨率为 0.36°。显然当编程分辨率与控制分辨率相等时，系统性能最优。

6. 工作精度

机器人的工作精度包括定位精度和重复定位精度。

1）定位精度又称为绝对精度，是机器人的末端执行器实际到达位置与目标位置之间的差距。

2）重复定位精度简称重复精度，是在相同的运动位置命令下，机器人重复定位其末端执行器于同一目标位置的能力。重复定位精度是以实际位置值的分散程度来表示，因此它是关于精度的统计数据。

实际上，即使同一台机器人在相同环境和条件下重复多次执行某位置给定指令时，每次动作的实际位置并不相同，与目标位置都存在误差 d，如图 1-27 所示，而这些位置误差都是在一平均值附近变化，该平均值 h 代表定位精度，变化的幅值 B 代表重复定位精度。机器人具有定位精度和重复定位精度高的特点。

一般而言，机器人的定位精度要比重复定位精度低 1～2 个数量级，其主要原因是由于机器人本身的制造误差、工件加工误差以及机器人与工件的定位误差等因素的存在，使机器人的运动学模型与实际机器人的物理模型存在一定的误差，从而导致机器人控制系统根据机器人运动学模型来确定机器人末端执行器的位置时，也会产生误差。机器人本身所能达到的精度取决于机器人结构的刚度、运动速度控制和驱动方式、定位和缓冲等因素。

由于机器人有转动关节，不同回转半径使其直线分辨率是不同的，所以机器人的精度难以确定，通常机器人只给出重复定位精度。全球工业机器人"四大品牌"热销产品的主要性能指标见表 1-1。

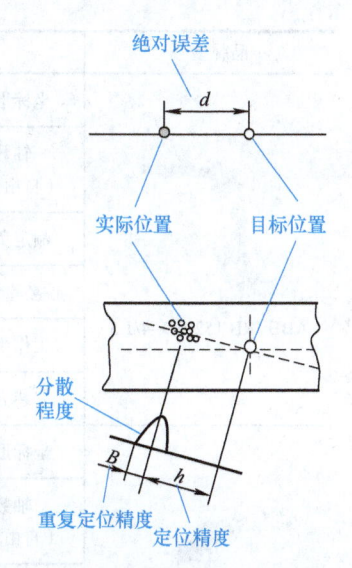

图 1-27 机器人的工作精度

表 1-1 全球工业机器人"四大品牌"热销产品的主要性能指标

品牌型号	性能指标		各轴动作范围（最大单轴速度）	
FANUC M-10iA/7L	坐标形式	垂直关节型	J1	340°（230°/s）
	轴数（自由度）	六轴（6 自由度）	J2	250°（225°/s）
	额定负载	7kg	J3	447°（230°/s）
	位姿重复性	±0.08mm	J4	380°（430°/s）
	工作半径	1633mm	J5	380°（430°/s）
	安装方式	落地式、悬挂式	J6	720°（630°/s）
YASKAWA MOTOMAN-MA1400	坐标形式	垂直关节型	J1	340°（230°/s）
	轴数（自由度）	六轴（6 自由度）	J2	245°（200°/s）
	额定负载	6kg	J3	415°（230°/s）
	位姿重复性	±0.08mm	J4	300°（430°/s）
	工作半径	1440mm	J5	225°（430°/s）
	安装方式	落地式、悬挂式	J6	420°（630°/s）

（续）

品牌型号	性能指标		各轴动作范围（最大单轴速度）	
ABB IRB 1520ID-4/1.5	坐标形式	垂直关节型	轴1	340°（130°/s）
	轴数（自由度）	六轴（6自由度）	轴2	240°（140°/s）
	额定负载	4kg	轴3	180°（140°/s）
	位姿重复性	±0.05mm	轴4	310°（320°/s）
	工作半径	1500mm	轴5	225°（380°/s）
	安装方式	落地式、悬挂式	轴6	400°（460°/s）
KUKA KR 5arc HW	坐标形式	垂直关节型	A1	310°（156°/s）
	轴数（自由度）	六轴（6自由度）	A2	245°（156°/s）
	额定负载	5kg	A3	280°（227°/s）
	位姿重复性	±0.04mm	A4	330°（390°/s）
	工作半径	1423mm	A5	280°（390°/s）
	安装方式	落地式、悬挂式	A6	720°（858°/s）

任务实施

观察实训室内工业机器人的基本组成结构，并尝试对自由度、分辨率、工作精度、额定负载、运动速度等参数进行辨识和解释。结合报告书完成任务要求。

工业机器人的基本组成和主要参数报告书

题目名称		
学习主题	工业机器人的基本组成和主要参数	
重点难点	工业机器人的自由度和分辨率	
训练目标	主要知识能力指标	1）能够正确认识实验工作中的工业机器人的组成部分 2）能够通过典型工业机器人的参数列表全面了解其特性及适用场合
	相关能力指标	1）能够正确制定工作计划，养成独立工作的习惯 2）能够阅读工业机器人相关技术手册与说明书 3）培养学生良好的职业素质及团队协作精神
参考资料 学习资源	图书馆内相关书籍、工业机器人相关网站等	
学生准备	熟悉所选工业机器人系统，准备教材、笔、笔记本、练习纸等	
教师准备	熟悉教学标准、机器人实训设备说明，演示实验，讲授内容，设计教学过程、记分册	

项目 1　工业机器人的发展与分类认知

（续）

工作步骤	明确任务	教师提出任务
	分析过程（学生借助于参考资料、教材和教师的引导，自己做一个工作计划，并拟定出检查、评价工作成果的标准要求）	对实训室内工业机器人的基本组成进行辨析
		分析机器人的自由度
		分析机器人的分辨率
		分析机器人的工作精度
		分析机器人的额定负载
		分析机器人的最大工作速度
		结合工业机器人技术参数的分析，对机器人的特性进行总结
	检查	在整个过程中，学生依据拟定的评价标准检查自己是否符合要求地完成了工作任务
	评价	由小组、教师评价学生的任务完成情况并给出建议

任务评价

任务评测表

姓名		学号		日期	年　月　日
小组成员				教师签字	
类别	项目	考核内容	得分	总分	评分标准
理论	知识准备（100分）	正确描述工业机器人的基本组成（50分）			根据完成情况打分
		正确描述工业机器人的主要参数及含义（50分）			
评分说明					
备注	1）评测表原则上不能出现涂改现象，若出现则必须在涂改之处签字确认 2）每次考核结束后，教师及时记录考核成绩				

任务 1.4　了解工业机器人的行业发展趋势

任务描述

本任务主要介绍国内外重要工业机器人生产企业品牌，帮助学生了解工业机器人的现代应用场景和未来发展趋势。

问题引导

1）列举 3 个国内工业机器人生产品牌。

2）工业机器人的四大品牌是指哪些企业？

3）工业机器人有哪些行业应用？
4）工业机器人未来有何发展趋势？

能力要求

知识要求：了解工业机器人的主要品牌及主要行业应用。

技能要求：能够通过查阅资料了解工业机器人的行业发展趋势，对工业机器人的未来趋势形成认识。

素质要求：增长见识，激发对工业机器人行业的兴趣，广泛学习，明确差距，了解行情，明确担当，具备家国情怀和奋斗精神。

知识准备

自1956年机器人产业诞生以来，经过60多年的发展，机器人已经被广泛应用在新材料、装备制造、生物医药、新能源等高新产业。那么，工业机器人的行业现状如何？未来机器人的发展趋势又如何呢？

一、工业机器人的主要品牌

目前我国应用的工业机器人主要分为日系、欧系和国产三种，国外品牌又可以分为四大品牌、四小品牌和其他品牌，见表1-2。国内机器人品牌也占领了一席重地，见表1-3。

表1-2　国外工业机器人品牌

分类	厂商	国家	标志	分类	厂商	国家	标志
四大品牌	ABB	瑞士	ABB	其他品牌	三菱	日本	MITSUBISHI ELECTRIC
四大品牌	库卡	德国	KUKA	其他品牌	爱普生	日本	EPSON
四大品牌	安川	日本	YASKAWA	其他品牌	雅马哈	日本	YAMAHA
四大品牌	发那科	日本	FANUC	其他品牌	现代	韩国	HYUNDAI
四小品牌	松下	日本	Panasonic	其他品牌	克鲁斯	德国	CLOOS
四小品牌	欧地希	日本	OTC	其他品牌	柯马	意大利	COMAU
四小品牌	那智不二越	日本	NACHi	其他品牌	史陶比尔	瑞士	Stäubli
四小品牌	川崎	日本	Kawasaki	其他品牌	爱德普	美国	adept
四小品牌				其他品牌	优傲	丹麦	UNIVERSAL ROBOTS

表 1-3 国内工业机器人品牌

厂商	标志	厂商	标志
沈阳新松	SIASUN	哈工大机器人集团	HRG
安徽埃夫特	EFORT	台达集团	DELTA
南京埃斯顿	ESTUN	北京珞石	ROKAE
广州数控	GSK 广州数控	上海新时达	STEP

二、工业机器人的行业应用

工业机器人是集机械、电子、控制、计算机、传感器、人工智能等多学科先进技术于一体的现代制造业重要的自动化装备。工业机器人主要用于汽车、3C 产品、医疗、食品、通用机械制造、金属加工以及船舶制造等领域，用以完成搬运、焊接、喷涂、装配、码垛和打磨等复杂作业。

1. 搬运

搬运是指用一种设备握持工件，将需要搬运的工件从一个加工位置移动到另一个加工位置。搬运机器人可以安装不同的末端执行器（如机械臂爪、真空吸盘等），用以完成各种不同形状和状态的工件搬运，通过编制程序，配合各个工序不同设备实现流水线作业，大大减轻了人类繁重的体力劳动。搬运机器人广泛应用于机床上下料、自动装配流水线、集装箱等自动搬运场合，如图 1-28 所示。

2. 焊接

焊接是制造业中一项繁重的、对工人健康影响较大的作业，是工业机器人应用最多的行业。焊接机器人可以有效提高产品质量，降低能耗，改善工人劳动条件。焊接机器人分为点焊机器人和弧焊机器人两种，可以单机焊接，也可以构成焊接机器人生产线。利用焊接机器人生产线对汽车驾驶室的自动焊接已在世界多家汽车制造厂得到应用，并已取得显著效益。图 1-29 所示为焊接机器人。

图 1-28 搬运机器人

图 1-29 焊接机器人

3. 喷涂

机器人喷涂作业在汽车、家用电器和仪表壳体制造中已发挥了重要作用,而且有向其他行业扩展的趋势,如陶瓷制品、建筑行业、船舶保护等。机器人喷涂作业既可单机喷涂,也可多机喷涂,还可组成生产线自动喷涂,自动化程度也越来越高。图 1-30 所示为喷涂机器人。

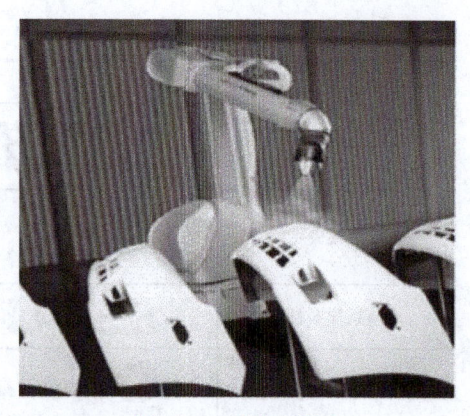

图 1-30 喷涂机器人

4. 装配

装配是一个比较复杂的作业过程,不仅要检测装配过程中的误差,而且要试图纠正这种误差。装配机器人是柔性自动化系统的核心设备,末端执行器种类多,可适应不同的装配对象。传感系统用于获取装配机器人与环境和装配对象之间相互作用的信息。

装配机器人主要应用于各种电器的制造及流水线产品的组装作业,具有高效、精确、持续工作的特点,图 1-31 所示为装配机器人。

5. 码垛

码垛机器人可以满足中低产量的生产需要,也可按照要求的编组方式和层数完成对料袋、箱体等各种产品的码垛。使用码垛机器人能提高企业的生产率和产量,同时减少人工搬运造成的错误,还可以全天候作业,节约大量人力资源成本。码垛机器人广泛应用于化工、饮料、食品、塑料等生产企业。图 1-32 所示为码垛机器人。

图 1-31 装配机器人

图 1-32 码垛机器人

6. 打磨

打磨机器人是可进行自动打磨的工业机器人,主要用于工件表面的打磨、棱角去毛刺、焊缝打磨、内腔内孔去毛刺、螺纹接口加工等工作。

打磨机器人广泛应用于 3C、卫浴五金、IT、汽车零部件、工业零件、医疗器械、家具制造和民用产品行业。

在目前的实际应用中,打磨机器人大多是六轴机器人,根据末端执行器性质的不同,打磨机器人可分为机器人持工件和机器人持工具两大类,如图 1-33 所示。

a) 机器人持工件　　　　　　　　b) 机器人持工具

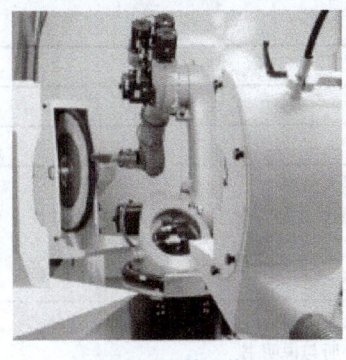

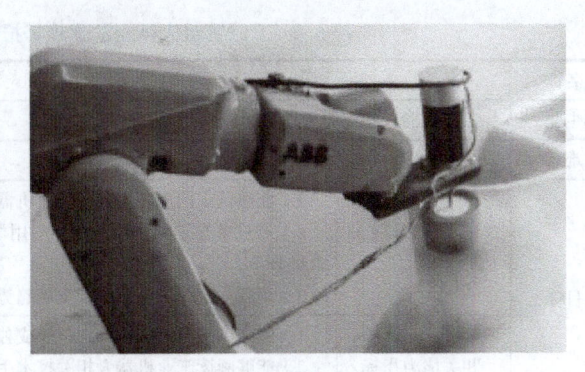

图 1-33　打磨机器人

三、工业机器人的发展

随着科学技术的发展，未来工业机器人技术的发展趋势主要表现在以下几个方面：

1. 工业机器人的智能化

工业机器人的智能化指机器人具有感觉、知觉等，即有很强的检测功能和判断功能。为此，必须开发类似人类感觉器官的传感器，如触觉传感器、视觉传感器、测距传感器等。对"聪明"的工业机器人，首先是提高产品的质量，其次才是大大降低成本。

2. 工业机器人的协作控制

工业机器人是与人共同工作的，人与机器人之间的通信系统也需要更加高效和直观。工业机器人不仅有机器人与人的集成、多机器人的集成，还有机器人与生产线、周边设备以及生产管理系统的集成和协调，因此，研究工业机器人的协作控制还有大量的理论和实践工作。

3. 标准化和模块化

工业机器人功能部件的标准化与模块化是提高机器人的运动精度、运动速度、降低成本和提高可靠性的重要途径。模块化指机械模块、信息检测模块和控制模块等。

4. 工业机器人机构的新构型

随着工业机器人作业精度的提高和作业环境的复杂化，急需开发新型的微动机构来保证机器人的动作精度，如开发多关节、多自由度的手臂和手指及新型的行走机构等，以适应日益复杂的作业需要。

任务实施

有组织地选取、参观搬运、焊接、喷涂、装配、码垛、打磨等行业中的工业机器人，说明工业机器人在其中承担的任务和工作特点。结合报告书完成任务要求。

工业机器人行业发展趋势报告书

题目名称		
学习主题	工业机器人的应用和发展趋势	
重点难点	工业机器人在应用中的工作特性	
训练目标	主要知识能力指标	1）能够认识国内外主要的工业机器人品牌 2）通过参观工业机器人实际应用场景，加深对工业机器人所承担的任务和工作特性的理解 3）理解、认识工业机器人发展趋势
	相关能力指标	1）能够正确制定工作计划，养成独立工作的习惯 2）能够阅读工业机器人相关技术手册与说明书 3）培养学生良好的职业素质及团队协作精神
参考资料学习资源	图书馆内相关书籍、工业机器人相关网站等	
学生准备	熟悉所选工业机器人系统，准备教材、笔、笔记本、练习纸等	
教师准备	熟悉教学标准、机器人实训设备说明，演示实验，讲授内容，设计教学过程、记分册	
工作步骤	明确任务	教师提出任务
	分析过程（学生借助于参考资料、教材和教师提出的引导，自己做一个工作计划，并拟定出检查、评价工作成果的标准要求）	选择国内外各两家工业机器人企业进行资料检索，了解公司主要产品与技术优势
		参观搬运行业中工业机器人的应用场所，并描述其承担的任务和工作特点（可选）
		参观焊接行业中工业机器人的应用场所，并描述其承担的任务和工作特点（可选）
		参观喷涂行业中工业机器人的应用场所，并描述其承担的任务和工作特点（可选）
		参观装配行业中工业机器人的应用场所，并描述其承担的任务和工作特点（可选）
		参观码垛行业中工业机器人的应用场所，并描述其承担的任务和工作特点（可选）
		参观打磨行业中工业机器人的应用场所，并描述其承担的任务和工作特点（可选）
		查阅资料加深对工业机器人发展趋势的理解，结合课程所学完成300字概述
	检查	在整个过程中，学生依据拟定的评价标准检查自己是否符合要求地完成了工作任务
	评价	由小组、教师评价学生的任务完成情况并给出建议

任务评价

任务评测表

姓名		学号			日期		年　月　日	
小组成员					教师签字			
类别	项目		考核内容		得分	总分	评分标准	
理论	知识准备（100分）		正确描述工业机器人的应用场景（50分）				根据完成情况打分	
			正确描述工业机器人未来发展趋势的表现方面（50分）					
评分说明								
备注	1）评测表原则上不能出现涂改现象，若出现则必须在涂改之处签字确认 2）每次考核结束后，教师及时记录考核成绩							

项目1 工业机器人的发展与分类认知

项目评测

1. 填空题

（1）按照机器人的智能发展程度，可以将其分为三代，即_____、_____、_____。

（2）按坐标特性来分类，工业机器人通常可以分为直角坐标机器人、柱面坐标机器人、_____和_____。

（3）直角坐标机器人的工作范围是_____形状，圆柱坐标机器人的工作范围是_____形状。

2. 选择题

（1）当代机器人大军中最主要的机器人为（　　）。
A. 工业机器人　　　　　　　　B. 军用机器人
C. 服务机器人　　　　　　　　D. 特种机器人

（2）ABB工业机器人公司来自（　　）。
A. 美国　　　B. 德国　　　C. 日本　　　D. 瑞士

（3）下列描述符合工业机器人定义的是（　　）。
① 工业机器人是一种用于移动各种材料、零件、工具或专用装置的，通过可编程序动作来执行各种任务的，并具有编程能力的多功能机械手。
② 工业机器人是一种装备有记忆装置和末端执行器的，能够转动并通过自动完成各种移动来代替人类劳动的通用机器。
③ 工业机器人是一种自动的、位置可控的、具有编程能力的多功能机械手，这种机械手具有几个轴，能够借助于可编程序操作来处理各种材料、零件、工具和专用装置，以执行各种任务。
④ 工业机器人是一种能自动定位控制的、可重复编程的、多自由度的操作机，能搬运材料、零件或操持工具，用以完成各种作业。
A. ①②③　　B. ①③④　　C. ②③④　　D. ①②③④

（4）工业机器人的特点包括（　　）。
①可编程　　②通用性　　③拟人性　　④智能性
A. ②③④　　B. ①②③　　C. ①③④　　D. ①②③④

（5）工业机器人主要由（　　）组成。
①机械部分　　②控制部分　　③驱动部分　　④传感部分
A. ①③④　　B. ①②④　　C. ②③④　　D. ①②③④

（6）工业机器人的额定负载是指在规定范围内（　　）所能承受的最大负载允许值。
A. 手腕机械接口处　　　　　　B. 手臂
C. 末端执行器　　　　　　　　D. 机身

3. 判断题

（1）日系和欧系机器人占有国际市场上的主导地位，我国机器人制造处于积极快速发展阶段，发展前景巨大。（　　）

（2）直角坐标机器人和柱面坐标机器人可以实现机械臂的空间姿态变换。　（　　）
（3）气压工作型机器人工作稳定性强，且对密封性有较高的要求。　　　（　　）
（4）伺服控制机器人比非伺服控制机器人工作能力更强，在各种工作场合都比后者更适用。　（　　）

4. 简答题

（1）简述工业机器人的发展历史。
（2）简述工业机器人的未来发展趋势。
（3）简述工业机器人主要应用的行业，且是如何完成工作的。
（4）机器人的主要技术参数有哪些？
（5）什么是定位精度和重复定位精度？在工业机器人中谁的精度更高？
（6）什么是机器人的分辨率？如何设计分辨率使得系统性能达到最优？
（7）描述平面多关节机器人的结构与特点。
（8）我国工业机器人发展起步较晚，在技术与应用方面与国际前沿水平尚有一定差距，主要体现在哪些方面？

项目 2
工业机器人机械结构认知

项目描述

在工业机器人的实际应用中,绝大部分机器人都以机械手臂的形式存在,本项目中将向学生介绍工业机器人的"手臂"由哪些部分组成,又通过什么方式来驱动,以此来帮助学生对工业机器人的机械结构形成整体的认识。

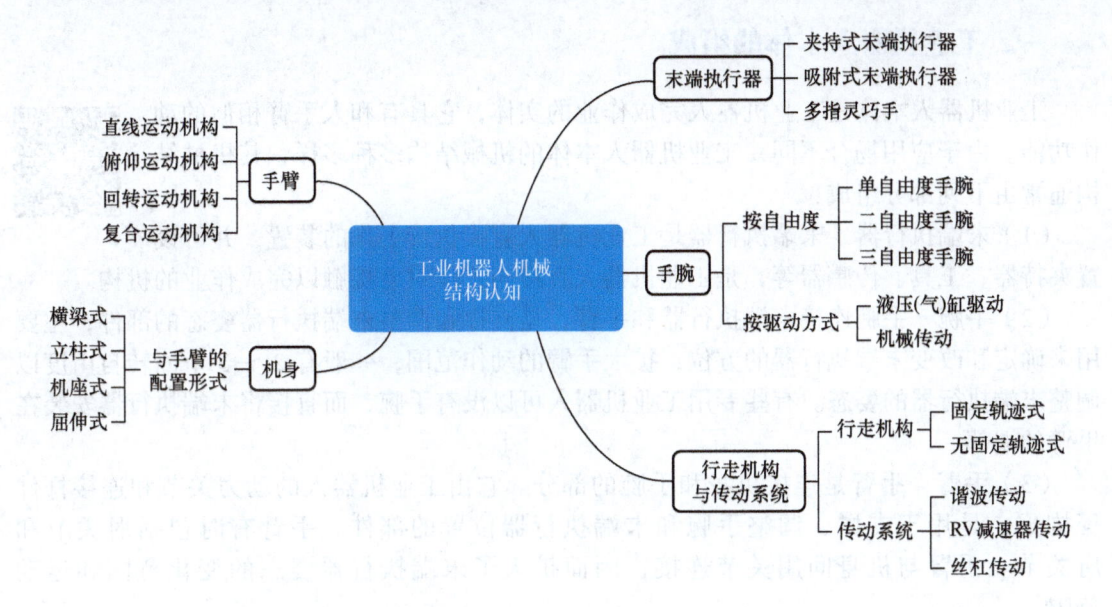

```
工业机器人机械结构认知
├── 手臂
│   ├── 直线运动机构
│   ├── 俯仰运动机构
│   ├── 回转运动机构
│   └── 复合运动机构
├── 机身
│   └── 与手臂的配置形式
│       ├── 横梁式
│       ├── 立柱式
│       ├── 机座式
│       └── 屈伸式
├── 末端执行器
│   ├── 夹持式末端执行器
│   ├── 吸附式末端执行器
│   └── 多指灵巧手
├── 手腕
│   ├── 按自由度
│   │   ├── 单自由度手腕
│   │   ├── 二自由度手腕
│   │   └── 三自由度手腕
│   └── 按驱动方式
│       ├── 液压(气)缸驱动
│       └── 机械传动
└── 行走机构与传动系统
    ├── 行走机构
    │   ├── 固定轨迹式
    │   └── 无固定轨迹式
    └── 传动系统
        ├── 谐波传动
        ├── RV减速器传动
        └── 丝杠传动
```

任务 2.1 辨识工业机器人的末端执行器

任务描述

本任务介绍工业机器人本体的基本组成以及末端执行器的分类和特点,通过本任务的学习,使学生对工业机器人的本体形成初步认识,能够正确选取并使用末端执行器。

问题引导

1）工业机器人的本体由哪几部分组成？
2）工业机器人末端执行器有哪些特点？
3）工业机器人末端执行器可以分为哪几类？请说明各自的工业特点。

能力要求

知识要求：掌握工业机器人末端执行器的定义与特点；了解末端执行器的分类；掌握不同类型末端执行器的结构与特点。

技能要求：能够根据实际作业需要对末端执行器进行选型和安装。

素质要求：增长见识，激发对工业机器人行业的兴趣，具备系统结构化的学习思维和逻辑思考能力。

知识准备

一、工业机器人本体的组成

工业机器人本体是工业机器人完成作业的实体，它具有和人手臂相似的动作功能。由于应用场合不同，工业机器人本体的机械结构多种多样，其机械结构通常由下列部分组成：

（1）末端执行器　末端执行器是工业机器人直接执行工作的装置，并可设置夹持器、工具、传感器等，是工业机器人直接与工作对象接触以完成作业的机构。

（2）手腕　手腕连接末端执行器和手臂，是支撑和调整末端执行器姿态的部件，主要用来确定和改变末端执行器的方位，扩大手臂的动作范围，一般有 2～3 个回转自由度以调整末端执行器的姿态。有些专用工业机器人可以没有手腕，而直接将末端执行器安装在手臂的端部。

（3）手臂　手臂是连接机身和手腕的部分。它由工业机器人的动力关节和连接杆件等构成，是用于支撑、调整手腕和末端执行器位置的部件。手臂有时包括肘关节和肩关节。手臂与机身间用关节连接，因而扩大了末端执行器姿态的变化范围和运动范围。

（4）腰部　腰部是机器人的第一个回转关节。机器人的运动部分全部安装在腰部上，它承载了机器人的全部重量。

（5）机身　机身有时称为机座，是工业机器人机构中相对固定并承受相应力的基础部件，可分固定式和移动式两类。固定式机器人的机身直接连在地面或者平台上。移动式机器人的机身安装在移动机构上，移动机构带动机器人在一定范围空间内运动。

关节是工业机器人各部分间的结合部分，通常分为转动和移动两种类型。工业机器人的腰关节、肩关节和肘关节决定了工业机器人的位置。手腕关节决定了工业机器人的姿态。

二、工业机器人的末端执行器

工业机器人的末端执行器是最重要的执行机构,直接装在工业机器人的手腕上,用于抓握工件或让工具按照规定的程序完成指定的工作。机器人制造商一般不设计或出售末端执行器。多数情况下,他们只提供一个简单的夹持器。通常,末端执行器的动作由机器人控制器直接控制,或将机器人控制器的信号传至末端执行器自身的控制装置(如 PLC)。工业机器人的末端执行器具有以下特点:

1)末端执行器与手腕相连处可拆卸。
2)是末端操作器。
3)通用性较差。
4)是一个独立部件。

由于机器人作业内容的差异(如搬运、装配、焊接、喷涂等)和作业对象的不同(如轴类、板类、箱类、包类物体等),末端执行器的形式多样。综合考虑末端执行器的用途、功能和结构特点,大致可分成夹持式末端执行器、吸附式末端执行器及多指灵巧手。下面对这几种结构予以介绍:

1. 夹持式末端执行器

夹持式末端执行器是最常见的。它一般由手指和驱动装置、传动机构和承接支架组成,能通过手指的开闭动作实现对物件的夹持。其传力结构形式比较多,如滑槽杠杆式、斜楔杠杆式、齿轮齿条式、弹簧杠杆式等。

(1)手指 手指是直接与物件接触的构件,手指的张开和闭合实现了松开和夹紧物件。通常机器人的末端执行器只有两个手指,也有三个或多个手指,它们的结构形式常取决于被夹持工件的形状和特性。

把持机能良好的机械手,除手指具有适当的开闭范围、足够的握力与相应的精度外,其手指的形状应顺应被抓取对象物的形状,如,对象物若为圆柱形,则往往采样 V 形指,如图 2-1a 所示;对象物为方形,则大多采用平面指,如图 2-1b 所示;用于夹持小型或柔性工件的尖指如图 2-1c 所示;用于特殊形状工件的特殊指如图 2-1d 所示。

a) V 形指   b) 平面指   c) 尖指   d) 特殊指

图 2-1 手指的形状

根据工件形状、大小及其被夹持部位材质软硬、表面性质等的不同,主要有光滑指面、齿形指面和柔性指面 3 种形式。光滑指面平整光滑,用来夹持已加工表面,避免已加工的光滑表面受损伤;齿形指面刻有齿纹,可增加与被夹持工件间的摩擦力,以确保夹紧可靠,多用来夹持表面粗糙的毛坯和半成品;柔性指面镶衬橡胶、泡沫、石棉等物,有增加摩擦力、保护工件表面、隔热等作用,一般用来夹持已加工表面、炽热件,也适于夹持薄壁件和脆性工件。

(2)传动机构 传动机构是向手指传递运动和动力,以实现夹紧和松开动作的机构。

传动机构按其运动方式不同,可分为回转型和平移型。

1)回转型传动机构。回转型传动机构手部的手指是一对杠杆,再同斜楔、滑槽、连杆、齿轮、蜗轮蜗杆或螺杆等机构组成复合杠杆传动机构,以改变传力比、传动比及运动方向等。回转型传动机构开闭角较小,结构简单,制造容易,应用广泛。

图2-2所示为杠杆滑槽式回转型传动机构。其工作过程为手指4的一端装有V形指5,另一端则开有长滑槽。驱动杆1上的圆柱销2套在滑槽内,当驱动杆同圆柱销一起做往复运动时,即可拨动两个手指各绕其支点(铰销3)做相对回转运动,从而实现手指的夹紧与松开动作。

图2-3所示为双支点杠杆式回转型传动机构。其工作过程为驱动杆2的末端与连杆4由铰销3铰接。当驱动杆2做直线往复运动时,通过连杆推动两杆手指6各绕其支点(圆柱销5)做回转运动,从而使手指夹紧或松开。

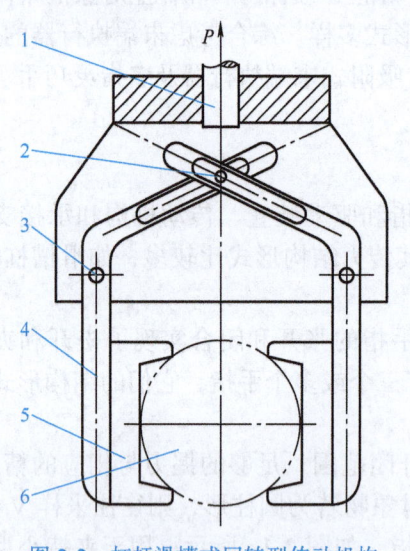

图2-2 杠杆滑槽式回转型传动机构
1—驱动杆 2—圆柱销 3—铰销
4—手指 5—V形指 6—工件

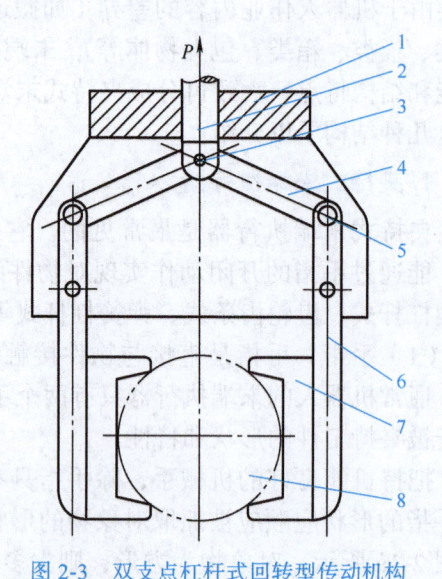

图2-3 双支点杠杆式回转型传动机构
1—指座 2—驱动杆 3—铰销 4—连杆
5—圆柱销 6—手指 7—V形指 8—工件

2)平移型传动机构。平移型传动机构是通过手指的指面做直线往复运动或平面移动实现张开与闭合动作的,常用于夹持具有平行平面的工件。因其结构比较复杂,不如回转型应用广泛。

图2-4所示为平移型传动机构。其工作过程为回转动力源1和6驱动构件2和5顺时针或逆时针旋转,通过平行四边形机构带动手指3和4做平动,夹紧或松开工件。

(3)驱动装置 驱动装置是向传动机构提供动力的装置。它一般有液压、气动、机械等驱动方式。图2-5所示为气动驱动原理图,图2-6所示为气动驱动手爪实物图。

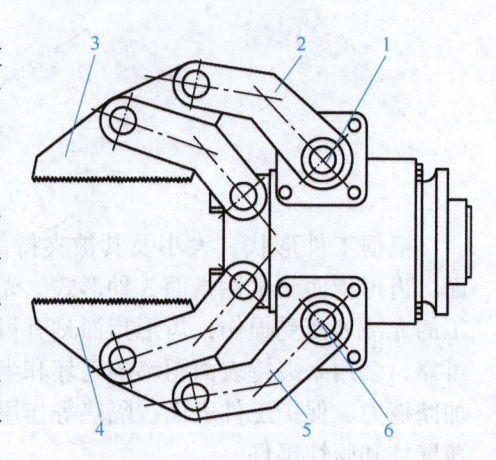

图2-4 平移型传动机构
1、6—回转动力源 2、5—构件 3、4—手指

项目 2　工业机器人机械结构认知

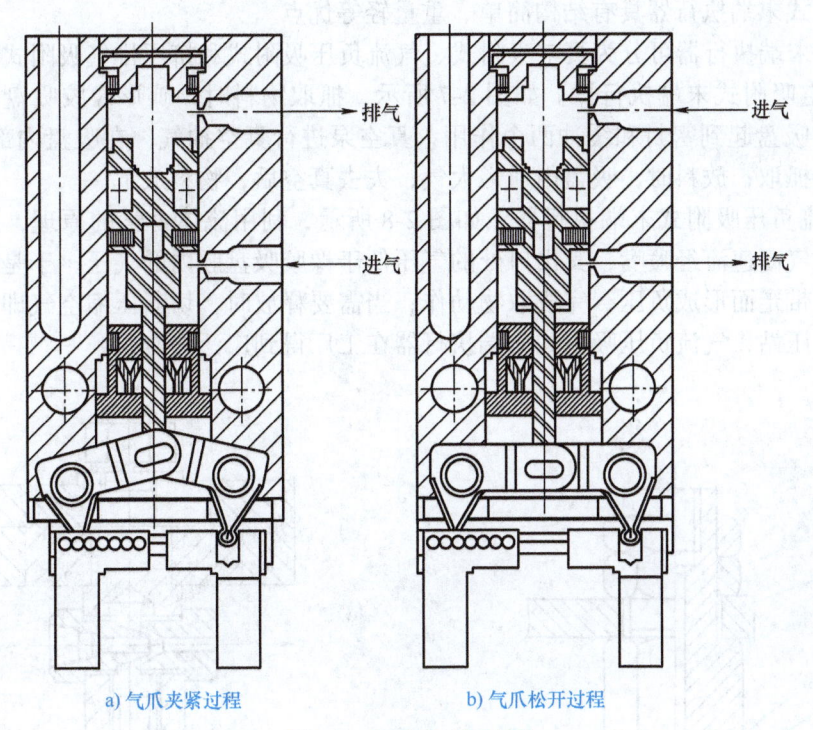

a) 气爪夹紧过程　　　　b) 气爪松开过程

图 2-5　气动驱动原理图

图 2-6　气动驱动手爪实物图

2. 吸附式末端执行器

吸附式末端执行器依靠吸附力取料。吸附式末端执行器适用于大平面、易碎、微小的物体抓取，结构简单，对薄片状的物体搬运具有优越性。要求物体表面平整光滑，无孔、无凹槽。吸附式末端执行器根据吸附力不同可分为气吸式和磁吸式两种。

（1）气吸式末端执行器　气吸式末端执行器是工业机器人常用的一种吸持对象的装置，是利用吸盘内的压力和大气之间的压力差来工作的。吸盘主要用来搬运体积大、重量轻的零件，如冰箱壳体、汽车壳体等，也广泛用于需要小心搬运的物体，如显像管、平板玻璃等。真空吸盘要求工件表面平整光滑、干燥清洁、能气密。气吸式与夹持式末端执行器相比较,气吸式末端执行器具有结构简单、重量轻等优点。

气吸式末端执行器可分为真空吸附式、气流负压吸附式和挤压排气吸附式等。

1)真空吸附式末端执行器。如图2-7所示,抓取物料时,碟形橡胶吸盘与物料表面接触,橡胶吸盘起到密封和缓冲两个作用,真空泵进行真空抽气,在吸盘内部形成负压,实现物料的抓取;放料时,吸盘内通入大气,失去真空后,物料放下。

2)气流负压吸附式末端执行器。如图2-8所示,利用流体力学的原理,当需要取物时,压缩空气高速流经喷嘴,其出口处的气压低于橡胶吸盘腔内的气压,于是腔内的气体被高速气流带走而形成负压,完成取物动作;当需要释放时,切断压缩空气即可。工厂中一般都有空压站,气流负压吸附式末端执行器在工厂得到广泛的应用。

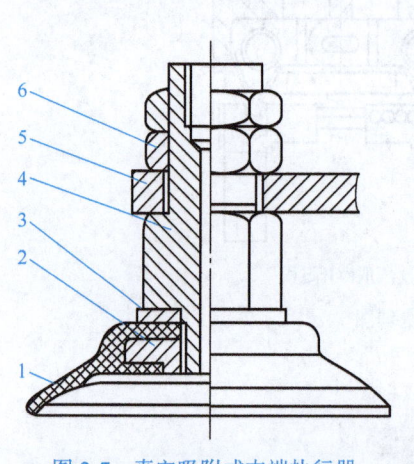

图2-7 真空吸附式末端执行器
1—橡胶吸盘 2—固定环 3—垫片 4—支承杆
5—基板 6—螺母

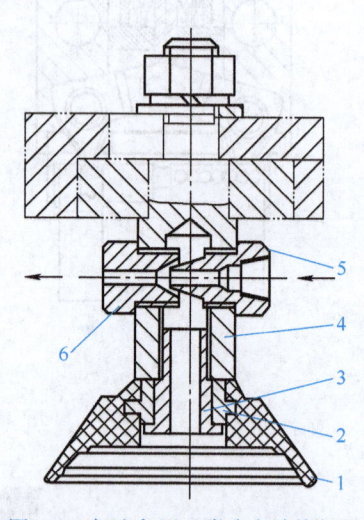

图2-8 气流负压吸附式末端执行器
1—橡胶吸盘 2—心套 3—通气螺钉
4—支承杆 5—喷嘴 6—喷嘴套

3)挤压排气吸附式末端执行器。对于轻小、片状工件,还可以用橡胶吸盘紧压工件表面,靠挤压力作用挤出吸盘内的空气,造成负压将工件吸住。

(2)磁吸式末端执行器 它利用永久磁铁或电磁铁通电后产生的磁力来吸附对象。与气吸式末端执行器相同,磁吸式末端执行器不会破坏被吸对象的表面质量。磁吸式末端执行器工作原理如图2-9所示。当线圈2通电时,由于空气间隙δ的存在,磁阻很大,线圈产生大的电感和起动电流,这时在铁心1周围产生磁场,磁力线穿过铁心、空气间隙和衔铁3形成回路。衔铁受到电磁吸力F的作用被牢牢吸住。实际应用时,往往采用盘吸式电磁铁,如图2-10所示。衔铁固定成磁盘,当磁盘接触工件时,工件被磁化,从而使工件被吸附。需放开工件时,线圈断电,电磁吸力消失,工件落位。

磁吸式末端执行器适用于用铁磁材料做成的工件,不适用于用有色金属和非金属材料制成的工件;适用于被吸附工件上有剩磁也不影响其工作性能的工件;适用于定位精度要求不高的工件;适用于常温状况下工作的工件,因为铁磁材料高温下的磁性会消失。

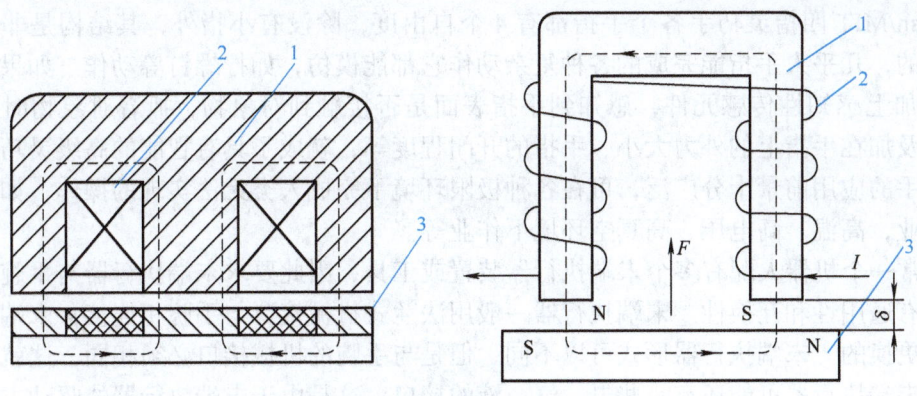

图 2-9　磁吸式末端执行器工作原理
1—铁心　2—线圈　3—衔铁

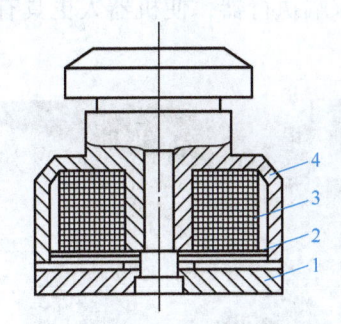

图 2-10　磁吸式末端执行器结构图
1—磁盘　2—防尘盖　3—线圈　4—外壳体

3. 多指灵巧手

简单的卡爪式取料手不能适应物体外形的变化，不能使物体表面承受比较均匀的夹持力，因此无法满足对复杂形状、不同材质的物体实施夹持和操作。为了提高机器人手部和手腕的操作能力、灵活性和快速反应能力，使机器人能像人手一样进行各种复杂的作业，如装配作业、维修作业、设备操作以及机器人模特的礼仪手势等，就必须有一个运动灵活、动作多样的灵巧手。近年来国内外对灵巧手的研究十分重视，图 2-11 所示为 Utah/MIT 四指灵巧手，它的每一个手指都有 3 个回转关节，每一个关节自由度都是独立控制的。

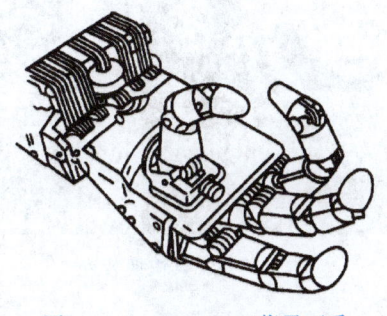

图 2-11　Utah/MIT 四指灵巧手

Utah/MIT 四指灵巧手各个手指都有 4 个自由度，除没有小指外，其结构是非常接近于人手的，几乎人手指能完成的各种复杂动作它都能模仿，如拧螺钉等动作。如果在灵巧手上再加上感知性传感元件，感知到手指表面是否接触到对象物，抓着对象物时力的强弱，以及加在手指上的外力大小、手指的开闭程度等，就成了具有智能的高级灵巧手。多指灵巧手的应用前景十分广泛，可在各种极限环境下完成人类无法实现的操作，如核工业领域作业，高温、高电压、高真空环境下作业等。

通常一个机器人配有多个末端执行器装置或工具，因此要求末端执行器与手腕处的接头要具有通用性和互换性。末端执行器一般用法兰式机械接口与手腕相连接，末端执行器是可以更换的。末端执行器形式可以不同，但是与手腕的机械接口必须相同，这就是接口匹配。末端执行器可能还有一些电、气、液的接口，这是由于末端执行器的驱动方式不同造成的，这些部件的接口一定要具有互换性。具有通用接口的末端执行器如图 2-12 所示。图 2-13 所示为机器人的工具快换装置，是一种用于机器人快速更换末端执行器的装置，可以在数秒内快速更换不同的末端执行器，使机器人更具有柔性、更高效，广泛应用于自动化行业的各个领域。

图 2-12 具有通用接口的末端执行器

图 2-13 工具快换装置

课间加油站

中国工业机器人领域科研和产业化的奠基者——蔡鹤皋

蔡鹤皋是中国工业机器人领域科研和产业化的奠基者之一,成功研制出我国第一台弧焊机器人和点焊机器人,解决了机器人轨迹控制精度及路径预测控制等关键技术。"人民像养蚕一样供养我,现在我已经学到了技术,该是吐丝报答他们的时候了。"蔡鹤皋赴美深造完后毅然返回祖国,投身起步阶段的机器人事业中。三个月时间内,蔡鹤皋带领助手在地下室日夜奋战,用心血和汗水换来了全国科技成果展上的一鸣惊人。1985年6月中国第一台弧焊机器人"华宇–1型"问世,这次惊艳亮相得到国内外科技界人士的广泛关注。

任务实施

辨识调研场所内典型工业机器人的各部分组成,尝试分辨其所装配的末端执行器的类型及适用的条件。借助虚拟仿真软件完成对工业机器人本体的拆装和末端执行器的选型。结合任务报告书完成任务要求。

工业机器人末端执行器报告书

题目名称		
学习主题	工业机器人末端执行器的类型	
重点难点	不同类型末端执行器的特点	
训练目标	主要知识能力指标	1)能对实际场景中的工业机器人各部分组成进行辨析 2)区分不同类型的末端执行器并掌握相应的特性
	相关能力指标	1)能够正确制定工作计划,养成独立工作的习惯 2)能够阅读工业机器人相关技术手册与说明书 3)培养学生良好的职业素质及团队协作精神
参考资料学习资源	图书馆内相关书籍、工业机器人相关网站等	
学生准备	熟悉所选工业机器人系统,准备教材、笔、笔记本、练习纸等	
教师准备	熟悉教学标准、机器人实训设备说明,演示实验,讲授内容,设计教学过程、记分册	
工作步骤	明确任务	教师提出任务
	分析过程(学生借助于参考资料、教材和教师提出的引导,自己做一个工作计划,并拟定出检查、评价工作成果的标准要求)	辨析调研场所中工业机器人本体的组成
		辨析调研场所中工业机器人所使用的夹持式末端执行器类型,结合工作场景分析其工作原理和特点
		辨析调研场所中工业机器人所使用的吸附式末端执行器类型,结合工作场景分析其工作原理和特点
		辨析调研场所中工业机器人所使用到的多指灵巧手,结合工作场景分析其工作原理和特点
		结合工业机器人相关虚拟仿真软件,完成对机器人本体结构的认知和拆装,加深对各组成的理解
		借助虚拟仿真资源,根据不同任务要求完成对工业机器人末端执行器的选型和装配
	检查	在整个过程中,学生依据拟定的评价标准检查自己是否符合要求地完成了工作任务
	评价	由小组、教师评价学生的工作情况并给出建议

任务评价

任务评测表

类别	项目	考核内容	得分	总分	评分标准
姓名		学号		日期	年 月 日
小组成员				教师签字	
理论	知识准备（100分）	正确描述工业机器人本体的组成（40分）			根据完成情况打分
		正确描述工业机器人末端执行器的结构分类及特点（30分）			
		正确描述工业机器人手指的类别及适用场景（30分）			
评分说明					
备注	1）评测表原则上不能出现涂改现象，若出现则必须在涂改之处签字确认 2）每次考核结束后，教师及时记录考核成绩				

任务 2.2 区分工业机器人的手腕类型

任务描述

本任务主要介绍工业机器人手腕的分类方式和结构特点。

问题引导

1）如何定义工业机器人的手腕？
2）工业机器人的手腕有哪些分类方式？
3）请说明工业机器人手腕的设计要求。

能力要求

知识要求：掌握工业机器人手腕的定义；理解手腕的不同运动形式；掌握手腕的不同种类；掌握不同类型机器人手腕的结构与特点。

技能要求：能够正确区分典型工业机器人所配置手腕的不同类型。

素质要求：增长见识，激发对工业机器人行业兴趣，具备系统化、结构化的学习思维和逻辑思考能力。

项目2　工业机器人机械结构认知

知识准备

说到手腕，我们首先会想到人的手腕，在讲述机器人手腕结构之前，大家先来想想人的手腕所处的位置以及作用，再推想一下机器人的手腕所处的位置及其作用。那么工业机器人手腕由哪些部分组成？在工作中起什么作用呢？工业机器人手腕的工作原理是什么呢？

一、工业机器人手腕的定义

工业机器人的手腕是连接手臂和末端执行器的部件，用以调整末端执行器的方位和姿态。因此，它具有独立的自由度，以满足机器人手部完成复杂的姿态，通常由2个或3个自由度组成。

如图2-14所示，设想用机器人的末端执行器夹持一个螺钉对准螺孔拧入，首先必须使螺钉前端到达螺孔入口，然后必须使螺钉的轴线对准螺孔的轴线，轴线重合后拧入。这就需要调整螺钉的方位角，即末端执行器的位置和姿态。

图2-14　机器人拧螺钉

手腕确定末端执行器的作业姿态，为了使末端执行器能处于空间任意方向，要求手腕能实现对空间3个坐标轴 X、Y、Z 的旋转运动，这便是手腕运动的3个自由度。手腕由3个回转关节组合而成，分别称为偏转、翻转和俯仰，如图2-15所示。偏转是末端执行器绕小臂轴线方向的旋转，翻转是末端执行器绕自身的轴线旋转，俯仰是末端执行器相对臂部的摆动。

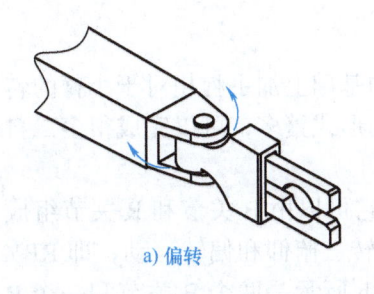

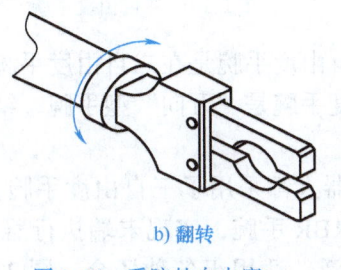

a) 偏转　　　　　　　　b) 翻转　　　　　　　　c) 俯仰

图2-15　手腕的自由度

二、工业机器人手腕的分类

1. 按自由度数目分类

并不是所有的手腕都必须具备3个自由度,而是根据实际使用的工作性能要求来确定。按自由度的数目分单自由度手腕、二自由度手腕和三自由度手腕。

（1）单自由度手腕

1）单一的偏转功能：手腕关节轴线与手臂及末端执行器的轴线在另一个方向上相互垂直,旋转角度受到结构限制,通常小于360°,该运动用折曲关节（Bend关节）实现,简称B关节,如图2-16a所示。

2）单一的翻转功能：手腕的关节轴线与手臂的纵轴线共线,旋转角度不受结构限制,可以回转360°以上,该运动用翻转关节（Roll关节）实现,简称R关节,如图2-16b所示。

3）单一的俯仰功能：手腕关节轴线与手臂及末端执行器的轴线相互垂直,旋转角度受到结构限制,通常小于360°,该运动用B关节实现,如图2-16c所示。

SCARA水平关节装配机器人的手腕只有绕垂直轴的1个旋转自由度,用于调整装配件的方位,这种传动特点特别适合于电子线路板的插件作业。

a) 单一的偏转功能　　b) 单一的翻转功能　　c) 单一的俯仰功能

图2-16　单自由度手腕

（2）二自由度手腕　可以由一个R关节和一个B关节联合构成BR关节实现（见图2-17a）,或由两个B关节组成BB关节实现（见图2-17b）,但不能由两个RR关节构成二自由度手腕（见图2-17c）,因为两个R关节的功能是重复的,实际上只起到单自由度的作用。

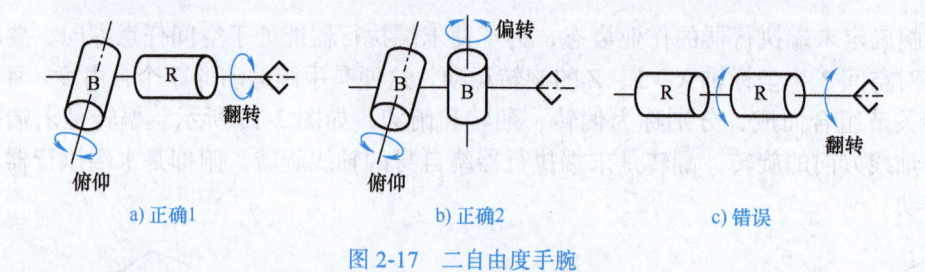

a) 正确1　　b) 正确2　　c) 错误

图2-17　二自由度手腕

（3）三自由度手腕　三自由度手腕是在二自由度手腕的基础上加手腕相对于小臂的转动自由度而形成的。三自由度手腕是"万向"型手腕,结构形式繁多,可以完成很多二自由度手腕无法完成的作业。

近年来,大多数关节机器人都采用了三自由度手腕。它可以由B关节和R关节组成多种形式。图2-18a所示是RBR手腕,实现末端执行器翻转、俯仰和偏转运动,即RPY运动,此种类型应用最为广泛,适用于各种场合。图2-18b所示是两个B关节和一个R

项目 2　工业机器人机械结构认知

关节组成的 BBR 手腕，此种类型应用较少；图 2-18c 所示是三个 R 关节组成的 RRR 手腕，它可以实现末端执行器的 RPY 运动，典型应用为 PUMA262，主要应用在喷涂行业。

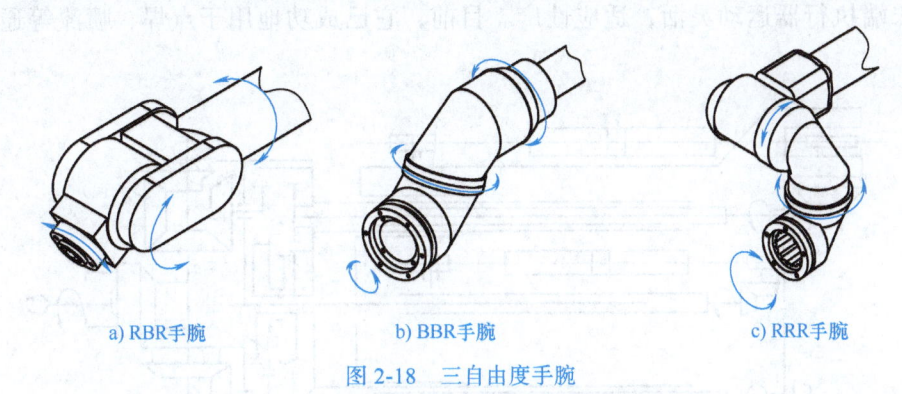

a) RBR 手腕　　　　b) BBR 手腕　　　　c) RRR 手腕

图 2-18　三自由度手腕

2. 按驱动方式分类

按驱动方式的不同，手腕可以分为液压（气）缸驱动的手腕和机械传动的手腕两种。图 2-19 所示为液压缸驱动的手腕结构，具有结构紧凑、灵活等优点。

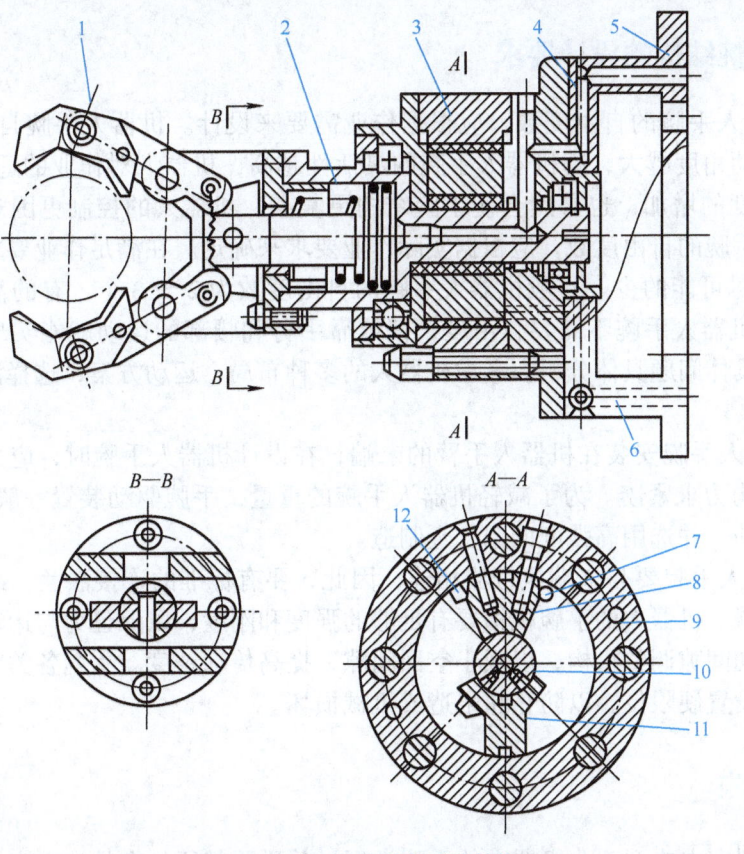

图 2-19　液压缸驱动的手腕结构

1—末端执行器　2—手动驱动位　3—回转液压缸　4—通向手部的油管　5—腕架　6—通向摆动液压缸油管　7—右进油孔　8—固定叶片　9—缸体　10—回转轴　11—回转叶片　12—左进油孔

如图 2-20 所示为三自由度的机械传动的手腕结构，是具有 3 根输入轴的差动轮系，结构紧凑、重量轻。从运动分析的角度看，这是一种比较理想的三自由度手腕，这种手腕可使末端执行器运动灵活，适应性广。目前，它已成功地用于点焊、喷漆等通用机器人上。

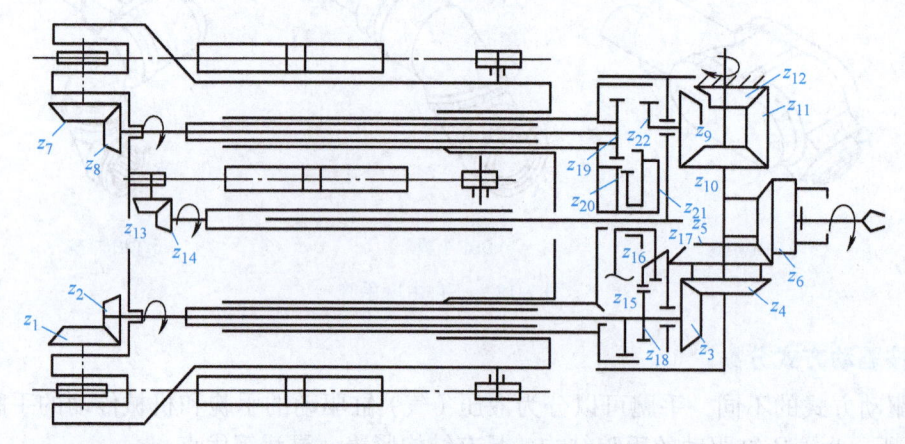

图 2-20　三自由度的机械传动手腕结构

三、手腕结构的设计要求

1）机器人手腕的自由度数，应根据作业需要来设计。机器人手腕自由度数目越多，各关节的运动角度越大，则机器人手腕的灵活性越高，机器人对作业的适应能力也越强。但是，自由度的增加，也必然会使手腕结构更复杂，机器人的控制更困难，成本也会增加。因此，手腕的自由度数，应根据实际作业要求来确定。在满足作业要求的前提下，应使自由度数尽可能的少。一般机器人手腕的自由度数为 2～3 个，有的需要更多的自由度。而有的机器人手腕不需要自由度，仅依靠手臂和腰部的运动就能实现作业要求的任务，因此要具体问题具体分析。考虑机器人的多种布局、运动方案，选择满足要求的最简单的方案。

2）机器人手腕安装在机器人手臂的末端，在设计机器人手腕时，应力求减少其重量和体积，结构力求紧凑。为了减轻机器人手腕的重量，手腕驱动装置一般安装在手臂上，采用分离驱动，并选用高强度的铝合金制造。

3）机器人手腕要与末端执行器相连，因此，要有标准的连接法兰，结构上要便于装卸末端执行器。机器人的手腕机构要有足够的强度和刚度，以保证力与运动的传递。要设有可靠的传动间隙调整机构，以减小空回间隙，提高传动精度。手腕各关节轴转动要有限位开关，并设置硬限位，以防止超限造成机械损坏。

任务实施

辨识实训室内典型工业机器人的手腕类型，并说明其所具有的自由度。借助虚拟仿真软件实现对工业机器人手腕的选型和装配，结合报告书完成任务要求。

项目 2 工业机器人机械结构认知

工业机器人手腕报告书

题目名称		
学习主题	工业机器人手腕的类型	
重点难点	不同类型手腕的特点	
训练目标	主要知识能力指标	1）能对实际场景中的工业机器人的手腕类型进行区分 2）掌握不同类型手腕的特点
	相关能力指标	1）能够正确制定工作计划，养成独立工作的习惯 2）能够阅读工业机器人相关技术手册与说明书 3）培养学生良好的职业素质及团队协作精神
参考资料学习资源	图书馆内相关书籍、工业机器人相关网站等	
学生准备	熟悉所选工业机器人系统，准备教材、笔、笔记本、练习纸等	
教师准备	熟悉教学标准、机器人实训设备说明，演示实验，讲授内容，设计教学过程、记分册	
工作步骤	明确任务	教师提出任务
	分析过程（学生借助于参考资料、教材和教师提出的引导，自己做一个工作计划，并拟定出检查、评价工作成果的标准要求）	尝试辨析调研场所中的工业机器人手腕的类型
		根据具体工业机器人所承担的任务，分析其手腕自由度的选择原因和工作特点
		根据具体工业机器人所承担的任务，分析其手腕驱动方式的选择原因和相对优势
		使用虚拟仿真软件完成对不同任务要求下工业机器人手腕的选型和装配
		结合课程内容与实际工业机器人手腕的分析，加深对手腕结构设计要求的理解
	检查	在整个过程中，学生依据拟定的评价标准检查自己是否符合要求地完成了工作任务
	评价	由小组、教师评价学生的工作情况并给出建议

任务评价

任务评测表

姓名		学号		日期	年 月 日
小组成员				教师签字	

类别	项目	考核内容	得分	总分	评分标准
理论	知识准备（100分）	对工业机器人的手腕进行定义解释（40分）			根据完成情况打分
		正确描述工业机器人的手腕如何按自由度分类（30分）			
		正确描述工业机器人的手腕如何按驱动方式分类（30分）			
评分说明					
备注	1）评测表原则上不能出现涂改现象，若出现则必须在涂改之处签字确认 2）每次考核结束后，教师及时记录考核成绩				

任务 2.3　学习工业机器人的手臂分类与特点

任务描述

本任务主要介绍工业机器人手臂的特点和分类，使学生理解手臂的运动形式和结构。

问题引导

1）工业机器人的手臂有哪些特点？
2）工业机器人的手臂有哪些分类方式？

能力要求

知识要求：掌握工业机器人手臂的定义；掌握手臂的特点；掌握手臂的不同种类。
技能要求：能够正确归类典型工业机器人所配置的手臂。
素质要求：增长见识，激发对工业机器人行业兴趣，具备系统化、结构化的学习思维和逻辑思考能力。

知识准备

机器人手臂是连接机身和手腕的部件，它的主要作用是支撑手腕和末端执行器，并带动它们在空间运动，以确定末端执行器的空间位置；满足机器人的作业空间要求，并将各种载荷传递到机身。

机器人的手臂由大臂、小臂（或多臂）组成，其手臂部件包括臂杆以及与其伸缩、屈伸或自转等运动有关的构件，如传动机构、驱动装置、导向定位装置、支撑连接和位置检测元件等。工业机器人手臂的驱动方式主要有液压驱动、气动驱动和电动驱动（最为通用）。

1. 手臂的特点

1）2~3个自由度，即伸缩、回转、俯仰（或升降），而专用机械手的手臂一般有1~2个自由度，为伸缩、回转和直行。

2）重量大、受力复杂。在运动时，直接承受手腕、末端执行器和工件（或工具）的动、静载荷，特别是高速运动时，将产生较大的惯性力，引起冲击，影响定位的准确性。

3）安装在机身上。工业机器人的手臂一般与控制系统和驱动系统一起安装在机身上。

2. 手臂的分类

手臂的结构、灵活性、抓重大小（即臂力）和定位精度都直接影响机器人的工作性能。手臂按运动和布局、驱动方式、传动和导向装置可分为伸缩型手臂、转动伸缩型手臂、屈伸型手臂和机械传动手臂等 4 种。

手臂按结构形式，可分为单臂式手臂、双臂式手臂和悬挂式手臂等 3 类。如图 2-21 所示为手臂的三种结构形式。

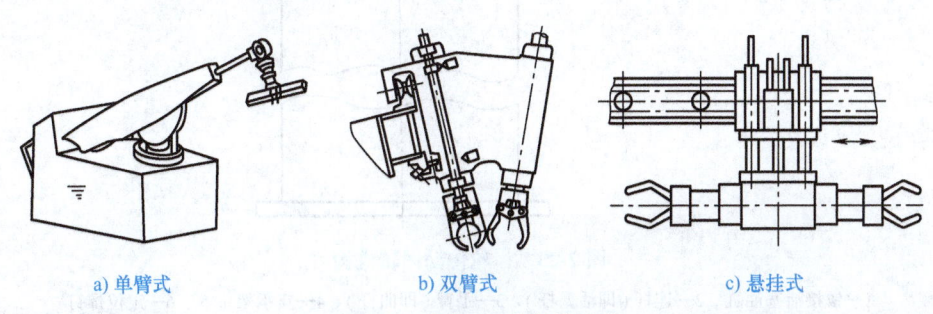

a) 单臂式　　　　b) 双臂式　　　　c) 悬挂式

图 2-21　手臂的三种结构形式

手臂按运动形式，可分为直线运动型手臂、回转运动型手臂和复合运动型手臂等 3 类。其中，直线运动是指手臂的伸缩、升降及横向（或纵向）移动；回转运动是指手臂的左右回转、上下摆动（即俯仰）；复合运动是指直线运动和回转运动的组合、两直线运动的组合或者两回转运动的组合。

（1）直线运动机构　机器人手臂的伸缩、升降及横向（或纵向）移动均属于直线运动，而实现手臂往复直线运动的机构形式较多，常用的有活塞液压（气）缸、活塞缸和齿轮齿条机构、丝杠螺母机构及活塞缸和连杆机构等。双导向杆手臂的伸缩结构如图 2-22 所示。

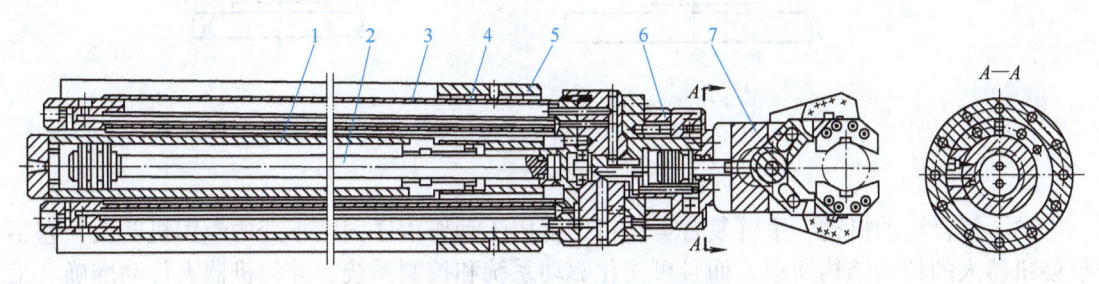

图 2-22　双导向杆手臂的伸缩结构

1—双作用液压缸　2—活塞杆　3—导向杆　4—导向套　5—支承座　6—手腕回转缸　7—末端执行器

（2）回转运动机构　实现机器人手臂回转运动的机构形式是多种多样的，常用的有叶片式回转缸、齿轮传动机构、链轮传动机构和连杆机构。图 2-23 所示为齿轮传动回转机构，其中，齿轮齿条机构是通过齿条的往复移动，带动与手臂连接的齿轮做往复回转运动，以实现手臂的回转运动。带动齿条往复移动的活塞缸可以由液压油或压缩气体驱动。

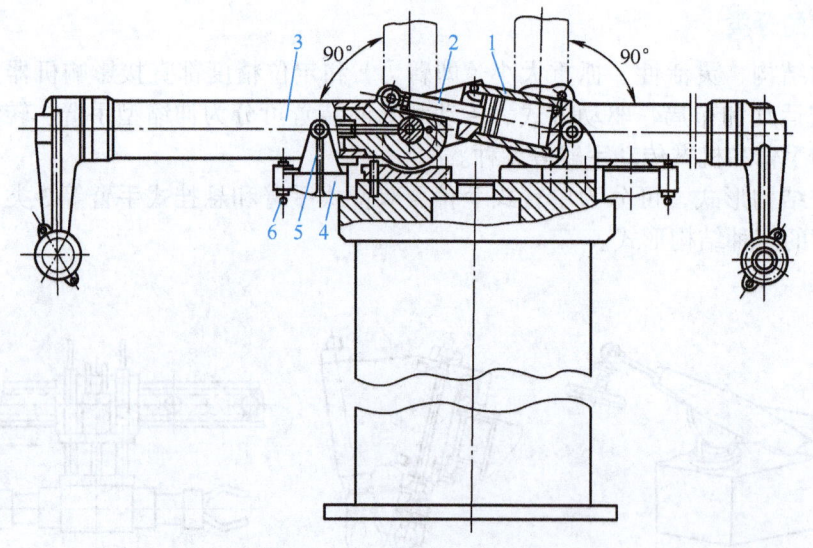

图 2-23 齿轮传动回转机构

1—铰接活塞油缸　2—连杆（即活塞杆）　3—手臂（即曲柄）　4—支承架　5、6—定位螺钉

俯仰运动机构是一种特殊的回转运动机构，一般采用活塞缸与连杆机构来实现。活塞缸位于手臂的下方，其活塞杆和手臂用铰链连接，缸体采用尾部耳环或中部销轴等方式与立柱连接，如图 2-24 所示。

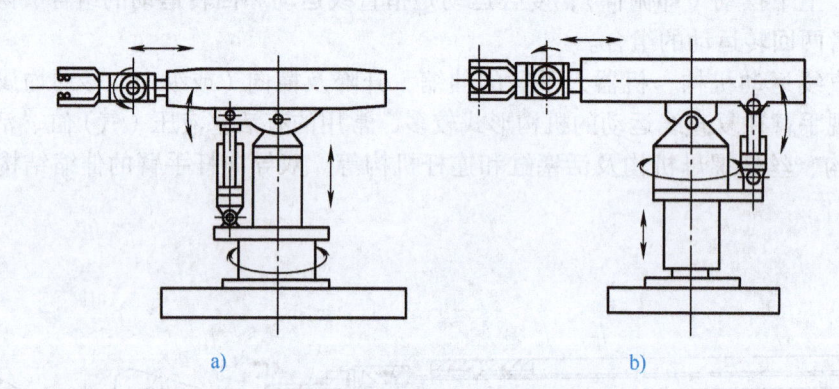

a)　　　　　　　　　　　　b)

图 2-24 俯仰活塞缸安装示意图

（3）复合运动机构　手臂复合运动机构多用于动作程序固定不变的专用机器人，它不仅使机器人的传动结构简单，而且可简化驱动系统和控制系统，并使机器人传动准确、工作可靠，因而在生产中应用得比较多。除手臂实现复合运动外，手腕和手臂的运动也能组成复合运动。

任务实施

辨识调研场所内工业机器人手臂的类型，并说明其所具有的运动形式和特点。借助虚拟仿真软件并结合报告书完成任务要求。

项目2　工业机器人机械结构认知

工业机器人手臂报告书

题目名称		
学习主题	工业机器人手臂的特点和分类	
重点难点	不同类型手臂的结构	
训练目标	主要知识能力指标	1）通过学习能对实际场景中的工业机器人的手臂类型进行区分 2）掌握不同类型手臂的结构特点
	相关能力指标	1）能够正确制定工作计划，养成独立工作的习惯 2）能够阅读工业机器人相关技术手册与说明书 3）培养学生良好的职业素质及团队协作精神
参考资料学习资源	图书馆内相关书籍、工业机器人相关网站等	
学生准备	熟悉所选工业机器人系统，准备教材、笔、笔记本、练习纸等	
教师准备	熟悉教学标准、机器人实训设备说明，演示实验，讲授内容，设计教学过程、记分册	
工作步骤	明确任务	教师提出任务
	分析过程（学生借助于参考资料、教材和教师提出的引导，自己做一个工作计划，并拟定出检查、评价工作成果的标准要求）	辨析调研场所中工业机器人手臂的类型
		分析调研场所中工业机器人手臂直线运动机构的构造和工作特点
		分析调研场所中工业机器人手臂俯仰运动机构的构造和工作特点
		分析调研场所中工业机器人手臂回转运动机构的构造和工作特点
		分析调研场所中工业机器人手臂复合运动机构的构造和工作特点
		使用虚拟仿真软件，完成不同任务要求下工业机器人手臂的选型和装配
	检查	在整个过程中，学生依据拟定的评价标准检查自己是否符合要求地完成了工作任务
	评价	由小组、教师评价学生的工作情况并给出建议

任务评价

任务评测表

姓名		学号		日期		年　月　日
小组成员				教师签字		
类别	项目	考核内容		得分	总分	评分标准
理论	知识准备（100分）	对工业机器人的手臂进行定义解释（40分）				根据完成情况打分
		正确描述工业机器人的手臂如何按结构形式分类（30分）				
		正确描述工业机器人的手臂如何按运动方式分类（30分）				
评分说明						
备注	1）评测表原则上不能出现涂改现象，若出现则必须在涂改之处签字确认 2）每次考核结束后，教师及时记录考核成绩					

任务 2.4　配置工业机器人的机身

任务描述

本任务主要介绍工业机器人的机身结构和机身与手臂的配置形式。

问题引导

1）工业机器人的机身起到什么作用？
2）工业机器人有哪些典型的机身结构？
3）工业机器人的机身和手臂有哪些配置形式？

能力要求

知识要求：了解工业机器人的机身结构；掌握工业机器人机身与手臂的常见配置形式。

技能要求：能够正确识别工业机器人的机身结构；能够正确说明典型工业机器人机身与手臂的配置形式。

素质要求：增长见识，激发对工业机器人行业兴趣，具备系统化、结构化的学习思维和逻辑思考能力。

知识准备

工业机器人必须有一个便于安装的基础件——机座。机座往往与机身做成一体，机身与手臂相连，机身支撑手臂，手臂又支撑手腕和末端执行器。那么机器人有哪些典型机身结构呢？机器人机身与手臂之间如何配置呢？下面我们就来学习工业机器人的机身结构。

机器人的机身（或称立柱）是直接连接、支撑和传动手臂及行走机构的部件，实现手臂各种运动的驱动装置和传动件一般都安装在机身上。手臂的运动越多，机身的受力越复杂。固定式机身直接连接在地面上，行走式机身则安装在移动机构上。

一、工业机器人的机身结构

由于机器人的运动方式、使用条件、载荷能力各不相同，所采用的驱动装置、传动机构、导向装置也不同，致使其机身结构有很大差异。机器人的机身结构一般由机器人总体设计确定。圆柱坐标机器人把回转与升降这两个自由度归属于机身；球坐标机器人把回转与俯仰这两个自由度归属于机身；关节坐标机器人把回转自由度归属于机身；直角坐标机器人把升降或水平移动自由度归属于机身。

二、机身与手臂的配置形式

机身和手臂的配置形式反映了机器人的总体布局。机器人的运动要求、工作对象、作业环境和场地等因素的不同，出现了各种不同的配置形式。目前常用的有横梁式、立柱式、机座式和屈伸式等。

（1）横梁式　机身设计成横梁式，用于悬挂手臂部件，这类机器人的运动形式大多为移动式的。它具有占地面积小、能有效利用空间、直观等优点。横梁可设计成固定的或行走的，一般横梁安装在厂房原有建筑的柱梁或有关设备上，也可从地面架设。横梁式机器人如图 2-25 所示。

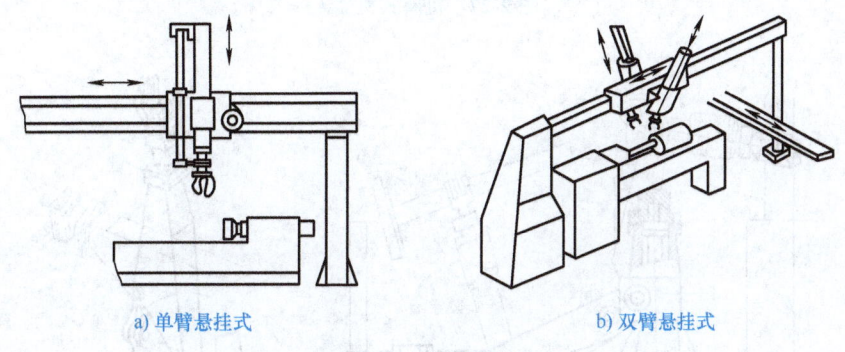

a) 单臂悬挂式　　　　　　　　b) 双臂悬挂式

图 2-25　横梁式机器人

（2）立柱式　立柱式机器人多采用回转型、俯仰型或屈伸型的运动形式，是一种常见的配置形式。一般手臂都可在水平面内回转，具有占地面积小、工作范围大的特点。立柱可固定安装在空地上，也可以固定在床身上。立柱式结构简单，服务于某种主机，承担上、下料或转运等工作。立柱式机器人如图 2-26 所示。

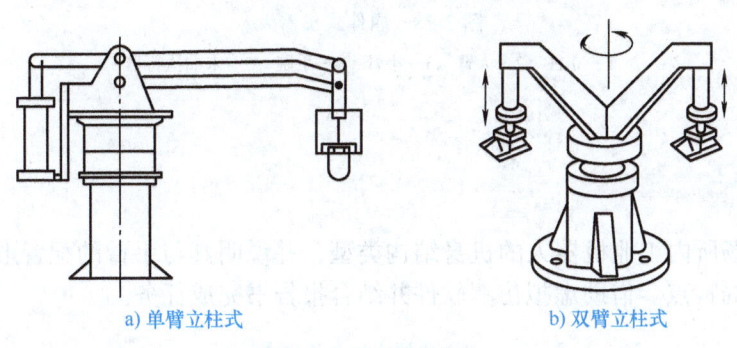

a) 单臂立柱式　　　　　　　　b) 双臂立柱式

图 2-26　立柱式机器人

（3）机座式　机身设计成机座式，这种机器人可以是独立的、自成系统的完整装置，可以随意安放和搬动；也可以具有行走机构，如沿地面上的专用轨道移动，以扩大其活动范围。各种运动形式的机身均可设计成机座式的。机座式机器人如图 2-27 所示。

（4）屈伸式　屈伸式机器人的手臂由大小臂组成，大小臂间有相对运动，称为屈伸臂。屈伸臂与机身间的配置形式关系到机器人的运动轨迹，屈伸式机器人可以实现平面运动，也可以做空间运动，如图 2-28 所示。

a) 单臂回转式　　　　b) 双臂回转式　　　　c) 多臂回转式

图 2-27　机座式机器人

a) 平面屈伸式　　　　　　　b) 立体屈伸式

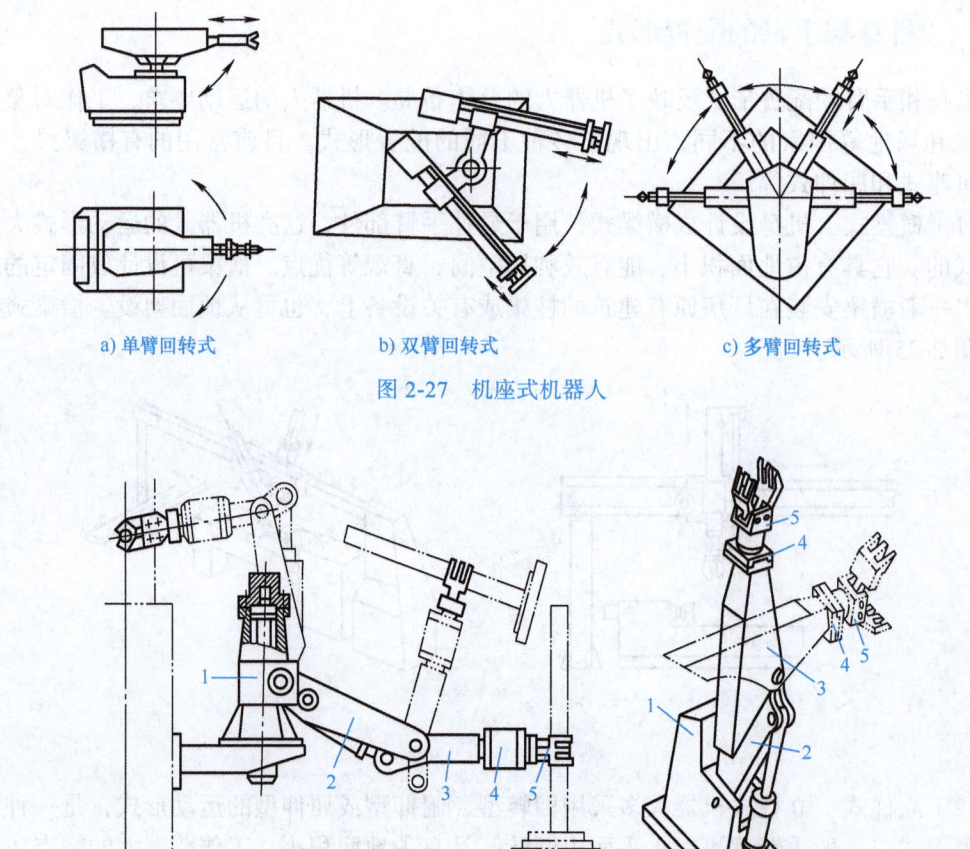

图 2-28　屈伸式机器人

1—立柱　2—大臂　3—小臂　4—手腕　5—末端执行器

任务实施

辨识调研场所内工业机器人的机身结构类型，并说明其与手臂的配置形式，以及该形式的运动和布局特点。借助虚拟仿真软件并结合报告书完成任务。

工业机器人机身报告书

题目名称		
学习主题	工业机器人机身结构和分类	
重点难点	工业机器人机身与手臂的配置形式	
训练目标	主要知识能力指标	1）能根据工业机器人机身与手臂的配置形式对实际场景中的工业机器人进行区分 2）掌握不同类型机座的结构特点
	相关能力指标	1）能够正确制定工作计划，养成独立工作的习惯 2）能够阅读工业机器人相关技术手册与说明书 3）培养学生良好的职业素质及团队协作精神

（续）

工作步骤	参考资料学习资源	图书馆内相关书籍、工业机器人相关网站等
	学生准备	熟悉所选工业机器人系统，准备教材、笔、笔记本、练习纸等
	教师准备	熟悉教学标准、机器人实训设备说明，演示实验，讲授内容，设计教学过程、记分册
	明确任务	教师提出任务
	分析过程（学生借助于参考资料、教材和教师提出的引导，自己做一个工作计划，并拟定出检查、评价工作成果的标准要求）	根据调研场所中的工业机器人认识机身结构
		辨析调研场所中横梁式工业机器人，分析该种配置形式的优点和适用场景
		辨析调研场所中立柱式工业机器人，分析该种配置形式的优点和适用场景
		辨析调研场所中机座式工业机器人，分析该种配置形式的优点和适用场景
		辨析调研场所中屈伸式工业机器人，分析该种配置形式的优点和适用场景
		使用虚拟仿真软件，完成对不同任务要求下的工业机器人机身配置形式的选择和装配
	检查	在整个过程中，学生依据拟定的评价标准检查自己是否符合要求地完成了工作任务
	评价	由小组、教师评价学生的工作情况并给出建议

任务评价

任务评测表

姓名		学号		日期	年　月　日
小组成员				教师签字	

类别	项目	考核内容	得分	总分	评分标准
理论	知识准备（100分）	正确描述工业机器人的机身结构类型和特点（50分）			根据完成情况打分
		正确描述工业机器人机身和手臂的配置形式（50分）			
评分说明					
备注	1）评测表原则上不能出现涂改现象，若出现则必须在涂改之处签字确认 2）每次考核结束后，教师及时记录考核成绩				

任务 2.5　介绍工业机器人的行走机构与传动系统

任务描述

本任务主要介绍工业机器人行走机构的分类和特点，并对不同传动系统的工作原理进行解释。

问题引导

1）工业机器人的行走机构如何进行分类？
2）RV 减速器和谐波减速器的适用场合有何不同？

能力要求

知识要求：了解工业机器人行走机构的特点；掌握工业机器人传动系统的特点；掌握工业机器人行走机构的基本组成；掌握工业机器常见行走机构和传动系统的类型；掌握 RV 减速器与谐波减速器的结构、特点与工作原理。

技能要求：能够正确区分不同机器人传动系统的适用场景。

素质要求：增长见识，激发对工业机器人行业兴趣，具备系统化、结构化的学习思维和逻辑思考能力。

知识准备

一、工业机器人的行走机构

大多数工业机器人是固定的，还有少部分可以沿着固定轨道移动，但随着工业机器人应用范围的不断扩大，以及海洋开发、原子能工业及航空航天等领域的不断发展，具有一定智能的可移动机器人将是未来机器人的发展方向之一，并会得到广泛应用。

工业机器人行走机构是行走机器人的重要执行部件，由驱动装置、传动机构、位置检测元件、传感器、电缆及管路等组成，一方面用于支撑机器人的机身、手臂和末端执行器，因而必须具有足够的刚度和稳定性；另一方面还要根据作业任务的要求，带动机器人在更广阔的空间内运动，具有可以移动、自行定位、自身可平衡、有足够的强度和刚度等特点。

1. 固定轨迹式行走机构

如图 2-29 所示，固定轨迹式工业机器人的机身底座安装在一个可移动的拖板座上，靠丝杠螺母驱动，整个机器人沿丝杆纵向移动。这类机器人除采用这种直线驱动方式外，有时也采用类似起重机梁行走方式等。这种工业机器人主要用在作业区域大的场合,比如大型设备装配、大面积喷涂等。

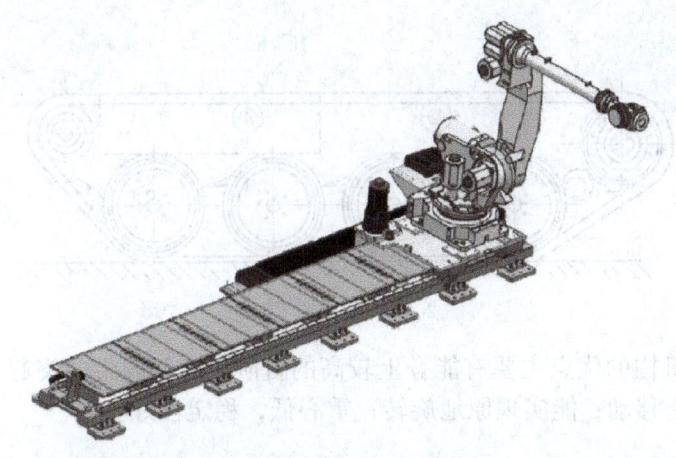

图 2-29 固定轨迹式行走机构

2. 无固定轨迹式行走机构

一般而言,无固定轨迹式行走机构主要有车轮式行走机构、履带式行走机构和足式行走机构。此外,还有适用于各种特殊场合的步行式行走机构、蠕动式行走机构、混合式行走机构和蛇形行走机构等,下面主要介绍车轮式行走机构和履带式行走机构。

(1) 车轮式行走机构　轮子是移动机器人中最流行的行走机构,效率高且用比较简单的机械就可实现。车轮的形状和结构形式取决于地面性质和车辆的承载能力。在轨道上运行时多采用钢轮,室外路面行驶时采用充气轮胎,室内平坦地面上运行时可采用实心轮胎。

图 2-30 所示是感应引导的车轮式行走机器人,可用作机床上、下料,机床间工件或工具的传送接收等。车轮式行走机器人是自动化生产由单元生产向柔性生产线乃至无人车间发展的重要设备之一。车轮式行走机构也是遥控机器人移动的一种基本方式。

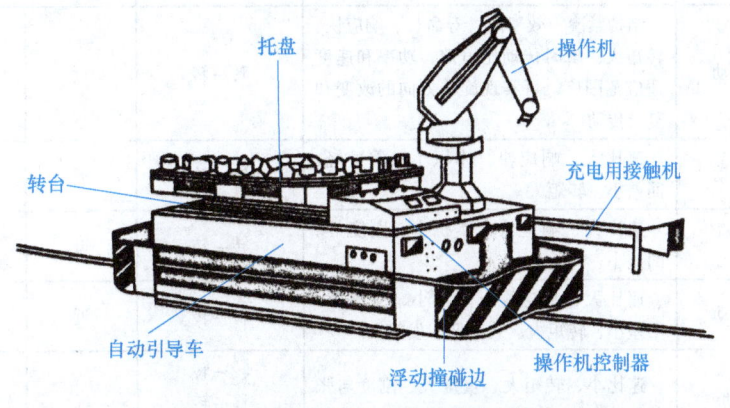

图 2-30 感应引导的车轮式行走机器人

(2) 履带式行走机构　履带式行走机构的主要特征是将圆环状的无限轨道带绕在多个车轮上,使车轮不直接与路面接触,履带可以缓冲路面的状态,因此可以在各种路面上行走。如图 2-31 所示，履带式行走机构由履带、驱动链轮、支承轮、托带轮和张紧轮（导向轮）组成。

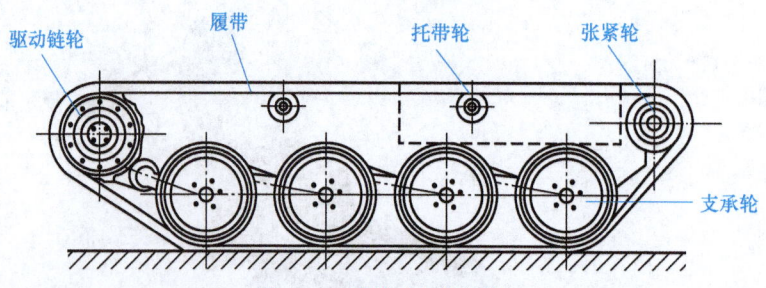

图 2-31 履带式行走机构

履带式行走机构的优点主要有能登上较高的台阶，由于履带的突起，路面保持力强，因此适合在荒地上移动；能实现原地旋转；重心低，稳定性好。

二、工业机器人的传动系统

工业机器人是由驱动装置（通过联轴器）带动传动部件（一般为减速器），再通过关节轴带动工作单元运动。传动部件是构成工业机器人的重要部件，机器人速度高、加减速特性好、运动平稳、精度高、承载能力大，这在很大程度上取决于传动部件的合理性和特点。工作单元往往和驱动装置速度不一致，利用传动部件可达到改变输出速度的目的。驱动装置的输出轴一般是等速回转运动，而工作单元要求的运动形式则是多种多样的，如直线运动、旋转运动等，靠传动部件可实现运动形式的改变，所以，传动部件是工业机器人关键部件之一。

工业机器人常用的传动方式有齿轮传动、谐波传动、RV 减速器传动、蜗轮传动、链传动、同步带传动、钢丝传动、连杆及曲柄滑块传动、滚珠丝杠传动、齿轮齿条传动等，见表 2-1。

表 2-1 工业机器人常用传动方式对照表

序号	传动方式	特点	运动形式	传动距离	应用场合
1	齿轮传动	结构紧凑、效率高、寿命长、响应快、转矩大，瞬时传动比恒定，功率和速度适应范围广，可实现旋转方向的改变和复合传动	转—转	近	腰、腕关节
2	谐波传动	速比大、响应快、体积小、重量轻、回差小、转矩大	转—转	近	所有关节
3	RV 减速器传动	速比大、响应快、体积小、刚度好、回差小、转矩大	转—转	近	腰、肩、肘关节，多用于腰关节
4	蜗轮传动	速比大、响应慢、体积小、刚度好、回差小、转矩大、效率低、发热大	转—转	近	腰关节、手爪机构
5	链传动	速比小、转矩大、重量大、刚度与张紧装置有关	转—转 移—转 转—移	远	腕关节（驱动装置后置）
6	同步带传动	速比小、转矩小、刚度差，传动较均匀、平稳，能保证恒定传动比	转—转 移—转 转—移	远	所有关节一级传动

项目 2　工业机器人机械结构认知

（续）

序号	传动方式	特点	运动形式	传动距离	应用场合
7	钢丝传动	速比小，远距离传动较好	转—转 移—转	远	腕关节、手爪
8	连杆及曲柄滑块传动	结构简单、易制造、耐冲击，能传递较大的载荷，可远距离传动，转矩一般，速比不均	移—转 转—移	远	腕关节、臂关节（驱动装置后置）
9	滚珠丝杠传动	传动平稳、能自锁、增力效果好，效率高，传动精度和定位精度均很高	转—移	远	腰、腕移动关节
10	齿轮齿条传动	效率高、精度高、刚度好、价格低	移—转 转—移	远	直动关节、手爪机构

　　工业机器人腰关节最常用谐波传动、齿轮传动和蜗轮传动，臂关节最常用谐波传动、RV 减速器传动和连杆及曲柄滑块传动，腕关节最常用齿轮传动、谐波传动、同步带传动和钢丝传动。

　　驱动装置的受控运动必须通过传动装置带动机械臂实现，以保证末端执行器所要求的位置、姿态和运动。目前工业机器人采用最广泛的机械传动装置是 RV 减速器和谐波减速器，具有传动链短、体积小、功率大、质量轻和易于控制等特点，可以使机器人伺服电动机在一个合适的速度下运转，并精确地将转速降到工业机器人各部分需要的速度，在提高机械本体刚性的同时输出更大的转矩。RV 减速器放置在机身、腰部、大臂等重负载位置，主要用于 20kg 以上的机器人关节。谐波减速器放置在小臂、腕部和末端执行器等轻负载位置，主要用于 20kg 以下的机器人关节。

1. 谐波传动

　　谐波传动机构通常由 3 个基本构件组成，包括有内齿的刚轮、有外齿的柔轮和波发生器，如图 2-32 所示。在这 3 个基本构件中任意固定一个，其余一个为主动件，另一个为从动件（如刚轮固定不动，波发生器为主动件，则柔轮为从动件）。

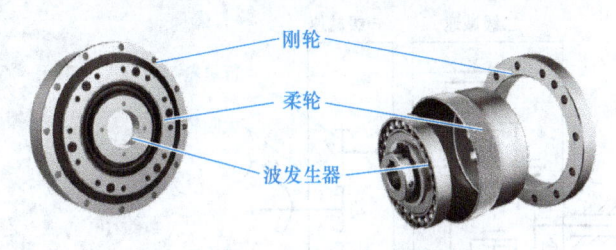

图 2-32　谐波齿轮的结构

　　其中，波发生器与输入轴相连，对柔性齿圈的变形起产生和控制作用，它由椭圆形凸轮和薄壁的柔性轴承组成。柔轮有薄壁杯形、薄壁圆筒形和平嵌式等多种类型。薄壁圆筒形柔轮的开口端外面有齿圈，波发生器转动时会产生径向弹性变形，筒底部分与输出轴连接；刚轮是一个刚性的内齿轮，双波谐波传动的刚轮通常比柔轮多两齿。谐波齿轮减速器多以刚轮固定，外部与箱体连接。

　　如图 2-33 所示，当波发生器装入柔轮内孔时，由于波发生器两滚子外侧之间的距离略大于柔轮的内孔直径，故柔轮变为椭圆形。于是在椭圆的长轴两端产生了柔轮与刚轮轮齿的两个局部啮合区，同时在椭圆短轴两端，两轮轮齿则完全脱开，其余各处则视柔轮回转方向的不同，或处于啮合状态，或处于脱开状态。当波发生器连续转动时，柔轮长短轴的位置不断变化，从而使轮齿的啮合处和脱开处也随之不断变化，于是实现柔轮相对刚轮沿波发生器相反方向的缓慢旋转，从而传递运动。工业机器人中通常采用波发生器主动、刚轮固定、柔轮输出的形式。

谐波传动中，齿与齿的啮合是面接触，且同时啮合齿数（重叠系数）比较多，因而单位面积载荷小，承载能力较其他传动形式高。谐波传动的传动比 $i=70 \sim 500$，同时具有体积小、重量轻、传动效率高、寿命长、传动平稳、无冲击、无噪声、运动精度高等优点。谐波传动广泛应用于小型六轴搬运及装配工业机器人中，由于柔轮承受较大的交变载荷，因而对柔轮材料的抗疲劳强度、加工和热处理要求较高，工艺复杂。

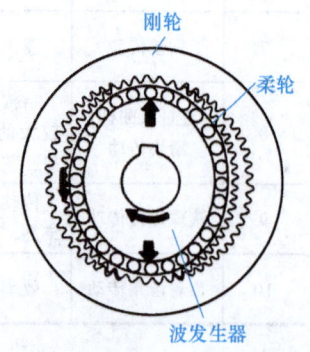

图 2-33　谐波传动的工作原理

2. RV 减速器传动

RV 减速器的传动装置采用的是一种新型的二级封闭行星轮系，是在摆线针轮传动基础上发展起来的一种新型传动装置，在机器人领域占有主导地位。世界上许多高精度机器人传动装置多采用 RV 减速器，它具有疲劳强度高、寿命长、传动比范围大、传动效率高、在额定转矩下弹性回差误差小的优点。RV 减速器扭转刚度大，远大于一般摆线针轮减速器的输出机构。传递同等转矩与功率时，RV 减速器较其他减速器体积小。

图 2-34 所示为 RV 减速器结构示意图，主要由太阳轮、行星轮、转臂（曲柄轴）、摆线轮（RV 齿轮）、针齿、刚性盘与针齿壳等零部件组成。RV 减速器由第一级渐开线圆柱齿轮行星减速机构和第二级摆线针轮行星减速机构两部分组成。如果渐开线太阳轮顺时针方向旋转，则渐开线行星轮在公转的同时还进行逆时针方向自转，并通过转臂带动摆线轮进行偏心运动，同时通过转臂将摆线轮的转动等速传给输出机构。

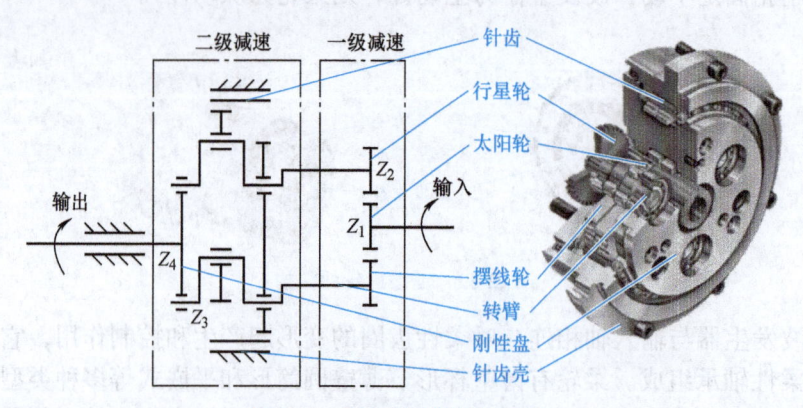

图 2-34　RV 减速器结构示意图

3. 丝杠传动

丝杠传动有滑动式、滚珠式和静压式等。机器人用的丝杠传动具备结构紧凑、间隙小和传动效率高的特点。滑动式丝杠螺母机构不会产生冲击，传动平稳，无噪声，能自锁，可用较小的驱动转矩获得较大的牵引力，但是传动效率低；滚珠丝杠的传动效率、传动精度和定位精度均很高,传动时灵敏度和平稳性也很好,磨损小,使用寿命比较长,但是成本较高。

图 2-35 所示为滚珠丝杠的基本组成。导向槽连接螺母的第一圈和最后两圈,使其形成滚动体可以连续循环的导槽。滚珠丝杠在工业机器人上的应用比滚柱丝杠多,因为后者结构尺寸大(径向和轴向),传动效率低。

4. 行星齿轮传动

图 2-36 所示为行星齿轮传动的机构简图。行星齿轮传动尺寸小、惯量低、一级传动比大、结构紧凑,载荷分布在若干个行星齿轮上,内齿轮也具有较高的承载能力。

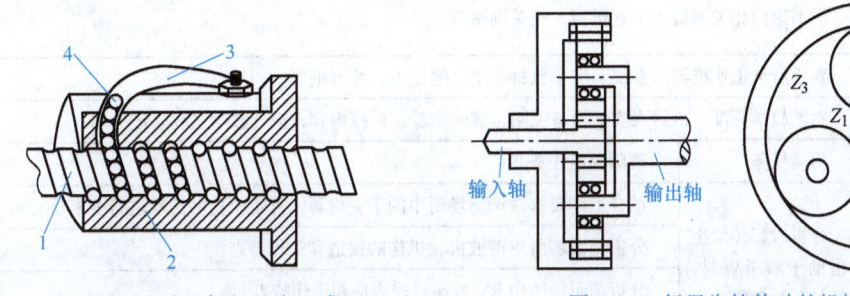

图 2-35 滚珠丝杠的基本组成
1—丝杠 2—螺母 3—导向槽 4—滚珠

图 2-36 行星齿轮传动的机构简图

5. 同步带传动

在工业机器人中,同步带传动主要用来传递平行轴间的运动。同步带和带轮的接触面都制成相应的齿形,靠啮合传递动力。同步带传动通常由主动轮、从动轮和张紧在两轮上的环形同步带组成,如图 2-37 所示。

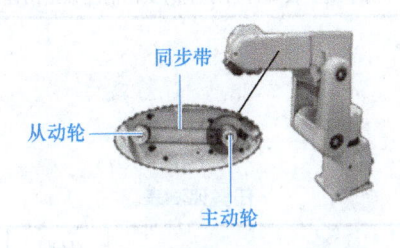

图 2-37 同步带传动的结构原理

同步带传动具有传动比较准确、传动平稳、速比范围大、初始拉力小、轴与轴承不易过载等优点;同时具有制造及安装要求严格、对带的材料要求较高、适合于电动机与高减速比减速器之间的传动等局限性。

任务实施

辨识调研场所内工业机器人的传动结构类型,能够清晰认知其工作原理并掌握各自的工作特点,同时通过比较机器人中减速器的应用,加深对各类减速器结构和特点的理解。借助虚拟仿真软件并结合报告书完成任务要求。

工业机器人的行走机构和传动系统报告书

题目名称		
学习主题	工业机器人的行走机构和传动系统	
重点难点	谐波减速器和RV减速器	
训练目标	主要知识能力指标	1）能根据实际工作要求对工业机器人的行走机构进行选取 2）掌握工业机器人传动系统的类型与结构特点
	相关能力指标	1）能够正确制定工作计划，养成独立工作的习惯 2）能够阅读工业机器人相关技术手册与说明书 3）培养学生良好的职业素质及团队协作精神
参考资料 学习资源	图书馆内相关书籍、工业机器人相关网站等	
学生准备	熟悉所选工业机器人系统，准备教材、笔、笔记本、练习纸等	
教师准备	熟悉教学标准、机器人实训设备说明，演示实验、讲授内容、设计教学过程、记分册	
工作步骤	明确任务	教师提出任务
	分析过程（学生借助于参考资料、教材和教师提出的引导，自己做一个工作计划，并拟定出检查、评价工作成果的标准要求）	结合工作要求对调研场所中的工业机器人行走机构的选取进行分析
		分析调研场所中谐波齿轮机构的构造和工作特点
		分析调研场所中RV减速器的构造和工作特点
		分析调研场所中丝杆传动机构的构造和工作特点
		分析调研场所中行星齿轮传动机构的构造和工作特点
		分析调研场所中同步带传动机构的构造和工作特点
		使用虚拟仿真软件，完成对不同任务要求下工业机器人减速器的选型和装配
	检查	在整个过程中，学生依据拟定的评价标准检查自己是否符合要求地完成了工作任务
	评价	由小组、教师评价学生的工作情况并给出建议

任务评价

任务评测表

姓名		学号		日期		年　月　日
小组成员				教师签字		
类别	项目	考核内容	得分	总分		评分标准
理论	知识准备 （100分）	正确描述常见的工业机器人行走机构类型（50分）				根据完成情况打分
		正确描述常见的工业机器人传动结构及其特点（50分）				
评分说明						
备注	1）评测表原则上不能出现涂改现象，若出现则必须在涂改之处签字确认 2）每次考核结束后，教师及时记录考核成绩					

项目评测

1. 填空题

（1）末端执行器根据用途和结构不同，可以分为＿＿＿＿＿＿、＿＿＿＿＿＿和＿＿＿＿＿＿。

（2）谐波传动器由＿＿＿＿＿＿、＿＿＿＿＿＿和＿＿＿＿＿＿三个基本构件组成。

2. 选择题

（1）工业机器人的主体通常由手腕、手臂、腰部、机座和（　　）组成。
A. 末端执行器　　B. 电动机　　C. 驱动装置　　D. 腿部

（2）工业机器人末端执行器的位姿是由（　　）组成的。
A. 位置与运行状态　　　　B. 姿态与速度
C. 位置与姿态　　　　　　D. 速度与位置

（3）工业机器人一般需要（　　）个自由度才能使末端执行器达到目标位置并处于期望的姿态。
A. 3　　B. 4　　C. 5　　D. 9

（4）选择夹持式末端执行器夹持圆柱形工件时，通常采用（　　）。
A. V形指　　B. 平面指　　C. 尖指　　D. 特殊指

（5）工业机器人的手指有多种指面类型，其中适用于夹持炽热件的类型是（　　）。
A. 光滑指面　　B. 齿形指面　　C. 柔性指面　　D. 以上都不是

（6）图 2-38 为三种互转关节，它们依次是（　　）。
A. 翻转、偏转、俯仰　　　　B. 偏转、翻转、俯仰
C. 翻转、俯仰、偏转　　　　D. 偏转、俯仰、翻转

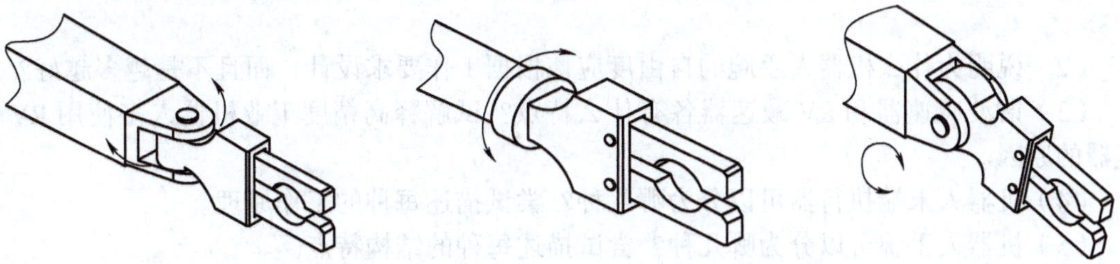

图 2-38　选择题（6）图

（7）RBR型手腕使末端执行器具有翻转、俯仰和偏转运动，其关节组成是（　　）。
A. 1个折曲关节和2个翻转关节　　B. 2个折曲关节和1个翻转关节
C. 3个折曲关节　　　　　　　　　D. 3个翻转关节

（8）以下工业机器人手腕关节结构中，仅具有1个自由度的是（　　）。
A. BR　　B. RR　　C. BB　　D. BRR

（9）以下工业机器人手腕关节结构中，具有2个自由度的是（　　）。
A. RRR　　B. BRR　　C. BBR　　D. BBB

（10）工业机器人的手臂按结构区分，不包含（　　）。

A. 单臂式　　　B. 双臂式　　　C. 多臂式　　　D. 悬挂式

（11）谐波传动中的柔轮相当于行星轮系中的（　　）。

A. 太阳轮　　　B. 行星轮　　　C. 系杆　　　　D. 齿针

3. 判断题

（1）磁吸式末端执行器能胜任对定位精度有一定要求的工作，且对高温工作环境有一定耐受性。（　　）

（2）机器人手腕一般采用分离驱动，手腕驱动装置一般安装在手臂上。（　　）

4. 简答题

（1）试简述图 2-39 所示回转型末端执行器的工作原理。

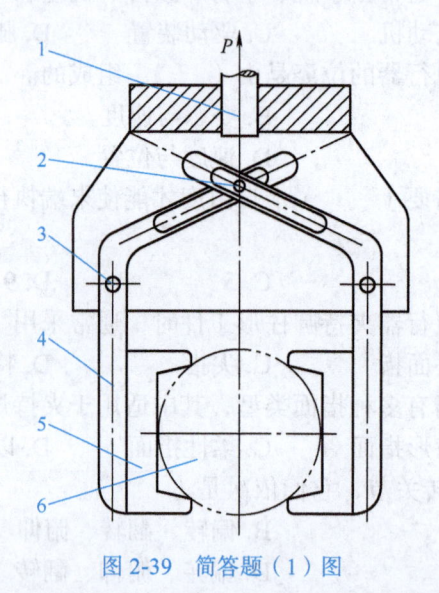

图 2-39　简答题（1）图
1—驱动杆　2—圆柱销　3—铰销　4—手指　5—V形指　6—工件

（2）说明为什么机器人手腕的自由度应该根据工作要求设计，而且不是越多越好？

（3）谐波减速器和 RV 减速器各有什么特点？试解释高精度工业机器人多使用 RV 减速器的原因。

（4）机器人末端执行器可以分为哪几种？尝试描述每种的工作原理。

（5）机器人手腕可以分为哪几种？尝试描述每种的结构特点。

（6）机器人机身与手臂配置形式有哪几类？尝试描述每种的结构特点。

（7）工业机器人传动结构有几种？尝试描述每种的结构特点。

（8）简述车轮式行走机构和履带式行走机构的特点及各自适用的场合。

项目 3

工业机器人感知系统认知

📋 项目描述

工业机器人的感知系统担任着机器人神经系统的角色，它会将各种环境信息和内部状态信息从信号转换为机器人可以理解和运用的数据信息，而传感器是工业机器人感知系统的重要组成，工业机器人的稳定性和可靠性离不开传感器之间的协调合作，离开了传感器，就如同人类失去感觉器官。本项目将阐述工业机器人中常见的传感器种类，帮助学生熟悉机器人内部和外部传感器的功能及应用。

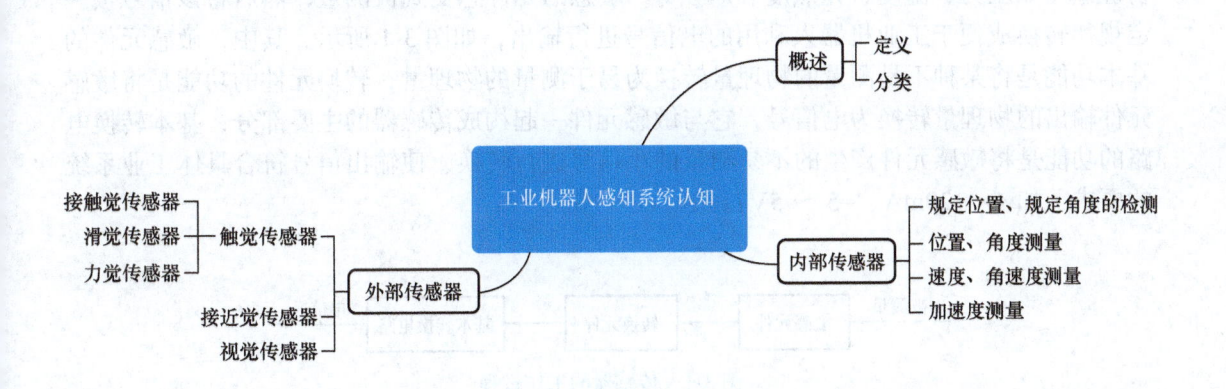

- 工业机器人感知系统认知
  - 概述
    - 定义
    - 分类
  - 外部传感器
    - 触觉传感器
      - 接触觉传感器
      - 滑觉传感器
      - 力觉传感器
    - 接近觉传感器
    - 视觉传感器
  - 内部传感器
    - 规定位置、规定角度的检测
    - 位置、角度测量
    - 速度、角速度测量
    - 加速度测量

任务 3.1　认识工业机器人传感器

💡 任务描述

传感器又称为电五感，机器人通过传感器来获取各类信息。本任务将向学生介绍工业机器人常见的传感器类型，帮助其理解并掌握各类传感器的工作特点。

问题引导

1）什么是传感器？
2）工业机器人中有哪些传感器？

能力要求

知识要求：理解并掌握传感器的定义；了解工业机器人常用传感器的种类。
技能要求：能够通过查阅资料了解不同类型传感器的作用。
素质要求：增长见识，激发对工业机器人行业兴趣，具备系统化、结构化的学习思维和逻辑思考能力。

知识准备

一、传感器的定义

传感器是利用物体的物理、化学变化，并将这些变化转换成电信号（电压、电流和频率）的装置，通常由敏感元件、转换元件和基本转换电路组成，其工作过程：通过对某一物理量（如压力、温度、光照度、声强等）敏感的元件感受到被测量，然后将该信号按一定规律转换成便于工业机器人利用的电信号进行输出，如图3-1所示。其中，敏感元件的基本功能是将某种不易测量的物理量转换为易于测量的物理量，转换元件的功能是将敏感元件输出的物理量转换为电信号，它与敏感元件一起构成传感器的主要部分；基本转换电路的功能是将敏感元件产生的不易测量的小信号进行转换，使输出信号符合具体工业系统的要求（如 4～20mA、-5～5V）。

被测量 → 敏感元件 → 转换元件 → 基本转换电路 → 电信号

图 3-1 传感器的工作过程

二、传感器的分类

根据在机器人上应用的目的和使用范围不同，传感器可分为内部传感器和外部传感器。工业机器人常用传感器见表3-1。

内部传感器装在工业机器人本体上，包括位置、速度、加速度传感器，是为了检测机器人自身状态（如手臂间角度、机器人运动过程中的位置、速度和加速度等），在伺服控制系统中作为反馈信号。

外部传感器用于检测机器人所处的外部环境和对象状况等，如抓取对象的形状、空间位置、有没有障碍、物体是否滑落等。

项目 3　工业机器人感知系统认知

表 3-1　工业机器人常用传感器

传感器		检测内容	检测器件	应用
内部传感器	位置传感器	规定位置、规定角度	限位开关、光电开关	规定位置检测、规定角度检测
		位置	电位器、直线感应同步器	位置移动检测
		角度	角度式电位器、光电编码器	角度变化检测
	速度传感器	速度	测速发电机、增量式码盘	速度检测
	加速度传感器	加速度	压电式加速度传感器、压阻式加速度传感器	加速度检测
外部传感器	触觉传感器	接触	限制开关	动作顺序控制
		把握力	应变计、半导体感压元件	把握力控制
		荷重	弹簧变位测量器	张力控制、指压控制
		分布压力	导电橡胶、感压高分子材料	姿势和形状判别
		多元力	应变计、半导体感压元件	装配力控制
		力矩	压阻元件、电动机电流计	协调控制
		滑动	光学旋转检测器、光纤传感器	滑动判定、力控制
	接近觉传感器	接近	光电开关、红外传感器	动作顺序控制
		间隔	光电晶体管、光电二极管	障碍物躲避
		倾斜	电磁线圈、超声波传感器	轨迹移动控制和探索
	视觉传感器	平面位置	摄像机、位置传感器	位置控制
		距离	测距仪	移动控制
		形状	线图像传感器	物体识别和判别
		缺陷	画图像传感器	异常检测
	听觉传感器	声音	麦克风	语言控制（人机接口）
		超声波	超声波传感器	导航
	嗅觉传感器	气体成分	气体传感器、射线传感器	化学成分探测

课间加油站

在工业机器人发展史中，有哪些曾经难以解决的问题最终通过传感器的使用而得以化解？

给工业机器人装备什么样的传感器，对这些传感器有什么要求，这是设计机器人感知系统时遇到的首要问题。机器人传感器的选择应当完全取决于机器人的工作需要和应用特点。因此要根据检测对象、具体的使用环境选择合适的传感器，并采取适当的措施，减小环境因素产生的影响。

任务实施

根据实训室智能传感器实训设备，辨识常见的传感器类型和所检测内容；通过查阅文献资料和网络搜索等方式，收集补充各类传感器的信息，选出内、外部传感器各 3 种，结合报告书完成任务要求。

工业机器人传感器类型报告书

题目名称		
学习主题	工业机器人传感器的类型	
重点难点	传感器的检测内容及作用	
训练目标	主要知识能力指标	1）掌握传感器的定义和组成 2）能够对实际工作中遇到的传感器类型进行区分，并明确其检测内容和作用
	相关能力指标	1）能够正确制定工作计划，养成独立工作的习惯 2）能够阅读工业机器人相关技术手册与说明书 3）培养学生良好的职业素质及团队协作精神
参考资料学习资源	图书馆内相关书籍、工业机器人相关网站等	
学生准备	熟悉所选工业机器人系统，准备教材、笔、笔记本、练习纸等	
教师准备	熟悉教学标准、机器人实训设备说明，演示实验，讲授内容，设计教学过程、记分册	
工作步骤	明确任务	教师提出任务
	分析过程（学生借助于参考资料、教材和教师提出的引导，自己做一个工作计划，并拟定出检查、评价工作成果的标准要求）	利用实训室中配置的传感器，掌握传感器的常用类型和其所起到的作用
		通过查阅资料收集完成传感器资料表，加深对工业机器人传感器类型的理解
	检查	在整个过程中，学生依据拟定的评价标准检查自己是否符合要求地完成了工作任务
	评价	由小组、教师评价学生的工作情况并给出建议

传感器资料表

类别	工作原理	结构特点	应用场景

任务评价

任务评测表

姓名		学号		日期			年　　月　　日	
小组成员				教师签字				
类别	项目		考核内容		得分	总分	评分标准	
理论	知识准备（100分）		正确描述传感器的定义及工作原理（50分）				根据完成情况打分	
			正确描述工业机器人常见的传感器类型及特点（50分）					
评分说明								
备注	1）评测表原则上不能出现涂改现象，若出现则必须在涂改之处签字确认 2）每次考核结束后，教师及时记录考核成绩							

任务 3.2　学习工业机器人内部传感器的分类与选用

任务描述

工业机器人内部传感器以自己的坐标系确定其位置，通常安装于机器人的末端执行器上，而不安装于周围环境中。本任务主要介绍工业机器人内部传感器的各种类型及其工作原理。

问题引导

1）工业机器人为什么需要内部传感器？
2）工业机器人有哪些内部传感器？各自起到什么作用？

能力要求

知识要求：了解常用的工业机器人内部传感器类型；理解并掌握不同类型内部传感器的工作原理。
技能要求：能够根据任务要求对内部传感器进行正确选型。
素质要求：增长见识，激发对工业机器人行业兴趣，具备系统化、结构化的学习思维和逻辑思考能力。

知识准备

工业机器人内部传感器为测量机器人自身状态的元件，其具体的检测对象有关节的线位移、角位移等几何量，速度、角速度、加速度等运动量以及倾斜角、方位角、振动等物理量。内部传感器中的位置传感器和速度传感器，是当今机器人反馈控制中不可缺少的元件，现已有多种传感器大量生产；但倾斜角传感器、方位角传感器及振动传感器等用作机器人内部传感器的时间不长，其性能尚需进一步改进。内部传感器的检测对象主要有规定位置、规定角度的检测，位置、角度测量，速度、角速度测量，加速度测量。

一、规定位置、规定角度的检测

检测预先规定的位置或角度可以用开/关两个状态值，从而检测机器人的起始原点、越限位置或确定位置。

（1）限位开关　当力作用到微型开关的可动部分（称为执行器）时，开关的电气触点断开或接通。限位开关通常装在盒里，以防外力的作用和水、油、尘埃的侵蚀。

（2）光电开关　光电开关是由 LED 光源和光电二极管或光电晶体管等相隔一定距离而构成的透光式开关。在光电开关的光源与光电器件间的光路上有物体时，光路被切断，无电信号输出；当光路上没有物体时，光路畅通，有电信号输出。即光电开关仅有"0"或"1"的两种开关状态。

二、位置、角度测量

测量机器人关节线位移和角位移的传感器是机器人位置反馈控制中必不可少的元件。常用的有电位器、旋转变压器以及编码器。下面对电位器以及编码器分别予以介绍。

（1）电位器　电位器是一种典型的位置传感器，按测量对象可分为直线型（测量位移）和旋转型（测量角度）两种；按结构可分为导电塑料式、线绕式、混合式等滑片（接触）式和磁阻式、光标式等非接触式。

电位器由线绕电阻（或薄膜电阻）和滑动触点组成，其中滑动触点通过机械装置受被检测量的控制。当被检测的位置量发生变化时，滑动触点也发生位移，从而改变了滑动触点与电位器各端之间的电阻值和输出电压值。根据输出电压值的变化，可以检测出机器人各关节的位置和位移量。

把电阻元件弯成弧形，可动触点的另一端固定在圆的中心，如图 3-2 所示。这种电位器由环状的电阻和电刷共同组成，当电流沿电阻流动时，形成电压分布。如果这个电压制作成与角度成比例的形式，则从电刷上提取出的电压值也与角度成比例。

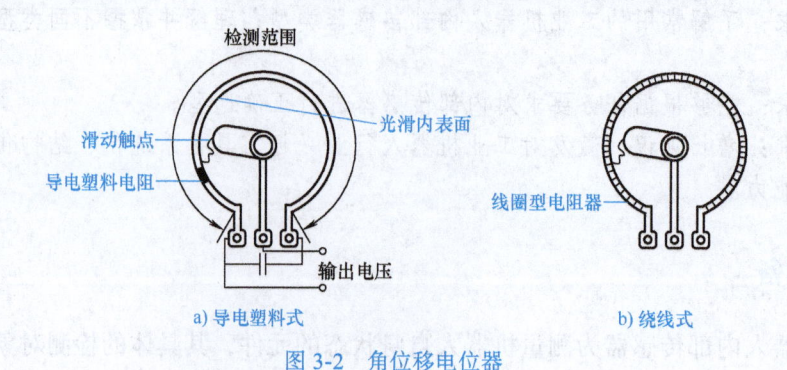

图 3-2　角位移电位器

电位器结构简单、性能稳定、使用方便，但分辨率不高，且当电刷和电阻之间接触面磨损或有尘埃附着时会产生噪声，同时由于滑动触点和电阻表面的磨损，使电位器的可靠性和寿命受到一定的影响。因此，在工业机器人上的应用受到了极大的限制，并且会随着光电编码器价格的降低而逐渐被淘汰。

（2）编码器　编码器是测量轴角位置和位移的元件，具有很高的精确度、分辨率和可靠性。根据监测方法不同，编码器又可以分为光电式、磁场式和感应式。下面介绍光电编码器。

光电编码器是一种非接触的数字位置/位移传感器，作为工业机器人位移传感器，光电编码器应用最为广泛。它的基本原理是采用红外发射接收管，检测编码盘的位置或移动的方向、速度等。光电编码器既可以套式安装也可以轴式安装，其实物图如图3-3所示。

a) 套式编码器　　b) 轴式编码器

图 3-3　光电编码器实物图

按照工作原理，光电编码器可分为绝对式和增量式两类，绝对式编码器的每一个位置对应一个确定的数字码，因此它的示值只与测量的起始和终止位置有关，而与测量的中间过程无关。增量式编码器是将位移转换成周期性的电信号，再把这个电信号转变成计数脉冲，用脉冲的个数表示位移的大小。因此，用绝对式编码器的机器人不需要校准，只要通电，控制器就知道关节的位置；而增量式编码器只能提供与某基准点对应的位置信息，所以用增量式编码器的机器人在获得真实位置的信息以前，必须首先完成校准程序。

1）绝对式光电编码器。绝对式光电编码器由光源（发光二极管）、光电码盘、光传感器（光电晶体管）等构成，图3-4所示为绝对式光电编码器的编码原理图，其光电码盘上有4条码道，所谓码道就是码盘上的同心圆，光电码盘按照一定的二进制编码方式刻有透明的和不透明的区域，光电码盘的一侧安装光源，另一侧安装一排径向排列的光电晶体管。每个光电晶体管对准一个码道，当光源照射光电码盘时，光线透过光电码盘的透明区域，使光电晶体管导通，产生低电平信号，代表二进制的"0"；不透明的区域代表二进制的"1"。被测工作轴带动光电码盘旋转时，光电晶体管输出的信号就代表了轴的对应位置，即绝对位置。

绝对式光电编码器的测量精度取决于它所能分辨的最小角度，而这与光电码盘上的码道数 n 有关，即最小能分辨的角度为 $360°/2^n$，分辨率为 $1/2^n$，如4码道编码器的最小能分辨的角度为 $360°/2^4$，分辨率为 $1/2^4$，由此可见，绝对式光电编码器码道越多，精度越高。

光电码盘大多采用格雷码编码盘，格雷码的特点是每一相邻数码之间仅改变一位二进制数，这样，即使制作和安装不十分准确，产生的误差最多也只是最低位的一位数。

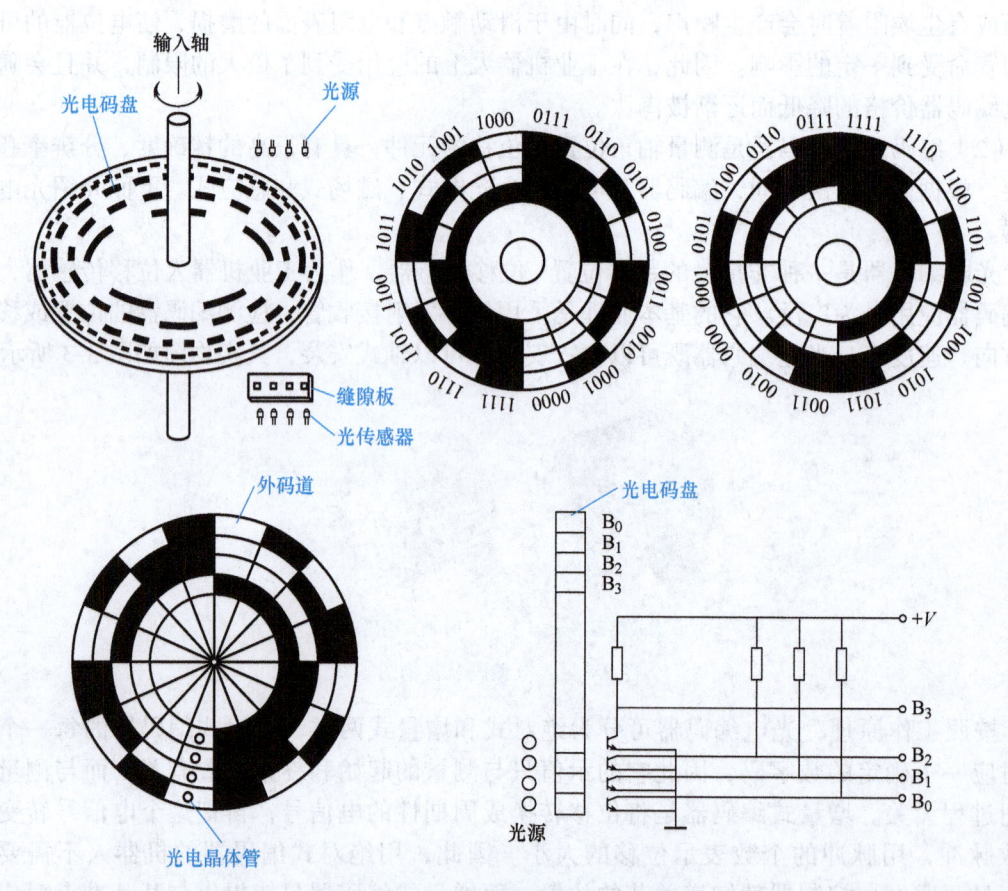

图 3-4 绝对式光电编码器的编码原理图

2）增量式光电编码器。增量式光电编码器主要由光源、码盘、缝隙板、光传感器和转换电路组成，如图 3-5 所示，码盘上刻有节距相等的辐射状透光缝隙，相邻两个透光缝隙之间代表一个增量周期，缝隙板上刻有 A 和 B 两组狭缝，两组狭缝对应的光传感器所产生的信号 A、B 彼此相差 90° 相位，用于辨向。当码盘正转时，A 信号超前 B 信号 90°，当码盘反转时，B 信号超前 A 信号 90°，从而可方便地判断出旋转方向。当码盘随着被测转轴转动时，缝隙板不动，光线透过码盘和缝隙板上的缝隙照射到光传感器，就输出两组相位相差 90° 的近似于正弦波的电信号，电信号经过转换电路的信号处理，可以得到被测轴的转角或速度信息。码盘里圈还有一根狭缝 C，每转能产生一个脉冲，该脉冲信号又称为一转信号或零标志脉冲，可作为测量的起始基准，如图 3-5 所示。

增量式光电编码器的特点是每产生一个输出脉冲信号就对应于一个位置增量，但是不能通过输出脉冲区别出是在哪个位置上的位置增量，它能够产生与位置增量等值的脉冲信号，其作用是提供一种对连续位移量离散化或增量化以及位移（速度）变化的传感方法，它得到的是相对于某个基准点的相对位置增量，不能直接检测出轴的绝对位置信息。

增量式光电编码器的优点是原理构造简单、易于实现，机械平均寿命长，可达到几万小时以上，分辨率高，抗干扰能力较强，信号传输距离较长，可靠性较高；缺点是它无法直接读出转动轴的绝对位置信息。

a) 原理图   b) 输出波形

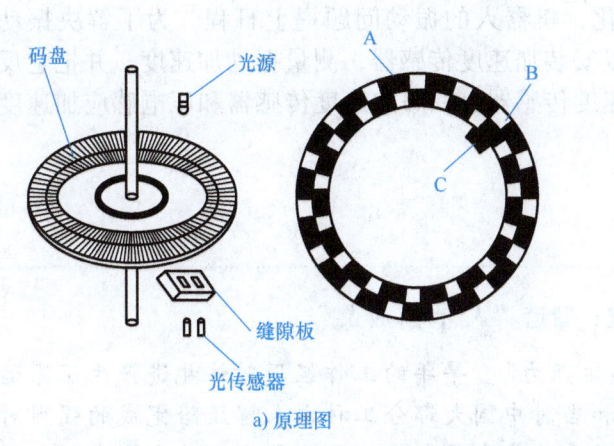

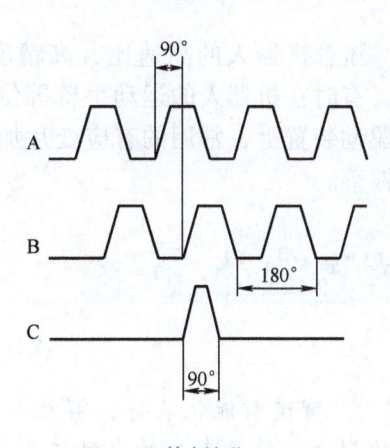

图 3-5　增量式光电编码器

三、速度、角速度测量

速度、角速度测量是驱动装置反馈控制必不可少的环节，常用的速度、角速度传感器有测速发电机和比率发电机等，其中测速发电机在机器人控制系统中广泛应用，下面介绍常用的测速发电机。

测速发电机是一种检测机械转速的电磁装置，它利用发电机原理，把机械转速变换成电压信号，无论是直流还是交流测速发电机，其输出电压都与输入的转速成正比关系。$u=K_t\omega$ 中，ω 为转速，u 为输出电压，K_t 为测速发电机输出电压的斜率。当转子改变旋转方向时，测速发电机改变输出电压的极性或相位，直流测速发电机的结构原理如图 3-6 所示。

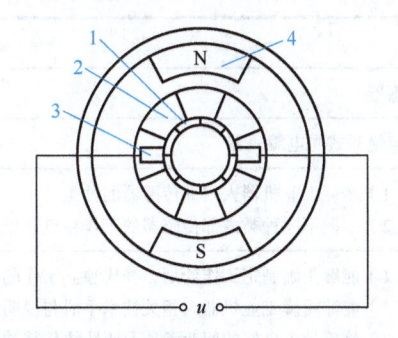

图 3-6　直流测速发电机的结构原理
1—换向器　2—转子线圈　3—电刷　4—永久磁铁

测速发电机转子与机器人关节伺服驱动电动机相连，就能测出机器人运动过程中关节转动速度。

四、加速度测量

随着机器人的高速比、高精度化，机器人的振动问题提上日程。为了解决振动问题，有时在机器人的运动手臂等位置安装加速度传感器，测量振动加速度，并把它反馈到驱动装置上，常用的有应变片加速度传感器、伺服加速度传感器和压电感应加速度传感器等。

课间加油站

许礼进：智造"人"，解放人

"智造智能化装备，解放人类生产力"。早年的工作经历对许礼进产生了深远的影响，德日车企的自动流水线和当时中国大部分工种由人冒风险完成的强烈对比，以及从国外引入机器人的昂贵采购费和服务费，让他萌生了要生产中国自己的机器人，把人从机械劳动中解放出来的想法。而面对一个接一个挑战，许礼进坚持创新，依靠人才，使埃夫特机器人不仅守住了中国市场，更迈步走向了国际舞台。

任务实施

辨识实训室内各类的内部传感器，能够说明工业机器人中内部传感器的检测内容和作用，结合报告书完成任务要求。结合PLC相关知识，使用实训室设备完成增量式光电编码器和绝对式光电编码器的实验，增加对编码器等传感器的基本认知，进一步了解其工作原理。

工业机器人内部传感器报告书

题目名称		
学习主题	工业机器人内部传感器	
重点难点	增量式光电编码器与绝对式光电编码器	
训练目标	主要知识能力指标	1）掌握工业机器人内部传感器的种类 2）掌握不同种类内部传感器的工作特点和原理
	相关能力指标	1）能够正确制定工作计划，养成独立工作的习惯 2）能够阅读工业机器人相关技术手册与说明书 3）培养学生良好的职业素质及团队协作精神
参考资料 学习资源	图书馆内相关书籍、工业机器人相关网站等	
学生准备	熟悉所选工业机器人系统，准备教材、笔、笔记本、练习纸等	
教师准备	熟悉教学标准、机器人实训设备说明、演示实验、讲授内容、设计教学过程、记分册	

项目 3　工业机器人感知系统认知

（续）

工作步骤	明确任务	教师提出任务
	分析过程（学生借助于参考资料、教材和教师提出的引导，自己做一个工作计划，并拟定出检查、评价工作成果的标准要求）	观察限位开关、光电开关在机器人规定位置、角度测量中的工作过程
		观察电位器、编码器在机器人角度、位置测量中的工作过程
		观察测速发电机在机器人角速度测量中的工作过程
		通过上述研究，对工业机器人需要内部传感器的原因进行总结报告
		结合 PLC 相关知识完成实验一和实验二
	检查	在整个过程中，学生依据拟定的评价标准检查自己是否符合要求地完成了工作任务
	评价	由小组、教师评价学生的工作情况并给出建议

【实验一：测试增量式光电编码器】

1）增量式光电编码器如图 3-7 所示。

图 3-7　增量式光电编码器

2）参考图 3-8 所示接线图与图 3-9 所示网络图完成电路连接。

3）通过相应软件，完成设备组态。建立监控表，转动增量式光电编码器，观察受监测的输入量的变化。

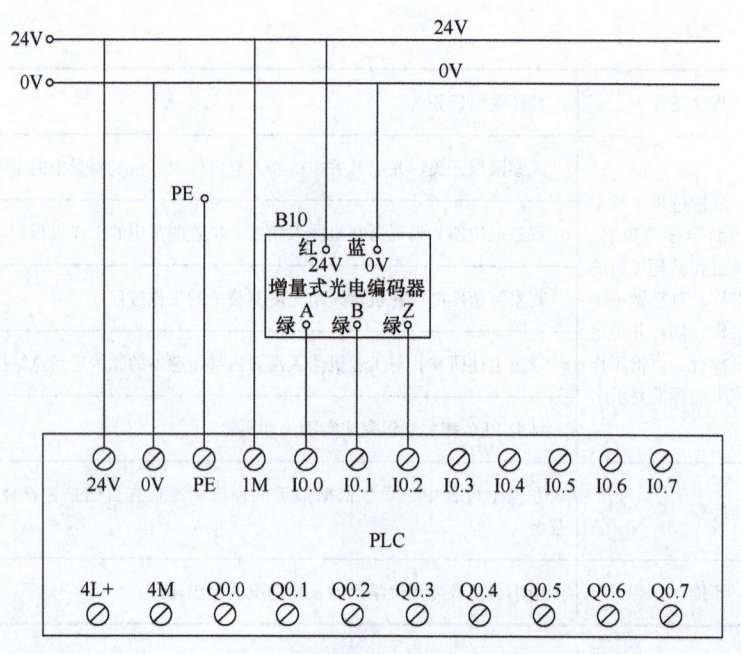

图 3-8 接线图

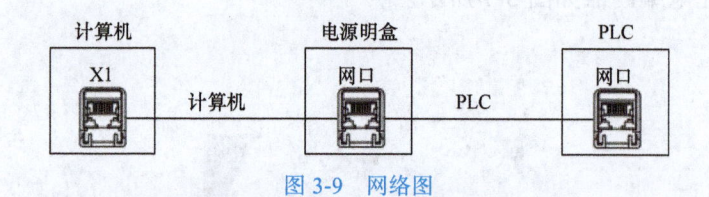

图 3-9 网络图

【实验二：测试绝对式光电编码器】

1）绝对式光电编码器如图 3-10 所示。

图 3-10 绝对式光电编码器

2）参考图 3-11 所示接线图与图 3-12 所示网络图完成电路连接。

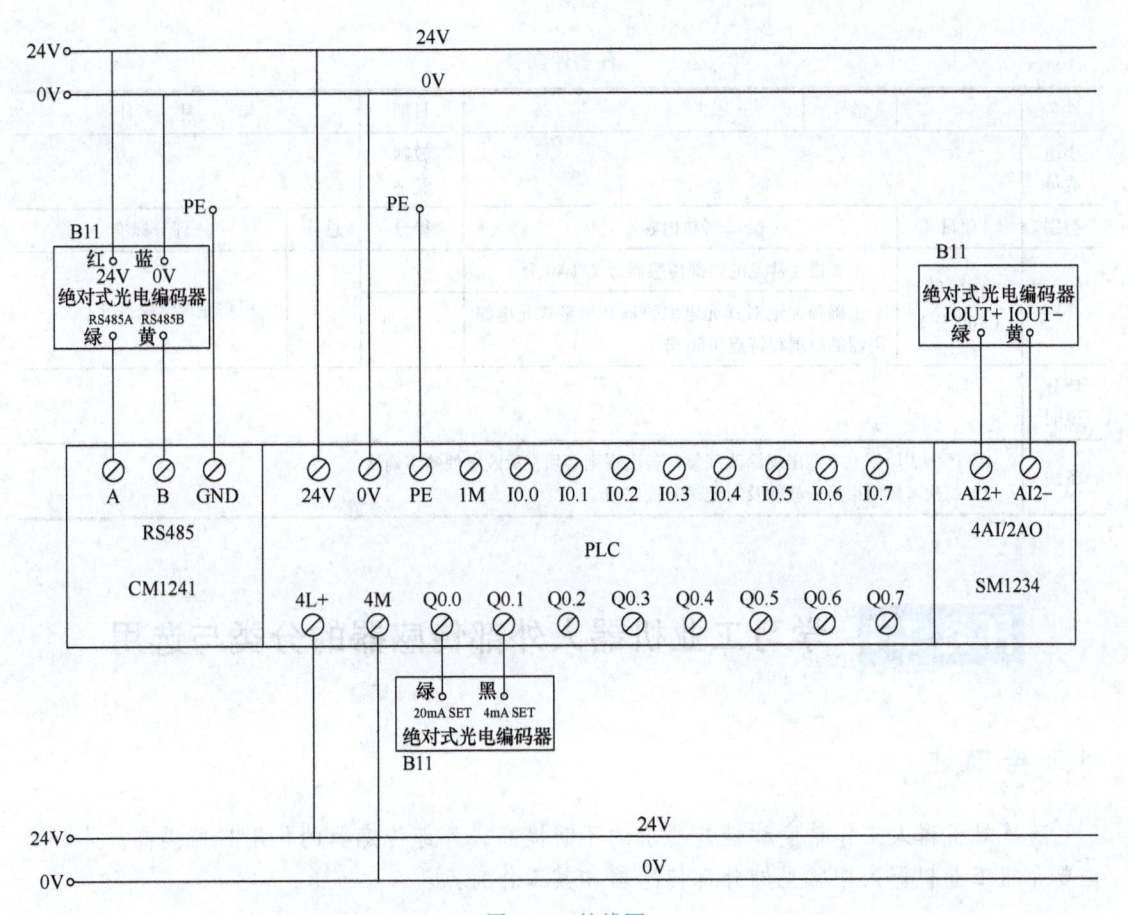

图 3-11 接线图

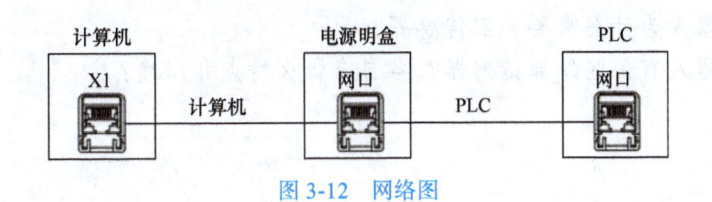

图 3-12 网络图

3）通过相应软件，完成设备组态，建立监控表，转动绝对式光电编码器，观察受监测量的变化，得到的是编码器角度值。

如：角度数据=051F$_H$ $\xrightarrow{\text{转换为十进制}}$ 角度数据=1311$_D$ $\xrightarrow{\text{转换为角度}}$ $\dfrac{1311}{4096} \times 360° = 115.2°$

输出值是十进制数值，直接 ×360°÷4096，即得出的值为角度。

任务评价

任务评测表

类别	项目	考核内容	得分	总分	评分标准
姓名		学号		日期	年　月　日
小组成员				教师签字	
理论	知识准备（100分）	正确描述常见的内部传感器分类（40分）			根据完成情况打分
		正确描述绝对式光电编码器和增量式光电编码器的原理和特点（60分）			
评分说明					
备注	1）评测表原则上不能出现涂改现象，若出现则必须在涂改之处签字确认 2）每次考核结束后，教师及时记录考核成绩				

任务 3.3　学习工业机器人外部传感器的分类与选用

任务描述

随着对机器人工作精度和性能要求的不断提高，外部传感器的作用日益提高。本任务主要介绍工业机器人中常见的外部传感器和其工作特点。

问题引导

1）工业机器人为什么需要外部传感器？
2）工业机器人有哪些外部传感器？各自有什么特点和用途？

能力要求

知识要求：了解常用的工业机器人外部传感器种类；理解并掌握不同类型外部传感器的工作原理。

技能要求：能够根据任务要求对外部传感器进行正确选型。

素质要求：增长见识，激发对工业机器人行业兴趣，具备系统化、结构化的学习思维和逻辑思考能力。

知识准备

为了检测作业对象及环境或机器人与作业对象的关系，在机器人上安装了触觉传感器、接近觉传感器、视觉传感器和力觉传感器等，大大改善了机器人工作状况，使其能够更充分地完成复杂的工作。

由于外部传感器为集多种学科于一身的产品，有些方面还在探索之中，随着外部传感器的进一步完善，机器人的功能越来越强大，将在许多领域为人类做出更大贡献。

一、触觉传感器

触觉是接触、冲击、压迫等机械刺激感觉的综合，触觉可以用于机器人抓取，利用触觉传感器可进一步感知物体的形状、软硬等物理性质，一般把检测感知和外部直接接触而产生的接触觉、压觉、滑觉及力觉的传感器称为机器人触觉传感器。

在机器人中，触觉传感器主要有两方面的作用：

1）检测功能。对操作物进行物理性质检测，如光滑性、硬度等，其目的是感知危险状态，实施自身保护，灵活地控制手爪及关节以操作对象物，使操作具有适应性和顺从性，如：感知手指同对象物之间的作用力，便可判定动作是否适当，还可以将作用力作为反馈信号，通过调整，更灵活地控制给定的作业程序。

2）识别功能。识别对象物的形状（如识别接触到的表面形状），触觉传感器有时可以代替视觉传感器进行一定程度的形状识别，在视觉传感器无法使用的场合尤为重要。

1. 接触觉传感器

接触觉传感器用于检测机器人是否接触目标或环境，寻找物体或感知碰撞。根据接触觉传感器的输出值，机器人可以感受和搜索对象物，感受手爪和对象物之间的相对位置和姿态，并修正手爪的操作状态。一般来说，接触觉传感器可以分为简单的接触觉传感器和复杂的接触觉传感器，前者只能探测是否和周围物体接触，只传递一种信息，如限位开关、微动开关等；后者不仅能够探测是否和周围物体接触，而且能够感知被探测物体的外轮廓。

图 3-13 所示为开关式接触觉传感器，只有 0 和 1 两个信号，用于表示接触与不接触，图 3-13a 所示为电极式接触觉传感器，电极和柔性导体之间留有间隙，当施加外力时，受压部分的柔性导体（金属薄片）和柔性绝缘体（橡胶层）发生变形，利用柔性导体和电极之间的接通状态形成接触觉。图 3-13b 所示为光电开关式接触觉传感器，由发射器、接收器和检测电路三部分组成，发射器对准目标发射光束，当接触物体时，光束被中断，会产生一个开关信号变化。

a) 电极式　　　　　　　　　　　　b) 光电开关式

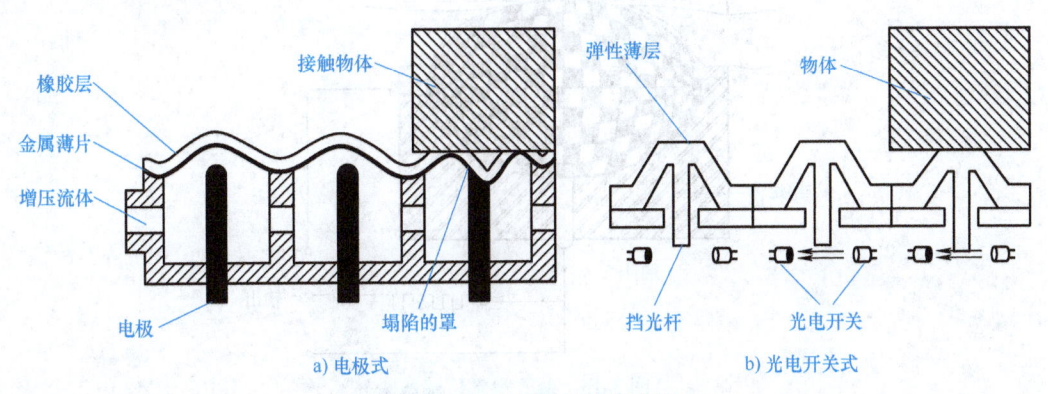

图 3-13　开关式接触觉传感器

开关式接触觉传感器外形尺寸十分大，空间分辨率低。

2. 滑觉传感器

工业机器人末端执行器一般采用硬抓取和软抓取两种抓取方式。硬抓取（无感知时采用）时，末端执行器利用最大的夹紧力抓取工件；软抓取（有滑觉传感器时采用）时，末端执行器的夹紧力保持在能稳固抓取工件的最小值，以免损伤工件。

机器人在抓取不知属性的工件时，其自身应能确定最佳握紧力的给定值，当握紧力不够时，要检测被握紧物体的滑动，利用该检测信号，在不损害物体的前提下，考虑最可靠的夹持方法，实现此功能的传感器称为滑觉传感器。

滑觉传感器有滚轮式和球式两种。当工件在传感器表面上滑动时，和滚轮或球相接触，把工件的滑动变成滚轮或球的转动。滚轮式滑觉传感器如图 3-14 所示，小型滚轮安装在机器人手爪上，其表面稍突出手爪表面，可以使工件的滑动变成滚轮的转动，滚轮表面贴有高摩擦系数的弹性物质，一般用橡胶薄膜，滚轮内部装有发光二极管和光电晶体管，通过圆盘形光栅把光信号转变为脉冲信号。

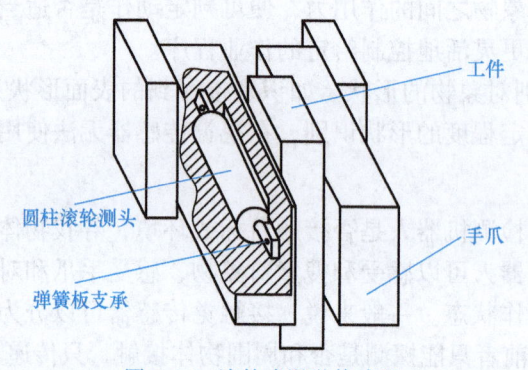

图 3-14 滚轮式滑觉传感器

球式传感器用球代替滚轮，可以检测各个方向的滑动，图 3-15 所示为球式滑觉传感器，由金属球和触针等组成，金属球表面分成许多个相间排列的导电和绝缘小格，触针头很细，每次只能触及一格，当工件滑动时，金属球也随之转动，在触针上输出脉冲信号，脉冲信号的频率反映了滑移速度，脉冲个数对应滑移的距离。

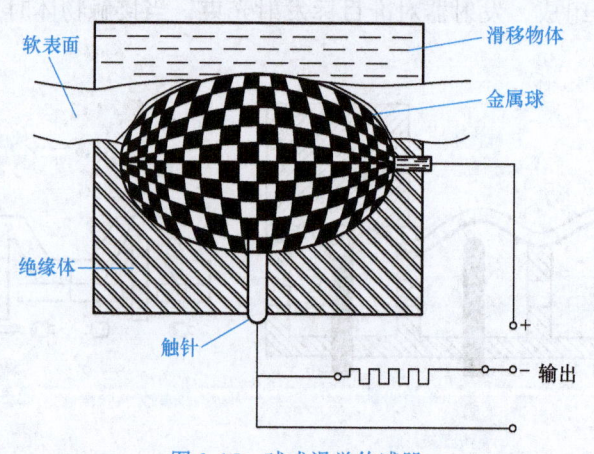

图 3-15 球式滑觉传感器

3. 力觉传感器

力觉传感器是用于测量机器人自身或与外界相互作用而产生力或力矩的传感器，它通常装在机器人各关节处。

力或力矩传感器的种类很多，有电阻应变片式、压电式、电容式、电感式以及各种外力传感器。力或力矩传感器通过弹性敏感元件将被测力或力矩转换成某种位移量或变形量，然后通过各自的敏感介质把位移量或变形量转换成能够输出的电量。机器人常用的力传感器分以下三类：

1）装在关节驱动装置上的力传感器，称为关节传感器，它测量驱动装置本身的输出力和力矩，用于控制中力的反馈。

2）装在末端执行器和机器人最后一个关节之间的力传感器，称为腕力传感器。它直接测出作用在末端执行器上的力和力矩。

3）装在机器人手爪（关节）上的力传感器，称为指力传感器，它用来测量夹持工件时的受力情况。

图 3-16 所示为腕力传感器，它是一种整体轮辐式结构，十字梁与轮缘连接处有一个柔性环节，在 4 根交叉梁上共贴有 32 个应变片（图中以小方块表示），组成 8 路全桥输出。

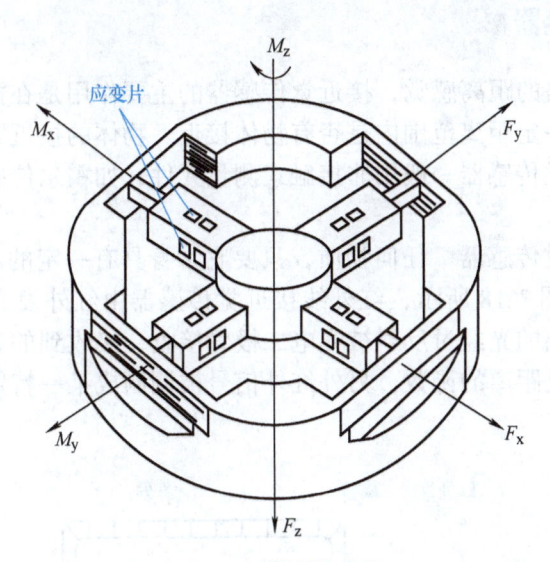

图 3-16 腕力传感器

总的来说，力觉传感器的作用主要是感知是否夹起了工件或是否夹持在正确部位，并可用于控制装配、打磨、研磨、抛光的质量。装配中提供信息，以产生后续的修正补偿运动，来保证装配质量和速度，防止碰撞、卡死和损坏机件。

在选用力传感器时，首先要特别注意额定值，其次在机器人通常的力控制中，力的精度意义不大，重要的是分辨率。

在机器人上安装、使用力觉传感器时，一定要事先检查操作区域，清除障碍物，这对保障实验者的人身安全、保证机器人及外围设备不受损害有重要意义。

如图 3-17 所示，触觉传感器安装在机器人的手指上，用来判断工作中各种状况，用压觉传感器控制握力，如果物件较重，则靠滑觉传感器来检测滑动，修正设定的握力来防止滑动，靠力觉传感器控制与被测物体重量和转矩相应的力，举起或移动物体。另外，力觉传感器在旋紧螺母、轴与孔的嵌入等装配工作中也有广泛的应用。

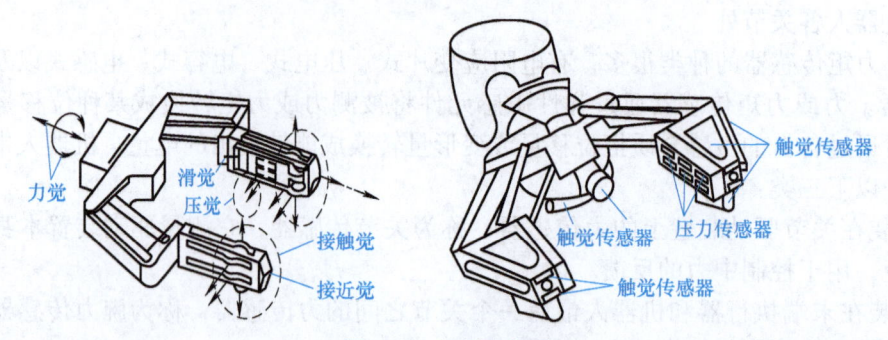

图 3-17 机器人触觉

总之，接触觉传感器用于判断手指与被测物是否接触以及检测接触物体的形状，压觉传感器是检测垂直于机器人和对象物接触面上力的大小，力觉传感器是检测机器人动作时各自由度力的大小，滑觉传感器是检测物体向垂直于手指把握面的方向滑动或变形。机器人若没有触觉，就不能完好平稳地抓住纸做的杯子，也不能握住工具。

二、接近觉传感器

接近觉是一种粗略的距离感觉，接近觉传感器的主要作用是在接触对象之前获得必要的信息，用来探测在一定距离范围内是否有物体接近、物体的接近距离和对象的表面形状及倾斜等状态。接近觉传感器一般用非接触式测量元件，如霍尔传感器、电磁接近开关和光学接近觉传感器等。

(1) 红外线接近觉传感器　任何物质，只要它本身具有一定的温度（高于绝对零度），都能辐射红外线。如图 3-18 所示，红外线接近觉传感器由红外发光二极管和光电二极管组成，发光二极管发出的光经过反射被光电二极管接收，接收到的光强和传感器与目标的距离有关，输出信号是距离的函数，另外红外信号被调制成某一特定频率，可大大提高信噪比。

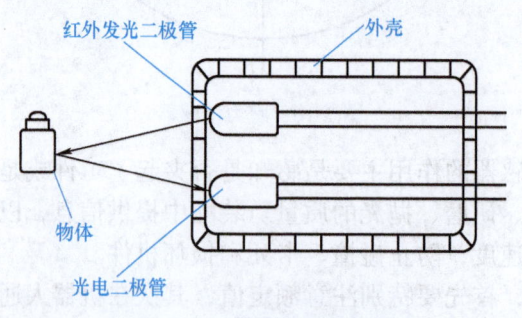

图 3-18 红外线接近觉传感器

红外线接近觉传感器具有灵敏度高、响应快等优点。红外线接近觉传感器的发送器和接收器都很小，能够装在机器人手爪上，易于检测出工作空间内是否存在某个物体。

(2) 电磁接近觉传感器　如图 3-19 所示，通电线圈中会产生磁场，当磁场接近金属体时，金属体中会产生感应电流，也就是涡流。涡流大小随金属体表面和线圈距离的大小而变化，这个变化反过来又影响线圈内磁场的强度。磁场强度可用另一组线圈检测出来，也可以根据励磁线圈本身电感的变化来检测。通过检测电感便可获得线圈与金属体表面的距离信息。这种传感器的精度比较高，而且可以在高温下使用。由于工业机器人的工作对象大多是金属部件，因此电磁接近觉传感器应用较广。

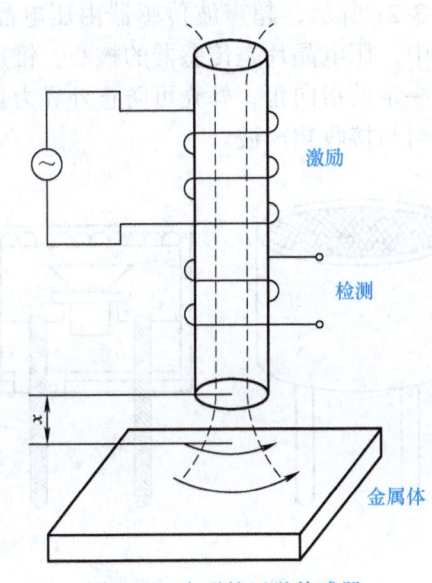

图 3-19 电磁接近觉传感器

（3）霍尔传感器 霍尔效应指的是当磁场中的金属或半导体片有电流流过时，在垂直于电流和磁场的方向上产生电动势，霍尔传感器单独使用时，只能检测有无磁性物体。当与磁体联合使用时，可以用来检测所有的铁磁物体。传感器附近没有铁磁物体时，霍尔传感器感受一个强磁场，若有铁磁物体，由于磁力线被铁磁物体旁路，传感器感受到的磁场将减弱，霍尔电动势发生变化，如图 3-20 所示。

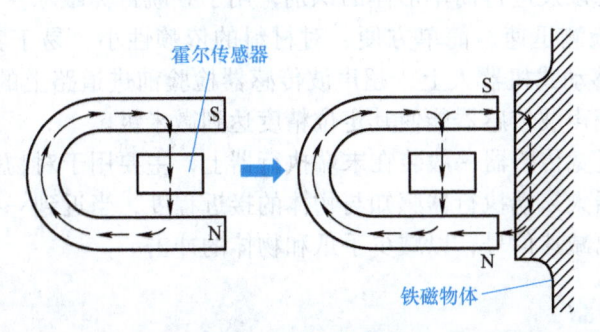

图 3-20 霍尔传感器

（4）气压式接近觉传感器 气压式接近觉传感器的工作原理为气源送出具有一定压力

的气流,由一根细的喷嘴喷出,如果喷嘴靠近物体,气流喷出的面积变窄,则内部压力会发生变化,这一变化可用压力计测量出来。如果事先求得距离和气缸内气体压力的关系,即可根据压力计读数测定距离。

气压式接近觉传感器不受磁场、电场和光线的影响,对环境的适应性很强,可用于压力工程、焊接、零件组装、搬运中的零件计数和确认等,尤其适用于测量微小间隙。

(5) 超声波传感器 超声波传感器主要用于检测物体的存在和测量距离,不能用于测量小于 30cm 的距离。如图 3-21 所示,超声波传感器由压电晶片、锥形喇叭、底座、引脚、外壳及金属网构成。其中,压电晶片是传感器的核心,锥形喇叭使发射和接收超声波的能量集中,并使传感器有一定的指向角,外壳可防止外界力量对压电晶片及锥形喇叭的损害,同时金属网不影响发射与接收超声波。

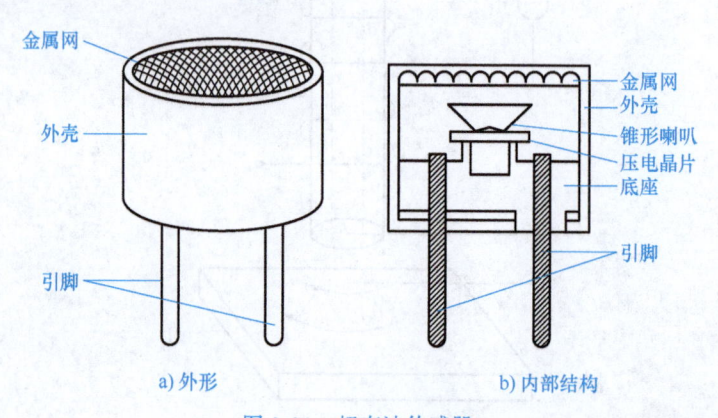

a) 外形　　　　　　　b) 内部结构

图 3-21　超声波传感器

超声波发射器向某一方向发射超声波,在发射的同时开始计时,超声波在空气中传播途中碰到障碍物立即返回,超声波接收器收到反射波立即停止计时,超声波在空气中的传播速度为 340m/s,根据计时时间 Δt 就可以算出发射点距障碍物的距离 s,即

$$s=340\Delta t/2$$

有时也把超声波传感器看成机器人视觉传感器中的一种,超声波传感器主要用途有实时检测机器人自身所处空间的位置,用以进行自定位;实时检测障碍物,为行动决策提供依据;检测目标姿态以及进行简单形体的识别,用于导航目标跟踪。

超声波传感器检测迅速、简单方便、对材料的依赖性小、易于实时控制、测量精度高,应用广泛。在移动式机器人上,超声波传感器检验前进道路上的障碍物,避免碰撞;在水下机器人上,超声波传感器能使其定位精度达到微米级。

综上所述,接近觉传感器一般装在末端执行器上,主要用于对物体的抓取和躲避。接近觉传感器能使机器人末端执行器感知与物体的接近程度,当近到一定距离时,接近觉传感器向控制系统发出减速信号,以减少手爪和物体的冲击。

三、视觉传感器

视觉传感器是智能机器人最重要的传感器之一,机器人通过视觉传感器获取环境的二维图像,并通过视觉处理器进行分析和解释,转换为符号,让机器人能够辨识物体,并确定其位置。在捕获图像之后,视觉传感器将其与内存中存储的基准图像进行比较,以做出分析，如欧姆龙视觉传感器 FZ3。FZ3 对微妙的色差乃至光泽物体的表面伤痕都能清晰识别，通过摄像头捕捉图像信息，检测拍摄对象的数量、位置关系、形状等特点，用于判断产品是否合格或将检验数据传送给机器人等其他生产设备。

机器人视觉传感器的工作过程可分为检测、分析、绘制和识别 4 个步骤。

1）视觉检测。视觉信息一般通过光电检测元件转化成电信号，光电检测元件有摄像管和固态图像传感器。

2）视觉图像分析。成像图像中的像素含有杂波，必须进行（预）处理，通过处理消除杂波，把全部像素重新按线段或区域排列成有效像素集合。

3）视觉图像绘制。指以识别为目的从物体图像中提取特征，这些特征与物体的位置和取向无关，并包含足够的绘制信息，以便能唯一地把一个物体从其他物体中鉴别出来。

4）图像识别。事先将物体的特征信息存储起来，然后将此信息与所看到的物体信息进行比对。

视觉传感器常用于零配件批量加工的尺寸检查、自动装配的完整性检查和电子装配线元件自动定位上的字符识别等，通常人眼无法连续、稳定地完成这些带有高度重复性和智能性的工作，其他传感器也难有用武之地。

总之，机器人系统中使用的传感器种类和数量越来越多，每种传感器都有一定的使用条件和感知范围，并且能给出环境或对象的部分信息，为了有效利用传感器信息，需要进行信息传感融合处理。传感器信息融合又称数据融合，从多信息的视角进行处理及综合，得到各种信息的内在联系和规律，剔除无用和错误的信息，保留正确的和有用的成分，最终实现信息的优化。

任务实施

辨识实训室内各类外部传感器，能够在工作场景中根据需求正确选用所需外部传感器，结合报告书完成任务要求。联系 PLC 相关知识，使用实训室设备完成 RFID 实验，增加对传感器实验的基本认知，进一步了解其工作原理。

工业机器人外部传感器报告书

题目名称		
学习主题	工业机器人外部传感器	
重点难点	触觉传感器、接近觉传感器与视觉传感器	
训练目标	主要知识能力指标	1）掌握工业机器人外部传感器的种类 2）掌握不同种类外部传感器的工作特点和原理
	相关能力指标	1）能够正确制定工作计划，养成独立工作的习惯 2）能够阅读工业机器人相关技术手册与说明书 3）培养学生良好的职业素质及团队协作精神
参考资料 学习资源	图书馆内相关书籍、工业机器人相关网站等	
学生准备	熟悉所选工业机器人系统，准备教材、笔、笔记本、练习纸等	
教师准备	熟悉教学标准、机器人实训设备说明、演示实验、讲授内容、设计教学过程、记分册	

(续)

工作步骤	明确任务	教师提出任务
	分析过程（学生借助于参考资料、教材和教师提出的引导，自己做一个工作计划，并拟定出检查、评价工作成果的标准要求）	观察触觉传感器、滑觉传感器在机器人抓取物体中的工作过程
		观察接触觉传感器在机器人接触感知测量中的工作过程
		观察力觉传感器在机器人动作中的工作过程
		观察视觉传感器在机器人获取环境图像中的工作过程
		通过上述研究，对工业机器人需要外部传感器的原因进行总结报告
		使用实训室设备完成 RFID 实验
	检查	在整个过程中，学生依据拟定的评价标准检查自己是否符合要求地完成了工作任务
	评价	由小组、教师评价学生的工作情况并给出建议

【测试 RFID 实验】

1）实验原理。RFID 阅读器（又称读写器，见图 3-22）通过天线与 RFID 电子标签进行无线通信，可以实现对标签识别码和内存数据的读出或写入操作。标签进入阅读器扫描场后，接收阅读器发出的射频信号，凭借感应电流所获得的能量发送出存储在芯片中的产品信息（Passive Tag，无源标签或被动标签），或者由标签主动发送某一频率的信号（Active Tag，有源标签或主动标签），阅读器读取信息并解码后，送至中央信息系统进行有关数据处理。

图 3-22 RFID 阅读器

2）参考图 3-23 所示接线图与图 3-24 所示网络图完成电路连接。

3）使用相应软件完成设备组态，建立监控表，将 IC 卡放置到 RFID 上，并监视 MD10、监控表中数值的变化。

项目 3　工业机器人感知系统认知

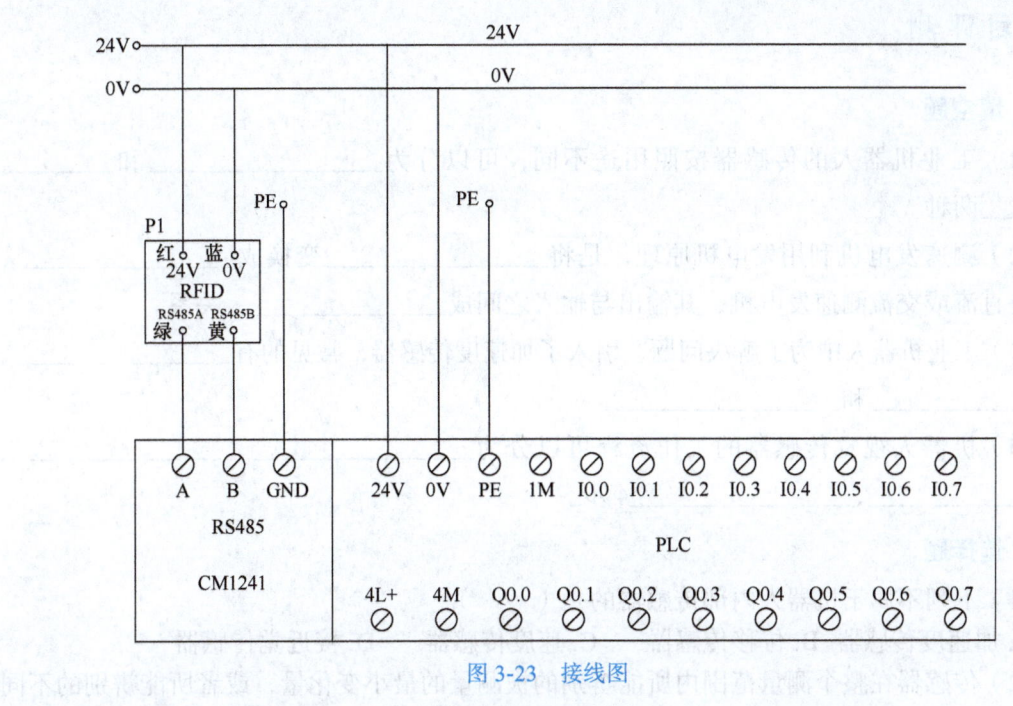

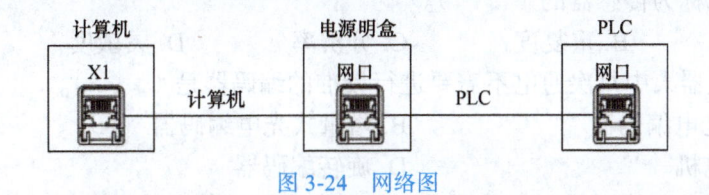

图 3-23　接线图

图 3-24　网络图

任务评价

任务评测表

姓名		学号		日期			年　月　日
小组成员				教师签字			
类别	项目	考核内容		得分	总分		评分标准
理论	知识准备（100 分）	正确描述常见外部传感器的分类（40 分）					根据完成情况打分
		能够描述红外线接近觉传感器、电磁接近觉传感器、霍尔传感器、气压式接近觉传感器等接近觉传感器的工作原理和工作特点（60 分）					
评分说明							
备注	1）评测表原则上不能出现涂改现象，若出现则必须在涂改之处签字确认 2）每次考核结束后，教师及时记录考核成绩						

项目评测

1. 填空题

（1）工业机器人的传感器按照用途不同，可以分为_____和_____两种。

（2）测速发电机利用发电机原理，是将_____变换成_____，无论是直流或交流测速发电机，其输出与输入之间成_____关系。

（3）工业机器人中为了解决问题，引入了加速度传感器，常见的有_____、_____和_____。

（4）机器人视觉传感器的工作流程可以分为_____、_____、_____、_____4步。

2. 选择题

（1）下列不属于机器人内部传感器的是（　　）。
A. 加速度传感器　B. 位移传感器　　C. 速度传感器　　D. 接近觉传感器

（2）传感器在整个测量范围内所能辨别的被测量的最小变化量，或者所能辨别的不同被测量的个数，称为传感器的（　　）。
A. 精度　　　　　B. 重复度　　　　C. 分辨率　　　　D. 灵敏度

（3）工业机器人中每次通电不需要进行校准的编码器是（　　）。
A. 绝对式光电编码器　　　　　　　B. 增量式光电编码器
C. 测速发电机　　　　　　　　　　D. 旋转编码器

（4）增量式光电编码器一般采用（　　）套光电元件，从而实现计数、测速、鉴向、定位。
A. 1　　　　　　　B. 2　　　　　　　C. 3　　　　　　　D. 4

（5）光电码盘大多采用格雷码编码盘，在典型格雷码中，与0010相邻的数码是（　　）。
A. 0011、0110　　B. 0000、0011　　C. 0001、0011　　D. 0001、01001

（6）下列传感器一般不常装于工业机器人的末端执行器上的是（　　）。
A. 压觉传感器　　B. 力觉传感器　　C. 滑觉传感器　　D. 接近觉传感器

3. 判断题

（1）电位器式传感器结构简单、性能稳定、使用方便，但分辨率不高，已被光电编码器逐渐取代。　　　　　　　　　　　　　　　　　　　　　　　　　　　　　　　　　（　　）

（2）加速度传感器是机器人反馈控制不可或缺的元件，离开它们机器人将无法工作。　　　　　　　　　　　　　　　　　　　　　　　　　　　　　　　　　　　　　（　　）

（3）机器人视觉与图像文字识别的区别在于，机器人视觉系统一般需处理三维图像，不仅要知道物体的大小、形状，还需了解物体之间的关系。　　　　　　　　　　　（　　）

4. 计算题

（1）绝对式光电编码器的测量精度与码道数 n 相关，对于一个码道数为3的编码器，其分辨率是多少？

（2）若最小分辨角度为 22.5°，试问绝对式光电编码器的码道数是多少？

（3）若最小分辨角度为 22.5°，试问增量式光电编码器的码道数是多少？

（4）超声波传感器常用于检测物体存在和测量距离。若一超声波发射器向某一方向发射超声波，在发射的同时开始计时，收到反射波立即停止计时，得到的计时时间为 5ms，则发射点距物体的距离为多少？

5. 简答题

（1）什么是传感器？其主要组成部分有哪些？各部分的作用是什么？

（2）阐述光电编码器的基本原理，按照原理其可以分为哪几类？

（3）增量式编码器有哪些优点和缺点？

（4）试举例常见的接近觉传感器，并说明各自的特点。

项目 4

工业机器人控制系统认知

项目描述

机器人控制技术是机器人技术的关键，工业机器人的控制系统使执行机构按照要求工作，本项目分析工业机器人控制系统的结构组成和控制方式，帮助学生加深对工业机器人工作原理的认知。

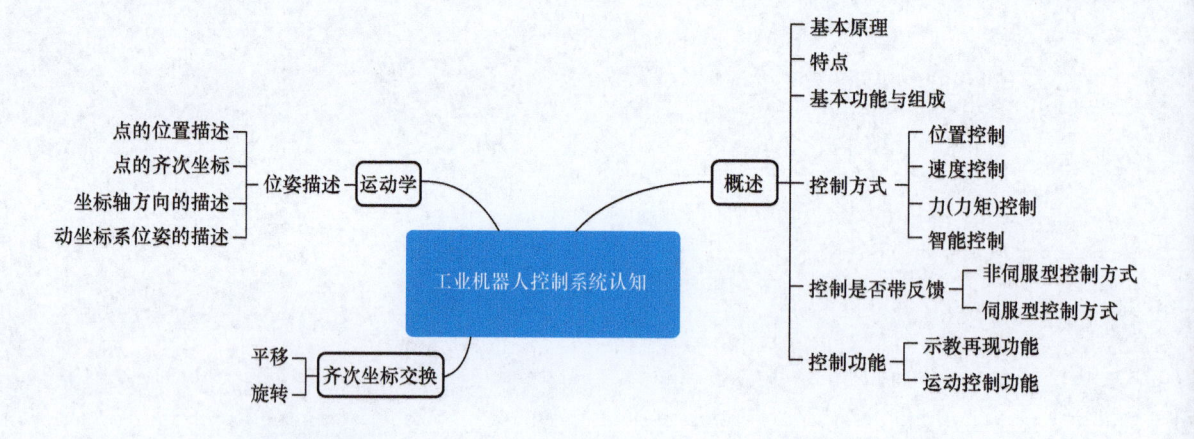

```
                  ┌─ 点的位置描述
                  ├─ 点的齐次坐标
      位姿描述 ─ 运动学                                ┌─ 位置控制
                  ├─ 坐标轴方向的描述                    ├─ 速度控制
                  └─ 动坐标系位姿的描述      ┌─ 基本原理   ├─ 力(力矩)控制
                                          ├─ 特点       └─ 智能控制
  工业机器人控制系统认知 ─────── 概述 ─── ├─ 基本功能与组成
                                          ├─ 控制方式
                  ┌─ 平移                   ├─ 控制是否带反馈 ┬─ 非伺服型控制方式
      齐次坐标交换 ─                                        └─ 伺服型控制方式
                  └─ 旋转                   └─ 控制功能 ┬─ 示教再现功能
                                                      └─ 运动控制功能
```

任务 4.1 工业机器人控制基础知识介绍

任务描述

工业机器人的控制系统主要对机器人工作过程中的动作顺序、到达的位姿、路径轨迹规划、动作间隔时间及末端执行器施加的力和力矩等进行控制。本任务将主要介绍工业机器人控制系统方面的基础性内容。

问题引导

1) 工业机器人控制系统的原理是什么？

2）工业机器人控制系统的组成有哪些？
3）工业机器人控制方式包含哪几种？

能力要求

知识要求：掌握工业机器人控制系统的原理、特点、功能与组成；理解并掌握工业机器人不同控制方式的区别与联系；掌握典型工业机器人伺服控制系统的基本组成与原理。
技能要求：能够辨识典型工业机器人控制系统的结构与连接。
素质要求：增长见识，激发对工业机器人行业的兴趣，具备系统化、结构化的学习思维和逻辑思考能力，培养学生学习的主观能动性。

知识准备

一、工业机器人控制系统的基本原理

工业机器人控制系统的主要作用是根据用户的指令对机构本体进行操作和控制，完成作业的各种动作。为了使机器人能够按照要求去完成特定的作业任务，需要以下四个工作过程：

1）示教过程。通过工业机器人控制器可以接受的方式，告诉机器人去做什么，给机器人作业指令。

2）计算与控制。负责整个机器人系统的管理、信息获取及处理、控制策略的制定、作业轨迹的规划等任务，这是工业机器人控制系统的核心部分。

3）伺服驱动。根据不同的控制算法，将机器人的控制策略转化为驱动信号，驱动伺服电动机等驱动部分，实现机器人高速、高精度运动，去完成指定的作业。

4）传感与检测。通过传感器的反馈，保证机器人正确地完成指定作业，同时也将各种姿态信息反馈到工业机器人控制系统中，以便实时监控整个系统的运动情况。

二、工业机器人控制系统的特点

机器人要运动，就要对它的位置、速度、加速度以及力或力矩等进行控制，由于机器人的结构是一个空间开链机构，其各个关节的运动是独立的，为了实现末端点的运动轨迹，需要多关节的协调运动，因此其控制系统与普通的控制系统相比要复杂得多，工业机器人控制系统的具体特点如下：

1）普通的控制系统是以自身的运动为重点，而工业机器人的控制系统更看重本体与操作对象的相互关系，无论多么高精度的控制手臂，机器人必须能夹持操作对象到达目的位置。

2）工业机器人的控制系统与机构运动学及动力学密切相关，机器人末端执行器的状态可以在各种坐标下进行描述，应当根据需要选择不同的参考坐标系，并做适当坐标变换。此外，还要考虑惯性力、外力（包括重力）、科氏力及向心力的影响。

3）一般工业机器人有3～6个自由度，每个自由度一般包含一个伺服系统，把多

个独立伺服系统有机地协调起来,使其按照人的意志行动,甚至赋予机器人一定的"智能",这个任务只能由计算机来完成,因此机器人控制系统必须是一个计算机控制系统。

4)描述机器人状态和运动的数学模型是一个非线性模型,随着状态的不同和外力的变化,其参数也在变化,各变量之间还存在耦合。因此,仅仅利用位置闭环是不够的,还要利用速度甚至加速度闭环,系统中经常使用重力补偿、前馈、解耦或自适应控制等方法。

5)工业机器人的动作往往可以通过不同的方式和路径来完成,因此存在一个"最优"的问题,较高级的工业机器人可以用人工智能的方法,用计算机建立庞大的信息库。工业机器人借助于信息库进行控制、决策、管理和操作,根据传感器和模式识别的方法获得对象及环境的工况,按照给定的指标要求,自动地选择最佳的控制规律。

三、工业机器人控制系统的基本功能与组成

1. 工业机器人控制系统的基本功能

机器人控制系统基本功能如下:

1)记忆功能:存储作业顺序、运动路径、运动方式、运动速度和与生产工艺有关的信息。

2)示教功能:离线编程、在线示教、间接示教,在线示教包括示教器示教和导引示教两种。

3)与外围设备联系功能:输入和输出接口、通信接口、网络接口、同步接口。

4)坐标设置功能:有关节、绝对、工具、用户自定义4种坐标系。

5)人机接口:示教器、操作面板、显示屏。

6)传感器接口:位置检测、视觉、触觉、力觉等。

7)位置伺服功能:机器人多轴联动、运动控制、速度和加速度控制、动态补偿等。

8)故障诊断安全保护功能:运行时系统状态监视、故障状态下的安全保护和故障自诊断。

2. 工业机器人控制系统的组成

工业机器人的控制系统一般分为上、下两个控制层次。上级为组织级,其任务是将期望的任务转化为运动轨迹或适当的操作,并随时检测机器人各部分的运动及工作状况,处理意外事件。下级为实时控制级,它根据机器人动力学特性及机器人当前运动情况,综合出适当的控制命令,驱动机器人完成指定的运动和操作。

工业机器人控制系统主要包括硬件和软件两部分,硬件主要有传感装置、控制装置和关机伺服驱动部分。软件主要指控制软件,包括运动轨迹规划算法和关节伺服控制算法等动作程序。

一个完整的工业机器人控制系统包括以下几个部分:

1)控制计算机:控制系统的调度指挥机构,一般为微型机和微处理器。

2)示教器:示教机器人的工作轨迹和参数设定,以及所有人机交互操作,拥有自己独立的CPU以及存储单元,与主计算机之间实现信息交互。

3)操作面板:由各种操作按键、状态指示灯构成,只完成基本功能操作。

4)存储硬盘:存储机器人工作程序的外围存储器。

5）数字和模拟量输入输出：各种状态和控制命令的输入或输出。

6）打印机接口：记录需要输出的各种信息。

7）传感器接口：用于信息的自动检测，实现机器人柔顺控制，一般为力觉、触觉和视觉传感器。

8）轴控制器：完成机器人各关节位置、速度和加速度控制。

9）辅助设备控制：用于和机器人配合的辅助设备控制，如手爪变位器等。

10）通信接口：实现机器人和其他设备信息交换，一般有串行接口和并行接口等。

11）网络接口：主要由 Ethernet 接口和 Fieldbus 接口构成，Ethernet 接口可通过以太网实现数台或单台机器人的直接 PC 通信，数据传输速率高达 10Mbit/s，可直接在 PC 上用 Windows 库函数进行应用程序编程后，通过该接口将数据及程序下载到各个机器人控制器中；Fieldbus 接口支持多种流行的现场总线规格，如 Devicenet、Profibus-DP 等。

课间加油站

中国机器人品牌——广州数控

原本仅有 20 多名职工、产值不足 200 万元的广州数控设备有限公司，用自主创新谱写奇迹，创造了一个企业跨越式发展的故事。广州数控设备有限公司积极培育自己的研发体系，视技术人员为新产品的源泉，想方设法为自主创新提供肥沃的土壤，并且紧紧抓住新一代工业革命和机器人产业这百年一遇的机会，肩负起机器人民族产业发展重任，立志成为一个受到国际机器人领域尊重的中国品牌，致力于成为实现中国制造强国之梦的重要力量。

四、工业机器人控制方式

按控制方式不同，工业机器人运动可分为位置控制、速度控制、力（力矩）控制及智能控制。

1. 位置控制

机器人位置控制的目的是要使机器人各关节实现预先所规划的运动，最终保证机器人末端执行器沿预定的轨迹运行，机器人位置控制又分为点位控制和连续轨迹控制。

（1）点位控制　点位控制又称为 PTP 控制，机器人以最快和最直接的路径（省时省力）从一个端点移到另一个端点，通常用于重点考虑终点位置，而对中间的路径和速度不做主要限制的场合，实际工作路径可能与示教时不一致。

其特点是只控制机器人末端执行器在作业空间中某些规定的离散点上的位姿，这种控制方式的主要技术指标是定位精度和运动所需的时间。

常常被应用在上下料、搬运、点焊和在电路板上插接元器件等定位精度要求不高，且只要求机器人在目标点处保持末端执行器具有准确位姿的作业中。

（2）连续轨迹控制　连续轨迹控制又称为 CP 控制，其特点是连续控制机器人末端执行器在作业空间中的位姿，要求其严格地按照预定的路径和速度在一定的精度范围内运动。

这种控制方式的主要技术指标是机器人末端执行器位姿的轨迹跟踪精度及平稳性。通常弧焊、喷漆、切割、去毛边和检测作业的机器人都采用这种控制方式。

有的机器人在设计控制系统时，上述两种控制方式都具有，如对进行装配作业的机器人的控制等。

2. 速度控制

对机器人运动控制系统来说，在位置控制的同时，有时还要进行速度控制。如在连续轨迹控制的情况下，机器人按预定的指令，控制运动部件的速度和实行加、减速，以满足运动平稳、定位准确的要求，为了实现这一要求，机器人的行程要遵循一定的速度变化曲线，如图 4-1 所示。由于机器人是一种工作情况（行程负载）多变、惯性负载大的运动机械，要处理好快速与平稳的矛盾，必须控制起动加速和停止前的减速这两个过渡运动区段。

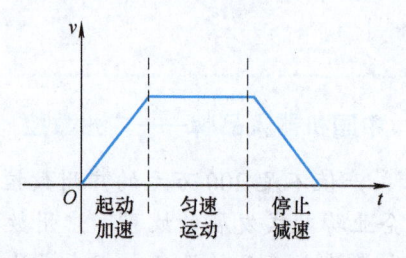

图 4-1　机器人行程的速度 – 时间曲线

3. 力（力矩）控制

在进行装配或抓取物体等作业时，机器人末端执行器与环境或作业对象的表面接触，除要求准确定位外，还要求使用适度的力或力矩进行工作，这时就要采取力（力矩）控制方式，力（力矩）控制是对位置控制的补充。这种方式的控制原理与位置伺服控制原理也基本相同，只不过输入量和反馈量不是位置信号，而是力（力矩）信号，因此，系统中有力（力矩）传感器，有时也利用接近觉、滑觉等功能进行适应性控制。

4. 智能控制

机器人的智能控制是通过传感器获得周围环境的信息，并根据自身内部的信息库做出相应的决策，采用智能控制技术，使机器人具有较强的环境适应性及自学习能力。智能控制技术的发展有赖于近年来的人工网络、基因算法、专家系统等人工智能的迅速发展。

五、工业机器人反馈环节

1. 非伺服型控制方式

非伺服型控制方式是指未采用反馈环节的开环控制方式，另外还有带开关反馈的非伺服型，如图 4-2 所示。

在未采用反馈环节的开环控制方式下，机器人作业时严格按照预先编制的控制程序来控制机器人的动作顺序，在控制过程中没有反馈信号，不能对机器人的作业进展及作业的质量好坏进行监测。因此，这种控制方式只适用于作业相对固定、作业程序简单、运动精度要求不高的场合，它具有费用省、操作安装维护简单的优点。

a) 开环非伺服型　　　　　　　　　b) 带开关反馈的非伺服型

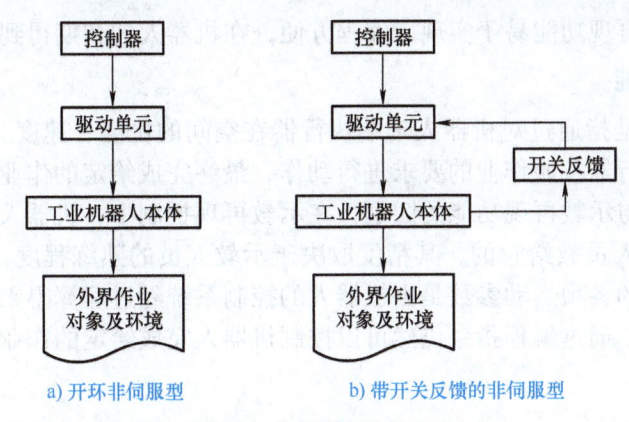

图 4-2　非伺服型控制方式

带开关反馈的非伺服型控制过程中，采用内部传感器测量机器人的关节位移运动参数，并反馈到驱动单元构成闭环伺服控制。

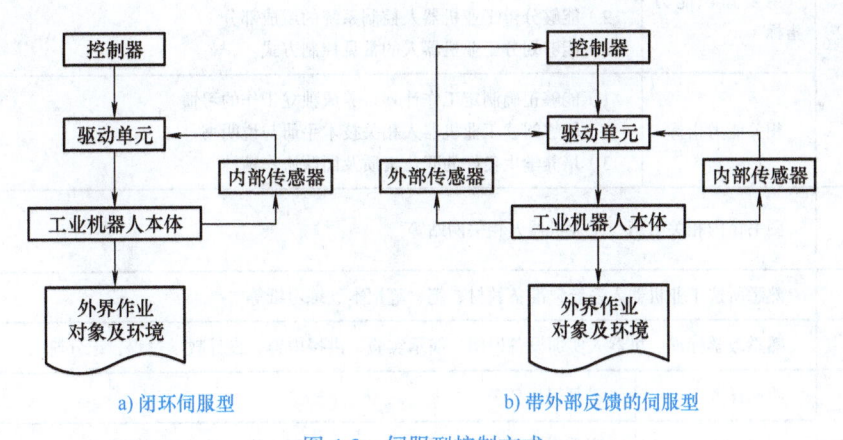

2. 伺服型控制方式

伺服型控制方式是指采用了反馈环节的闭环控制方式，如图 4-3a 所示，这种控制方式的特点是在控制过程中采用内部传感器连续测量机器人的关节位移、速度、加速度等运动参数，并反馈到驱动单元构成闭环伺服控制。

如果是适应型或智能型机器人的伺服控制，则增加了机器人用外部传感器对外界环境的检测，使机器人对外界环境的变化具有适应能力，从而构成总体闭环反馈的伺服控制方式，如图 4-3b 所示。

a) 闭环伺服型　　　　　　　　　b) 带外部反馈的伺服型

图 4-3　伺服型控制方式

六、工业机器人控制功能

1. 示教再现功能

示教再现功能是指示教人员将机器人作业的各项运动参数预先教给机器人，在示教的过程中，机器人控制系统的记忆装置就将所教的操作过程自动地记录在存储器中，当需要机器人工作时，机器人的控制系统就调用存储器中存储的各项数据，使机器人再现示教过的操作过程，由此机器人即可完成要求的作业任务。

机器人的示教再现功能易于实现、编程方便，在机器人的初期得到了较多的应用。

2. 运动控制功能

运动控制功能是指通过对机器人末端执行器在空间的位姿、速度、加速度等的控制，使机器人的末端执行器按照作业的要求进行动作，最终完成给定的作业任务。

运动控制功能与示教再现功能的区别：在示教再现控制中，机器人末端执行器的各项运动参数是由示教人员教给它的，其精度取决于示教人员的熟练程度，而在运动控制中，机器人末端执行器的各项运动参数是由机器人的控制系统经过运算得来的，且在工作人员不能示教的情况下，通过编程指令仍然可以控制机器人完成给定的作业任务。

任务实施

观看指导教师利用示教器对工业机器人进行手动控制操纵，之后尝试在教师带领下手动操纵实训室内的工业机器人，并进行体会交流，结合报告书内任务思考形成对机器人控制系统的初步认识。

工业机器人控制系统认知报告书

题目名称		
学习主题	工业机器人控制系统	
重点难点	工业机器人控制方式的分类	
训练目标	主要知识能力指标	1）掌握工业机器人控制系统的基本原理和特点 2）能够分辨工业机器人控制系统的组成部分 3）能够划分工业机器人的常见控制方式
	相关能力指标	1）能够正确制定工作计划，养成独立工作的习惯 2）能够阅读工业机器人相关技术手册与说明书 3）培养学生良好的职业素质及团队协作精神
参考资料学习资源	图书馆内相关书籍、工业机器人相关网站等	
学生准备	熟悉所选工业机器人系统，准备教材、笔、笔记本、练习纸等	
教师准备	熟悉教学标准、机器人实训设备说明，演示实验，讲授内容、设计教学过程、记分册	
工作步骤	明确任务	教师提出任务
	分析过程（学生借助于参考资料、教材和教师提出的引导，自己做一个工作计划，并拟定出检查、评价工作成果的标准要求）	观看指导教师利用示教器对工业机器人进行手动控制操纵
		在教师指导下尝试利用示教器手动操纵实训室内的工业机器人
		描述在演示和操纵过程中工业机器人控制系统完成任务的原理
		辨识实训室内工业机器人控制系统各组成部分
		辨析在工业机器人运动控制过程中使用到的控制方式及其特点
	检查	在整个过程中，学生依据拟定的评价标准检查自己是否符合要求地完成了工作任务
	评价	由小组、教师评价学生的工作情况并给出建议

任务评价

任务评测表

姓名		学号		日期		年　　月　　日	
小组成员				教师签字			
类别	项目	考核内容		得分	总分	评分标准	
理论	知识准备（100分）	正确描述工业机器人控制系统的基本原理和特点（40分）				根据完成情况打分	
		正确描述工业机器人中的各种控制方式及原理（60分）					
评分说明							
备注	1）评测表原则上不能出现涂改现象，若出现则必须在涂改之处签字确认 2）每次考核结束后，教师及时记录考核成绩						

任务 4.2 工业机器人的运动学分析

任务描述

工业机器人运动学主要是分析和研究工业机器人相对于固定坐标系运动的几何学关系，它与该运动所需的力或力矩无关。本任务主要介绍工业机器人位姿的描述方法。

问题引导

1）什么是工业机器人运动学正问题和运动学逆问题？
2）工业机器人的位姿如何描述？

能力要求

知识要求：理解机器人运动学的不同分类；掌握工业机器人的位姿描述方法。
技能要求：掌握机器人运动学基础计算。
素质要求：培养学生认真严谨的研究和学习态度，能以数字化、逻辑化、建模化的思考方式处理实际中遇到的问题。

知识准备

机器人运动学分析主要是把机器人的空间位姿解析地表示为时间或者关节变量的函

数，特别是要研究关节变量空间和机器人末端执行器位置和姿态之间的关系。

常见的机器人运动学问题可归纳如下几点：

1）对一给定的机器人，已知杆件几何参数和关节角矢量，求机器人末端执行器相对于参考坐标系的位置和姿态。（运动学正问题）

2）已知机器人杆件的几何参数，给定机器人末端执行器相对于参考坐标系的期望位置和姿态（位姿），机器人能否使其末端执行器达到这个预期的位姿？如能达到，那么机器人有几种不同形态可满足同样的条件？（运动学逆问题）

一、点的位置描述

如图 4-4 所示，在选定的直角坐标系 $\{A\}$ 中，空间任一点 P 的位置可用 3×1 矩阵（或称三维列向量）^{A}P 表示，其左上标代表选定的参考坐标系。

$$^{A}P = \begin{bmatrix} p_x \\ p_y \\ p_z \end{bmatrix}$$

二、点的齐次坐标

用 4 个数组成 4×1 矩阵（或称四维列向量）表示三维空间直角坐标系 $\{A\}$ 中点 P，则该矩阵称为三维空间点 P 的齐次坐标。

$$P = \begin{bmatrix} p_x \\ p_y \\ p_z \\ 1 \end{bmatrix}$$

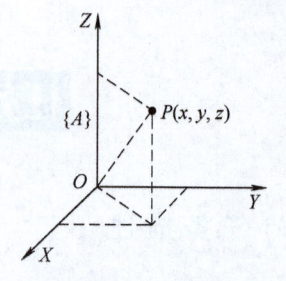

图 4-4 点的位置描述

$$P = \begin{bmatrix} p_x & p_y & p_z & 1 \end{bmatrix}^T = \begin{bmatrix} a & b & c & \omega \end{bmatrix}^T$$

三、坐标轴方向的描述

如图 4-5 所示，i、j、k 分别是直角坐标系中 X、Y、Z 坐标轴的单位矢量。若用齐次坐标来描述 X、Y、Z 轴，则单位矢量 i、j、k（即 X、Y、Z 坐标轴）的方向矩阵为

$$i = \begin{bmatrix} 1 & 0 & 0 & 0 \end{bmatrix}^T$$

$$j = \begin{bmatrix} 0 & 1 & 0 & 0 \end{bmatrix}^T$$

$$k = \begin{bmatrix} 0 & 0 & 1 & 0 \end{bmatrix}^T$$

矢量 v 的单位矢量 h 的方向矩阵为

$$h = [a\ b\ c\ 0]^T = [\cos\alpha\ \cos\beta\ \cos\gamma\ 0]^T$$

综上所述，可得出以下结论：

1）4×1 矩阵 $[a\ b\ c\ \omega]^T$ 中第 4 个元素不为零，则表示空间某点的位置。

2）4×1 矩阵 $[a\ b\ c\ 0]^T$ 中第 4 个元素为零，且 $a^2+b^2+c^2=1$，则表示某个坐标轴（或某个矢量）的方向，$[a\ b\ c\ 0]^T$ 称为该矢量的方向矩阵。

表示坐标原点的 4×1 矩阵定义为

$$O = [0\ 0\ 0\ 0]^T \neq 0$$

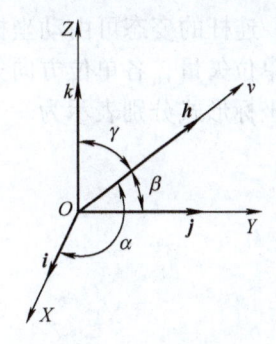

图 4-5　坐标轴及矢量的描述

【例 4-1】用齐次坐标分别写出图 4-6 中矢量 u、v、w 的方向矩阵。

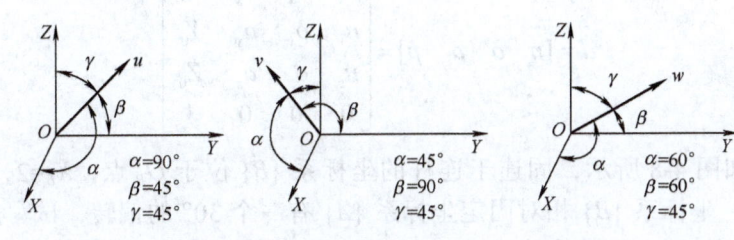

图 4-6　例 4-1 图

解：

矢量 u　　　　$u = [\cos\alpha\ \cos\beta\ \cos\gamma\ 0]^T = [0\ 0.7071\ 0.7071\ 0]^T$

矢量 v　　　　$v = [\cos\alpha\ \cos\beta\ \cos\gamma\ 0]^T = [0.7071\ 0\ 0.7071\ 0]^T$

矢量 w　　　　$w = [\cos\alpha\ \cos\beta\ \cos\gamma\ 0]^T = [0.5\ 0.5\ 0.7071\ 0]^T$

四、动坐标系位姿的描述

机器人坐标系中，运动时相对于连杆不动的坐标系称为静坐标系，简称静系；跟随连杆运动的坐标系称为动坐标系，简称为动系。动坐标系位置与姿态的描述称为动坐标系的位姿表示，是对动坐标系原点位置及各坐标轴方向的描述。

（1）连杆的位姿表示　如图 4-7 所示，O' 为连杆上任一点，$O'X'Y'Z'$ 为与连杆固接的一个动坐标系。连杆 PQ 在固定坐标系 $OXYZ$ 中的位置可用一齐次坐标表示，即

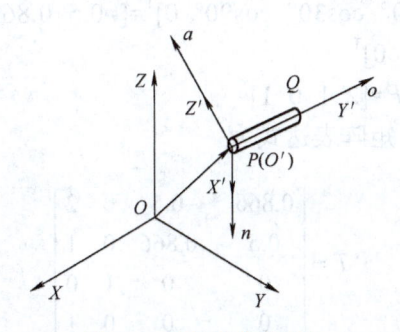

$$P = [X_0\ Y_0\ Z_0\ 1]^T$$

图 4-7　连杆的位姿表示

连杆的姿态可由动坐标系的坐标轴方向来表示。令 n、o、a 分别为 X'、Y'、Z' 坐标轴的单位矢量，各单位方向矢量在静坐标系上的分量为动坐标系各坐标轴的方向余弦，以齐次坐标形式分别表示为

$$n = \begin{bmatrix} n_x & n_y & n_z & 0 \end{bmatrix}^T$$

$$o = \begin{bmatrix} o_x & o_y & o_z & 0 \end{bmatrix}^T$$

$$a = \begin{bmatrix} a_x & a_y & a_z & 0 \end{bmatrix}^T$$

$$d = [n \quad o \quad a \quad p] = \begin{bmatrix} n_x & o_x & a_x & X_0 \\ n_y & o_y & a_y & Y_0 \\ n_z & o_z & a_z & Z_0 \\ 0 & 0 & 0 & 1 \end{bmatrix}$$

【例 4-2】如图 4-8 所示，固连于连杆的坐标系 $\{B\}$ 位于 O_B 点，$X_B=2$，$Y_B=1$，$Z_B=0$。在 XOY 平面内，坐标系 $\{B\}$ 相对固定坐标系 $\{A\}$ 有一个 30° 的偏转，试写出表示连杆位姿的坐标系 $\{B\}$ 的 4×4 矩阵表达式。

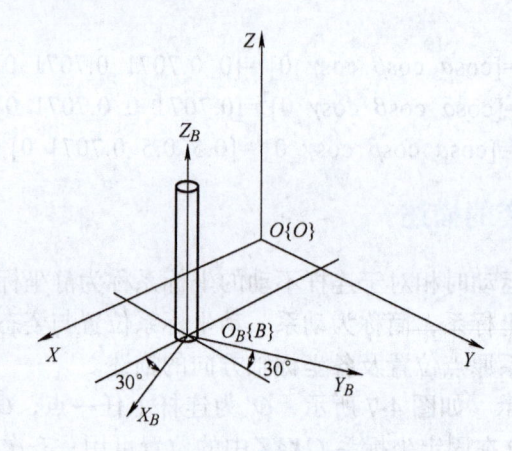

图 4-8 例 4-2 图

解：X_B 的方向矩阵 $n=[\cos30° \quad \cos60° \quad \cos90° \quad 0]^T=[0.866 \quad 0.5 \quad 0 \quad 0]^T$
Y_B 的方向矩阵 $o=[\cos120° \quad \cos30° \quad \cos90° \quad 0]^T=[-0.5 \quad 0.866 \quad 0 \quad 0]^T$
Z_B 的方向矩阵 $a=[0 \quad 0 \quad 1 \quad 0]^T$
坐标系 $\{B\}$ 的位置矩阵 $P=[2 \quad 1 \quad 0 \quad 1]^T$
则动坐标系 $\{B\}$ 的 4×4 矩阵表达式为

$$T = \begin{bmatrix} 0.866 & -0.5 & 0 & 2 \\ 0.5 & 0.866 & 0 & 1 \\ 0 & 0 & 1 & 0 \\ 0 & 0 & 0 & 1 \end{bmatrix}$$

（2）末端执行器的位姿表示　机器人末端执行器的位置和姿态可以用固连于末端执行器的坐标系 {B} 的位姿来表示。

如图 4-9 所示，末端执行器的位置矢量为固定参考系原点指向末端执行器坐标系 {B} 原点的矢量 P，末端执行器的方向矢量为 n、o、a。于是末端执行器的位姿可用 4×4 矩阵表示为

$$T = \begin{bmatrix} n & o & a & p \end{bmatrix} = \begin{bmatrix} n_x & o_x & a_x & p_x \\ n_y & o_y & a_y & p_y \\ n_z & o_z & a_z & p_z \\ 0 & 0 & 0 & 1 \end{bmatrix}$$

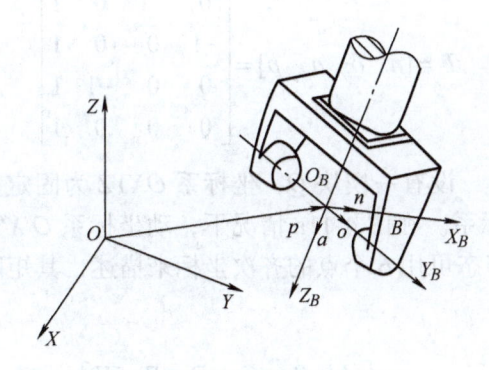

图 4-9　末端执行器的位姿表示

【例 4-3】图 4-10 所示为末端执行器抓握物体 Q，物体是边长为 2 个单位的正立方体，写出表达该末端执行器位姿的矩阵表达式。

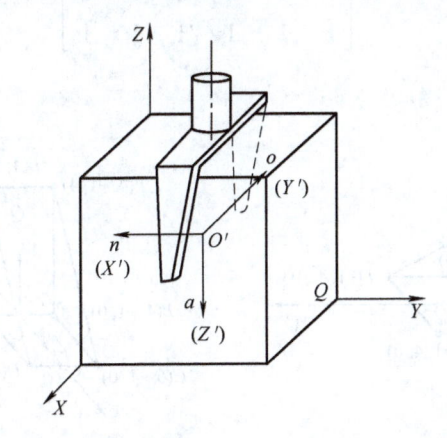

图 4-10　例 4-3 图

解：因为物体 Q 形心与末端执行器坐标系 $O'X'Y'Z'$ 的坐标原点 O' 相重合，则末端执行器位置的 4×1 矩阵为

$$P = \begin{bmatrix} 1 & 1 & 1 & 1 \end{bmatrix}^T$$

末端执行器坐标系 X' 轴的方向可用单位矢量 n 来表示，即

$$n: \alpha = 90° \quad \beta = 180° \quad \gamma = 90°$$

$$n_x = \cos\alpha = 0 \quad n_y = \cos\beta = -1 \quad n_z = \cos\gamma = 0$$

同理,末端执行器坐标系 Y' 轴与 Z' 轴的方向可分别用单位矢量 o 和 a 来表示,即

$$o_x = -1 \quad o_y = 0 \quad o_z = 0$$

$$a_x = 0 \quad a_y = 0 \quad a_z = -1$$

末端执行器位姿可用矩阵表示为

$$T = [n \ o \ a \ p] = \begin{bmatrix} 0 & -1 & 0 & 1 \\ -1 & 0 & 0 & 1 \\ 0 & 0 & -1 & 1 \\ 0 & 0 & 0 & 1 \end{bmatrix}$$

(3)目标物位姿表示 设有一楔块 Q,坐标系 $OXYZ$ 为固定坐标系,坐标系 $O'X'Y'Z'$ 为与楔块 Q 固连的动坐标系。在图 4-11a 情况下,动坐标系 $O'X'Y'Z'$ 与固定坐标系 $OXYZ$ 重合。楔块 Q 的位置和姿态可用 6 个点的齐次坐标来描述,其矩阵表达式为

$$Q = \begin{bmatrix} A & B & C & D & E & F \\ 1 & -1 & -1 & 1 & 1 & -1 \\ 0 & 0 & 0 & 0 & 4 & 4 \\ 0 & 0 & 2 & 2 & 0 & 0 \\ 1 & 1 & 1 & 1 & 1 & 1 \end{bmatrix}$$

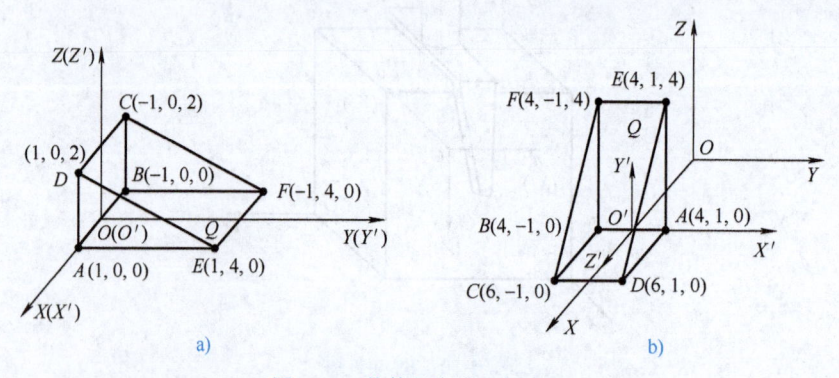

图 4-11 物体的齐次坐标描述

若让楔块 Q 先绕 Z 轴旋转 90°,再绕 Y 轴旋转 90°,最后沿 X 轴正方向平移 4,则楔块成为图 4-11b 所示情况。此时楔块用新的 6 个点的齐次坐标来描述它的位置和姿态,其矩阵表达式为

$$Q = \begin{bmatrix} A & B & C & D & E & F \\ 4 & 4 & 6 & 6 & 4 & 4 \\ 1 & -1 & -1 & 1 & 1 & -1 \\ 0 & 0 & 0 & 0 & 4 & 4 \\ 1 & 1 & 1 & 1 & 1 & 1 \end{bmatrix}$$

任务实施

结合指导教师给出的实际问题，尝试对机器人运动学进行分析。使用虚拟仿真软件中构建的机器人运动学仿真模型，完成对相关位姿的验证，结合报告书完成任务要求。

工业机器人运动学分析报告书

题目名称		
学习主题	工业机器人控制基础	
重点难点	动坐标系下机器人的位姿描述	
训练目标	主要知识能力指标	1）掌握工业机器人控制系统的基本原理和特点 2）能够分辨工业机器人控制系统的组成部分 3）能够划分工业机器人的常见控制方式
	相关能力指标	1）能够正确制定工作计划，养成独立工作的习惯 2）能够阅读工业机器人相关技术手册与说明书 3）培养学生良好的职业素质及团队协作精神
参考资料 学习资源	图书馆内相关书籍、工业机器人相关网站等	
学生准备	熟悉所选工业机器人系统，准备教材、笔、笔记本、练习纸等	
教师准备	熟悉教学标准、机器人实训设备说明、演示实验、讲授内容、设计教学过程、记分册	
工作步骤	明确任务	教师提出任务
	分析过程（学生借助于参考资料、教材和教师提出的引导，自己做一个工作计划，并拟定出检查、评价工作成果的标准要求）	根据教师所给出的情景问题，完成对工业机器人连杆位姿的描述
		根据教师所给出的情景问题，完成对工业机器人末端执行器位姿的描述
		根据教师所给出的情景问题，完成对目标物位姿的描述
		运用虚拟仿真软件中构建的机器人运动学仿真模型，完成对连杆、目标物等动坐标系位姿描述的验证
	检查	在整个过程中，学生依据拟定的评价标准检查自己是否符合要求地完成了工作任务
	评价	由小组、教师评价学生的工作情况并给出建议

任务评价

任务评测表

姓名		学号		日期		年　月　日	
小组成员				教师签字			
类别	项目	考核内容		得分	总分	评分标准	
理论	知识准备（100分）	正确描述机器人运动学正问题（50分）				根据完成情况打分	
		正确描述机器人运动学逆问题（50分）					
评分说明							
备注	1）评测表原则上不能出现涂改现象，若出现则必须在涂改之处签字确认 2）每次考核结束后，教师及时记录考核成绩						

任务 4.3　齐次坐标变换和运算认知

任务描述

坐标变换即坐标系状态的变化，当空间坐标系相对于固定的参考坐标系运动时，这一运动可以用表示坐标系的方式来表达。本任务主要介绍平移和旋转变换。

问题引导

1）如何通过平移变换来实现变换坐标？
2）如何通过旋转变换来实现变换坐标？

能力要求

知识要求：掌握齐次坐标变换的基本定义，理解并掌握平移与旋转的变换方法。
技能要求：能够对设计、研发等实际场景中的机器人运动学基础问题进行分析。
素质要求：培养学生认真严谨的研究和学习态度，能以数字化、逻辑化、建模化的思考方式处理实际中遇到的问题。

知识准备

一次简单的运动用一个变换矩阵来表示，那么，多次运动即可用多个变换矩阵的积来表示，称为齐次坐标变换矩阵。这样，用连杆的初始位姿矩阵乘以齐次坐标变换矩阵，即可得到经过多次变换后该连杆的最终位姿矩阵。

一、平移变换

图 4-12 所示为空间某一点在直角坐标系中的平移，由 $A(x, y, z)$ 平移至 $A'(x', y', z')$，即

$$\begin{cases} x' = x + \Delta x \\ y' = y + \Delta y \\ z' = z + \Delta z \end{cases} \quad \text{或} \quad \begin{bmatrix} x' \\ y' \\ z' \\ 1 \end{bmatrix} = \begin{bmatrix} 1 & 0 & 0 & \Delta x \\ 0 & 1 & 0 & \Delta y \\ 0 & 0 & 1 & \Delta z \\ 0 & 0 & 0 & 1 \end{bmatrix} \begin{bmatrix} x \\ y \\ z \\ 1 \end{bmatrix}$$

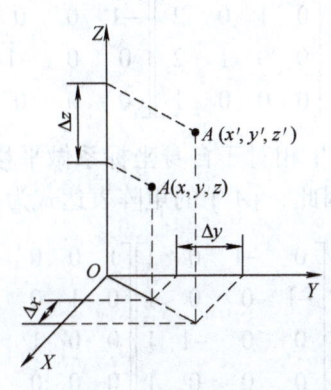

图 4-12 空间某一点在直角坐标系中的平移

【例 4-4】 如图 4-13a 所示，动坐标系 {A} 相对于固定坐标系做（-1，2，2）平移后到 {A'}；动坐标系 {A} 相对于自身坐标系（即动坐标系）做（-1，2，2）平移后到 {A''}；如图 4-13b 所示，物体 Q 相对于固定坐标系做（2，6，0）平移后到 Q'。已知：

$$A = \begin{bmatrix} 0 & -1 & 0 & 1 \\ -1 & 0 & 0 & 1 \\ 0 & 0 & -1 & 1 \\ 0 & 0 & 0 & 1 \end{bmatrix} \text{和} Q = \begin{bmatrix} 1 & -1 & -1 & 1 & 1 & -1 \\ 0 & 0 & 0 & 0 & 3 & 3 \\ 0 & 0 & 1 & 1 & 0 & 0 \\ 1 & 1 & 1 & 1 & 1 & 1 \end{bmatrix}.$$

试计算出坐标系 {A'}、{A''} 以及物体 Q' 的矩阵表达式。

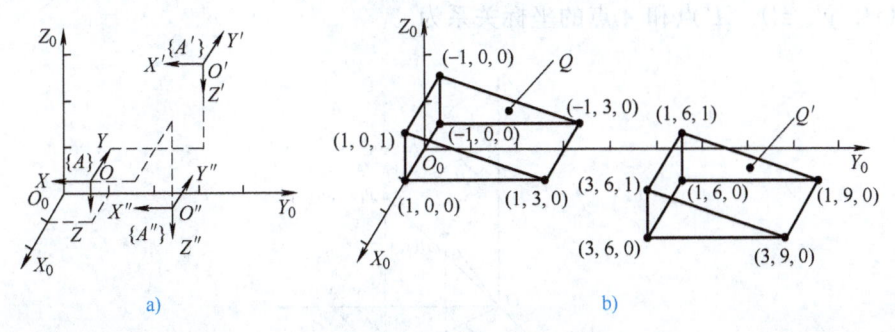

图 4-13 例 4-4 图

解：动坐标系 {A} 的两个平移算子均为

$$\text{Trans}(\Delta x, \Delta y, \Delta z) = \begin{bmatrix} 1 & 0 & 0 & -1 \\ 0 & 1 & 0 & 2 \\ 0 & 0 & 1 & 2 \\ 0 & 0 & 0 & 1 \end{bmatrix}$$

$\{A'\}$ 坐标系是动坐标系 $\{A\}$ 相对于固定坐标系做平移变换得来的，平移算子应该左乘，因此，$\{A'\}$ 的矩阵表达式为

$$A' = \text{Trans}(-1,2,2) \cdot A = \begin{bmatrix} 1 & 0 & 0 & -1 \\ 0 & 1 & 0 & 2 \\ 0 & 0 & 1 & 2 \\ 0 & 0 & 0 & 1 \end{bmatrix} \begin{bmatrix} 0 & -1 & 0 & 1 \\ -1 & 0 & 0 & 1 \\ 0 & 0 & -1 & 1 \\ 0 & 0 & 0 & 1 \end{bmatrix} = \begin{bmatrix} 0 & -1 & 0 & 0 \\ -1 & 0 & 0 & 3 \\ 0 & 0 & -1 & 3 \\ 0 & 0 & 0 & 1 \end{bmatrix}$$

$\{A''\}$ 坐标系是动坐标系 $\{A'\}$ 相对于自身坐标系做平移变换得来的，相对动坐标系的变换中，变换算子应该右乘，因此，$\{A''\}$ 的矩阵表达式为

$$A'' = A \cdot \text{Trans}(-1,2,2) = \begin{bmatrix} 0 & -1 & 0 & 1 \\ -1 & 0 & 0 & 1 \\ 0 & 0 & -1 & 1 \\ 0 & 0 & 0 & 1 \end{bmatrix} \begin{bmatrix} 1 & 0 & 0 & -1 \\ 0 & 1 & 0 & 2 \\ 0 & 0 & 1 & 2 \\ 0 & 0 & 0 & 1 \end{bmatrix} = \begin{bmatrix} 0 & -1 & 0 & -1 \\ -1 & 0 & 0 & 2 \\ 0 & 0 & -1 & -1 \\ 0 & 0 & 0 & 1 \end{bmatrix}$$

从这个 4×4 的矩阵可以看出，O'' 在 $O_0 X_0 Y_0 Z_0$ 坐标系中的坐标为（-1，2，-1）。物体 Q 的平移算子为

$$\text{Trans}(\Delta x, \Delta y, \Delta z) = \begin{bmatrix} 1 & 0 & 0 & 2 \\ 0 & 1 & 0 & 6 \\ 0 & 0 & 1 & 0 \\ 0 & 0 & 0 & 1 \end{bmatrix}$$

二、旋转变换

如图 4-14 所示，空间某一点 A，坐标为 (x, y, z)，当它绕 Z 轴旋转 θ 角后至 A' 点，坐标为 (x', y', z')。A' 点和 A 点的坐标关系为

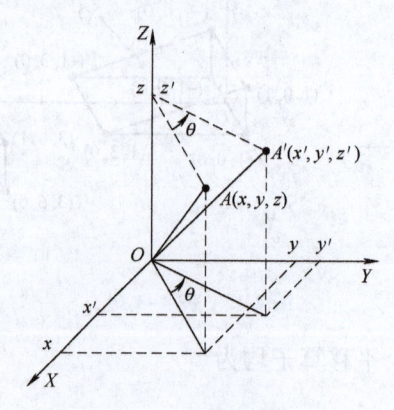

图 4-14 点的旋转变换

$$\begin{cases} x' = \cos\theta \cdot x - \sin\theta \cdot y \\ y' = \sin\theta \cdot x + \cos\theta \cdot y \\ z' = z \end{cases}$$

或用矩阵表示为

$$\begin{bmatrix} x' \\ y' \\ z' \end{bmatrix} = \begin{bmatrix} \cos\theta & -\sin\theta & 0 \\ \sin\theta & \cos\theta & 0 \\ 0 & 0 & 1 \end{bmatrix} \begin{bmatrix} x \\ y \\ z \end{bmatrix}$$

A'点和A点的齐次坐标分别为$[x'\ y'\ z'\ 1]^T$和$[x\ y\ z\ 1]^T$，因此A点的旋转变换过程为

$$\begin{bmatrix} x' \\ y' \\ z' \\ 1 \end{bmatrix} = \begin{bmatrix} \cos\theta & -\sin\theta & 0 & 0 \\ \sin\theta & \cos\theta & 0 & 0 \\ 0 & 0 & 1 & 0 \\ 0 & 0 & 0 & 1 \end{bmatrix} \begin{bmatrix} x \\ y \\ z \\ 1 \end{bmatrix}$$

也可简写为

$$a' = \text{Rot}(z, \theta) \cdot a$$

式中，$\text{Rot}(z, \theta)$表示齐次坐标变换时绕Z轴的旋转算子，其内容为

$$\text{Rot}(z, \theta) = \begin{bmatrix} \cos\theta & -\sin\theta & 0 & 0 \\ \sin\theta & \cos\theta & 0 & 0 \\ 0 & 0 & 1 & 0 \\ 0 & 0 & 0 & 1 \end{bmatrix}$$

同理，可写出绕X轴的旋转算子和绕Y轴的旋转算子，其内容为

$$\text{Rot}(x, \theta) = \begin{bmatrix} 1 & 0 & 0 & 0 \\ 0 & \cos\theta & -\sin\theta & 0 \\ 0 & \sin\theta & \cos\theta & 0 \\ 0 & 0 & 0 & 1 \end{bmatrix}$$

$$\text{Rot}(y, \theta) = \begin{bmatrix} \cos\theta & 0 & \sin\theta & 0 \\ 0 & 1 & 0 & 0 \\ -\sin\theta & 0 & \cos\theta & 0 \\ 0 & 0 & 0 & 1 \end{bmatrix}$$

一般地，在点A绕任意过原点的单位矢量k旋转θ角的情况下，假设k_x、k_y、k_z分别为单位矢量k在固定坐标系坐标轴X、Y、Z上的三个分量（方向余弦），且$k_x^2+k_y^2+k_z^2=1$，则有

$$\text{Rot}(k,\theta) = \begin{bmatrix} k_x k_x(1-\cos\theta)+\cos\theta & k_y k_x(1-\cos\theta)-k_z\sin\theta & k_z k_x(1-\cos\theta)+k_y\sin\theta & 0 \\ k_x k_y(1-\cos\theta)+k_z\sin\theta & k_y k_y(1-\cos\theta)+\cos\theta & k_z k_y(1-\cos\theta)-k_x\sin\theta & 0 \\ k_x k_z(1-\cos\theta)-k_y\sin\theta & k_y k_z(1-\cos\theta)+k_x\sin\theta & k_z k_z(1-\cos\theta)+\cos\theta & 0 \\ 0 & 0 & 0 & 1 \end{bmatrix}$$

上式称为一般旋转变换的通式，绕 X 轴、Y 轴、Z 轴进行的旋转变换是其特殊情况。

【例 4-5】已知坐标系中点 U 的位置矢量 $u=[7\ 3\ 2\ 1]^T$，将此点绕 Z 轴旋转 $90°$，再绕 Y 轴旋转 $90°$，如图 4-15 所示，求旋转变换后所得的点 W。

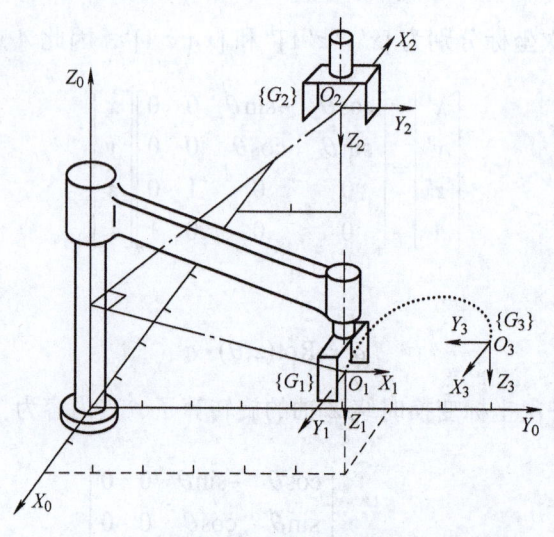

图 4-15 例 4-5 图

解：

$$w = \text{Rot}(y, 90°) \cdot \text{Rot}(z, 90°) \cdot u = \begin{bmatrix} 0 & 0 & 1 & 0 \\ 0 & 1 & 0 & 0 \\ -1 & 0 & 0 & 0 \\ 0 & 0 & 0 & 1 \end{bmatrix} \begin{bmatrix} 0 & -1 & 0 & 0 \\ 1 & 0 & 0 & 0 \\ 0 & 0 & 1 & 0 \\ 0 & 0 & 0 & 1 \end{bmatrix} \begin{bmatrix} 7 \\ 3 \\ 2 \\ 1 \end{bmatrix} = \begin{bmatrix} 0 & 0 & 1 & 0 \\ 1 & 0 & 0 & 0 \\ 0 & 1 & 0 & 0 \\ 0 & 0 & 0 & 1 \end{bmatrix} \begin{bmatrix} 7 \\ 3 \\ 2 \\ 1 \end{bmatrix} = \begin{bmatrix} 2 \\ 7 \\ 3 \\ 1 \end{bmatrix}$$

课间加油站

在例 4-5 中，已知条件不变，但旋转顺序变为：1）绕 Y 轴旋转 $90°$；2）绕 Z 轴旋转 $90°$。求解点 P 的坐标。判断其是否与之前题目相同，若不同，原因是什么？

任务实施

结合指导教师给出的实际问题，尝试对机器人运动学进行分析。运用虚拟仿真软件中构建的机器人运动学仿真模型，进行正、逆运动学仿真和轨迹规划，掌握各关节的角度、速度和加速度的变化规律（拓展），为机器人后期开发和研究提供一种实验分析手段和理论支持，结合报告书完成任务要求。

齐次坐标变换和运算报告书

题目名称		
学习主题		齐次坐标变换和运算认知
重点难点		平移变换和旋转变换
训练目标	主要知识能力指标	1）掌握齐次变换的基本定义 2）掌握平移与旋转的齐次变换方法 3）能够对工业机器人运动学基础问题进行分析
	相关能力指标	1）能够正确制定工作计划，养成独立工作的习惯 2）能够阅读工业机器人相关技术手册与说明书 3）培养学生良好的职业素质及团队协作精神
参考资料 学习资源		图书馆内相关书籍、工业机器人相关网站等
学生准备		熟悉所选工业机器人系统，准备教材笔、笔记本、练习纸等
教师准备		熟悉教学标准、机器人实训设备说明，演示实验，讲授内容，设计教学过程、记分册
工作步骤	明确任务	教师提出任务
	分析过程（学生借助于参考资料、教材和教师提出的引导，自己做一个工作计划，并拟定出检查、评价工作成果的标准要求）	根据教师所给出的情景问题，完成对点在空间中平移的齐次坐标变换的探究
		根据教师所给出的情景问题，完成对点在空间中旋转的齐次坐标变换的探究
		运用虚拟仿真软件完成正、逆运动学仿真和轨迹规划，掌握各关节角度、速度和加速度的变化规律（拓展）
	检查	在整个过程中，学生依据拟定的评价标准检查自己是否符合要求地完成了工作任务
	评价	由小组、教师评价学生的工作情况并给出建议

任务评价

任务评测表

姓名		学号		日期		年　　月　　日	
小组成员				教师签字			
类别	项目	考核内容		得分	总分	评分标准	
理论	知识准备 （100分）	解释平移变换的方法（40分）				根据完成情况打分	
		解释旋转变换的方法（60分）					
评分说明							
备注	1）评测表原则上不能出现涂改现象，若出现则必须在涂改之处签字确认 2）每次考核结束后，教师及时记录考核成绩						

项目评测

1. 填空题

（1）为使得机器人完成特定要求的工作，其控制系统包含4个过程：_____、_____、_____、_____。

（2）工业机器人的控制系统包含硬件和软件两个部分。其中硬件部分内容主要有_____，软件主要是控制软件，包括_____等程序。

2. 选择题

（1）动力学的研究内容是将机器人的（　　）联系起来。
A. 运动与控制　　B. 传感与控制　　C. 结构与运动　　D. 人机交互与系统

（2）工业机器人的位姿可以用矩阵来表示，其中第四行的1代表（　　）。
A. 角度　　　　B. 点的坐标　　　C. 点的方向　　　D. 补位

（3）若一坐标系在空间中以不变的姿态运动，那么该坐标系属于（　　）。
A. 旋转坐标变换　B. 齐次坐标变换　C. 平移坐标变换　D. 复合坐标变换

（4）为了获得平稳的加工过程，希望在作业起动时（　　）。
A. 速度恒定，加速度为0　　　　　B. 速度为0，加速度为0
C. 速度为0，加速度恒定　　　　　D. 速度恒定，加速度恒定

（5）在工业机器人齐次坐标变换中，Trans$(\Delta x, \Delta y, \Delta z) = \begin{bmatrix} 1 & 0 & 0 & \Delta x \\ 0 & 1 & 0 & \Delta y \\ 0 & 0 & 1 & \Delta z \\ 0 & 0 & 0 & 1 \end{bmatrix}$，其被称作（　　）。
A. 平移矩阵　　　B. 旋转矩阵　　　C. 平移算子　　　D. 旋转算子

（6）已知工业机器人各关节角矢量，求末端执行器位姿的计算称为（　　）。
A. 正向运动学计算　　　　　　B. 逆向运动学计算
C. 旋转变换计算　　　　　　　D. 复合变换计算

（7）已知工业机器人末端执行器的位姿，求各关位变量的计算称为（　　）。
A. 正向运动学计算　　　　　　B. 逆向运动学计算
C. 旋转变换计算　　　　　　　D. 复合变换计算

3. 判断题

（1）工业机器人的控制系统以自身的运动为重心。　　　　　　　　　　（　　）

（2）进行弧焊、喷漆、切割、去毛边和检测作业的机器人多会采用连续轨迹控制的方式。　　　　　　　　　　　　　　　　　　　　　　　　　　　　　　（　　）

4. 计算题

（1）有一坐标系T的位姿表示为$T = \begin{bmatrix} 0 & a & 0.866 & 1 \\ 0 & b & 0.5 & 6 \\ c & 0 & 0 & 4 \\ 0 & 0 & 0 & 1 \end{bmatrix}$，试求$a$、$b$、$c$的值，并完成

该位姿矩阵的表示。

（2）已知有一旋转变换，先绕固定坐标系 X 轴旋转 $45°$，再绕 Z 轴旋转 $60°$，最后绕 Y 轴旋转 $30°$，求最终得到的齐次坐标系。

（3）图 4-16 所示为二自由度平面机械手，其中关节 1 为转动关节，关节变量为 θ_1，关节 2 为移动关节，其关节变量为 d_2。

1）建立关节坐标系，写出该机械手的运动方程。

2）按照关节变量参数，求出机械手中心的位置值。

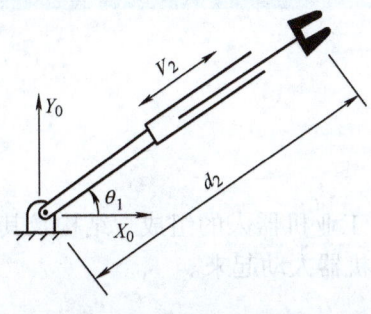

图 4-16 计算题（3）图

（4）初始状态运动坐标系 m 在固定坐标系 O 的位姿为 Tom1。此后运动坐标系 m 沿固定坐标系的 X 轴正向移动了 6 个单位，又沿 Y 轴正方向移动了 3 个单位，再沿 Z 轴反方向移动了 2 个单位，求最终运动坐标系在固定坐标系中的位姿 Tom2。

$$\text{Tom1} = \begin{bmatrix} 0.866 & 0.5 & 0 & 8 \\ -0.5 & 0.866 & 0 & 6 \\ 0 & 0 & 1 & 10 \\ 0 & 0 & 0 & 1 \end{bmatrix}$$

（5）运动坐标系 m 中有一点 $P[2，4，6]^T$，它随运动坐标系一起绕固定坐标系的 Y 轴旋转 $90°$，求经过旋转后的 P' 点在固定坐标系里的坐标。

（6）运动坐标系 m 中有一点 $P[1，2，3]^T$，依次经过下列变换，试求变换后该点在固定坐标系中的坐标。

① 绕 Z 轴旋转 $90°$。

② 分别沿 X、Y、Z 轴平移（1，2，3）。

③ 绕 X 轴旋转 $90°$。

5. 简答题

（1）按照控制方式的不同，工业机器人运动可以分为哪几类及其各自的目的是什么？

（2）工业机器人的位置控制方式包含哪两种？各自有什么特点和应用场景？

（3）工业机器人的运动控制功能与示教再现功能有什么区别？

（4）什么是齐次坐标？它与直角坐标有何不同？

项目 5

让机器人动起来

项目描述

在前面项目中我们认识了工业机器人的组成、结构及其控制。本项目将以 ABB 工业机器人为例,通过实际操作使机器人动起来。

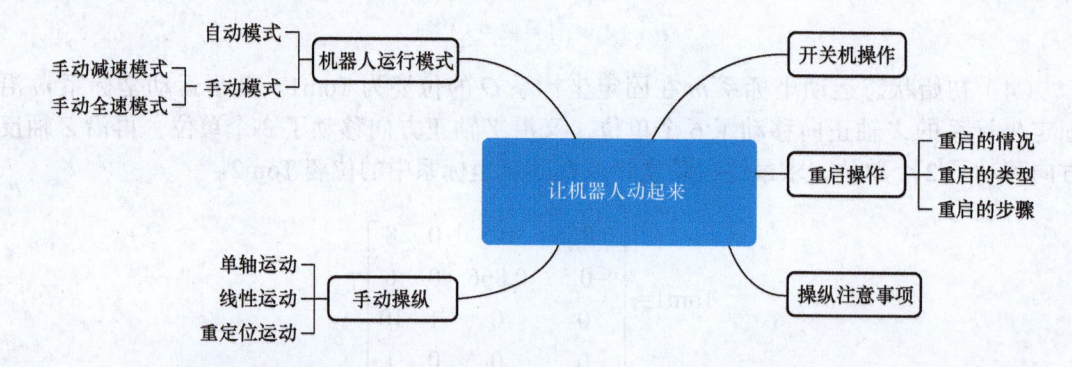

```
手动减速模式 ┐                ┌ 自动模式
             ├── 机器人运行模式 ┤
手动全速模式 ┘                └ 手动模式

                                          ┌ 开关机操作
                    让机器人动起来
                                          │              ┌ 重启的情况
                                          ├ 重启操作    ├ 重启的类型
                                          │              └ 重启的步骤
单轴运动 ┐                                │
线性运动 ├── 手动操纵                      └ 操纵注意事项
重定位运动 ┘
```

任务 5.1　工业机器人的开关机与重启

任务描述

本任务主要介绍工业机器人工作站的开关机与重启操作方法。

问题引导

1)如何进行工业机器人的开关机操作?
2)什么情况下需要对机器人进行重启?
3)如何完成工业机器人的重启操作?

项目 5 让机器人动起来

能力要求

知识要求：掌握工业机器人的开关机方法；掌握工业机器人需要重启的原因与正确的重启方法。

技能要求：能够正确判断工业机器人的运行状态。

素质要求：激发学生对工业机器人专业的兴趣，同时培养遵守规范、操作细致的职业素养；鼓励学生将理论知识与实践操作相结合。

知识准备

一、开关机操作

机器人操作的第一步就是开机，将机器人控制柜上的总电源旋钮从【OFF】扭转到【ON】，如图 5-1 所示，然后等待示教器启动完成，即可进行下一步的操作。

完成机器人操作或进行维修时，需要关闭机器人系统。关闭机器人系统，首先通过选中"高级重启"中的"关闭主计算机"来关闭机器人控制系统（操作步骤见重启操作部分），然后将机器人控制柜上的总电源旋钮逆时针从【ON】扭转到【OFF】，如图 5-2 所示。

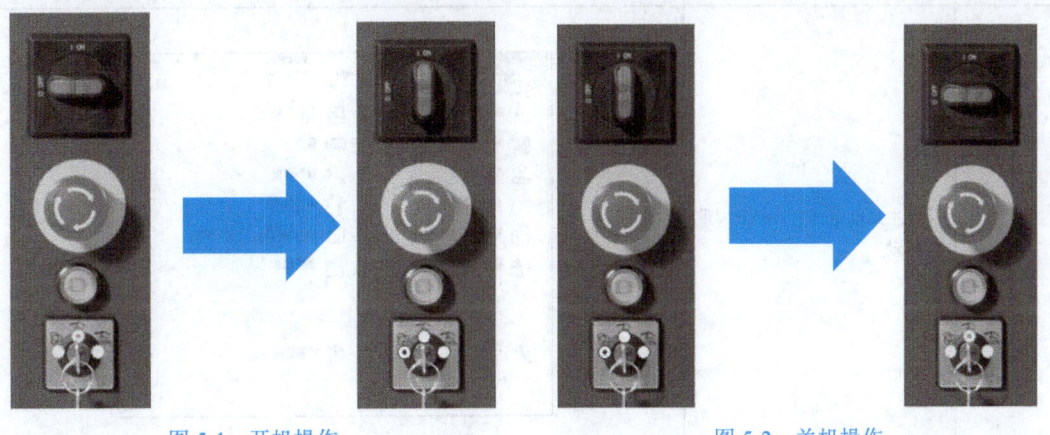

图 5-1 开机操作   图 5-2 关机操作

二、重启操作

ABB 工业机器人系统可以长时间地进行工作，无须定期重新启动运行。但出现以下情况时需要重新启动机器人系统：

1）安装了新的硬件。
2）更改了机器人系统配置参数。
3）出现系统故障（SYSFAIL）。
4）RAPID 程序出现程序故障。

重新启动的类型包括重启、重置系统、重置 RAPID、恢复到上次自动保存的状态和关闭主计算机。各类型说明见表 5-1。

表 5-1 重新启动类型说明

重启动类型	说明
重启	使用当前的设置重新启动当前系统
重置系统	重启并将丢弃当前的系统参数设置和 RAPID 程序,将会使用原始的系统参数设置
重置 RAPID	重启并将丢弃当前的 RAPID 程序和数据,但会保留系统参数设置
恢复到上次自动保存的状态	重启并尝试回到上一次自动保存的系统状态。一般在系统崩溃恢复时使用
关闭主计算机	关闭机器人控制系统,在控制器 UPS 故障时使用

任务实施

重新启动操作步骤见表 5-2。

表 5-2 重新启动操作步骤

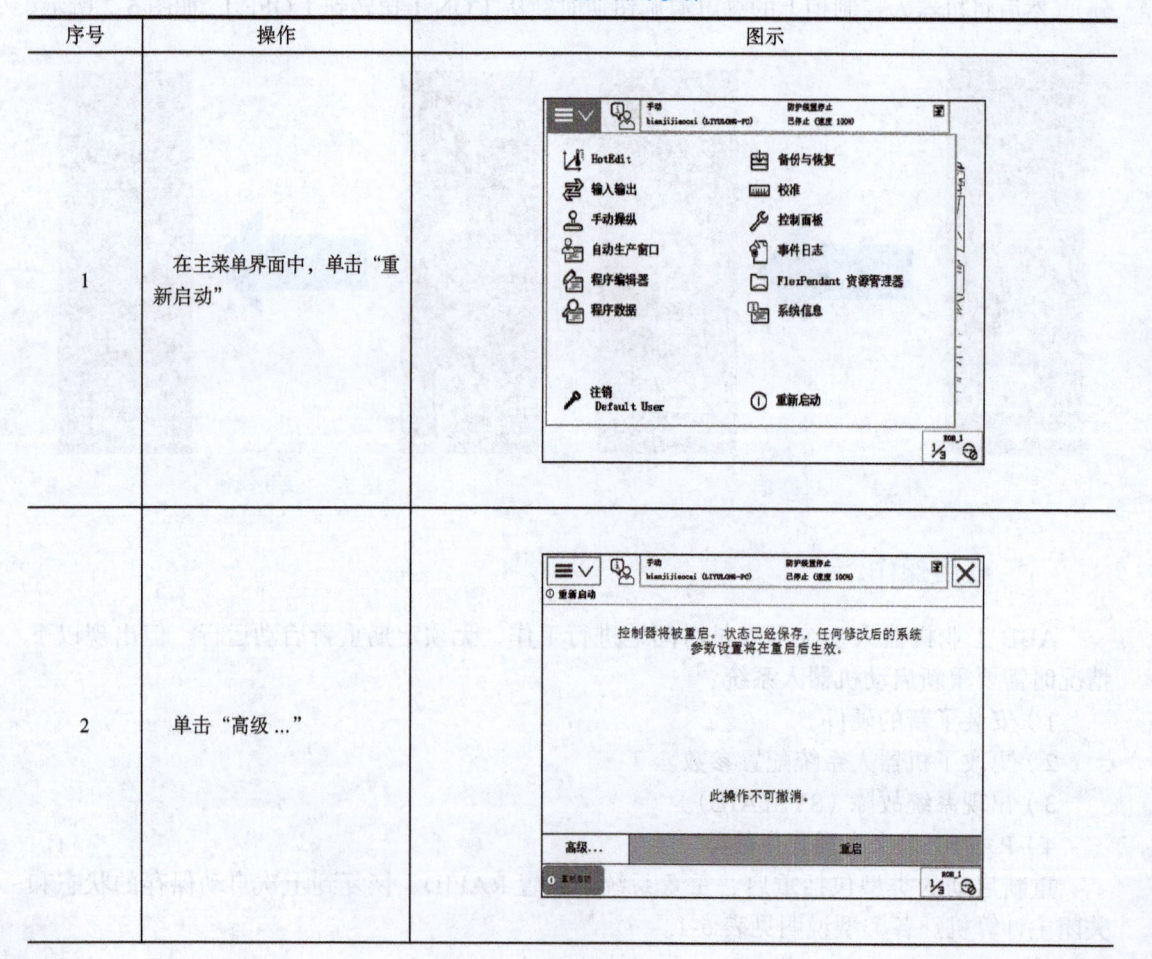

序号	操作	图示
1	在主菜单界面中,单击"重新启动"	
2	单击"高级..."	

（续）

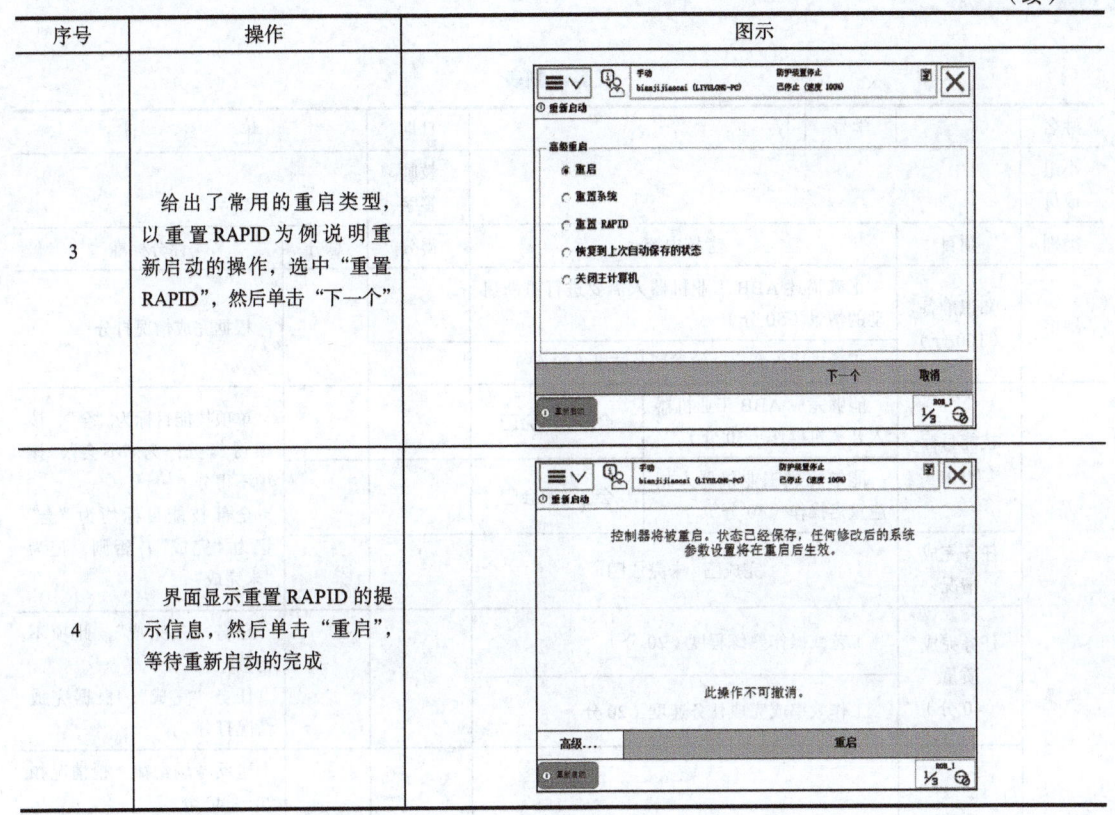

序号	操作	图示
3	给出了常用的重启类型，以重置 RAPID 为例说明重新启动的操作，选中"重置 RAPID"，然后单击"下一个"	
4	界面显示重置 RAPID 的提示信息，然后单击"重启"，等待重新启动的完成	

操作界面选项说明见表 5-3。

表 5-3　操作界面选项说明

选项名称	说明
HotEdit	程序模块下轨迹点位置的补偿设置窗口
输入输出	设置及查看 I/O 视图窗口
手动操纵	动作模式设置、坐标系选择、操纵杆锁定及载荷属性的更改窗口；也可显示实际位置
自动生产窗口	在自动模式下，可直接调试程序并运行
程序编辑器	建立程序模块及例行程序的窗口
程序数据	选择编程时所需程序数据的窗口
备份与恢复	可备份和恢复系统
校准	进行转数计数器和电动机校准的窗口
控制面板	进行示教器的相关设定
事件日志	查看系统出现的各种提示信息
FlexPendant 资源管理器	查看当前系统的系统文件
系统信息	查看控制器及当前系统的相关信息

任务评价

任务评测表

姓名		学号		日期		年　月　日	
小组成员				教师签字			
类别	项目	考核内容		得分	总分	评分标准	
理论	知识准备（100分）	正确描述ABB工业机器人需要进行重新启动的情景（50分）				根据完成情况打分	
		正确描述重新启动的类型及结果（50分）					
实操	技能目标（60分）	能够完成ABB工业机器人开关机操作（30分）	会□ / 不会□			单项技能目标为"会"，该项得满分；为"不会"，该项不得分 全部技能目标均为"会"记为"完成"；否则，记为"未完成"	
		能够完成工业机器人相应重启操作（30分）	会□ / 不会□				
	任务完成情况	完成□ / 未完成□					
	任务完成质量（40分）	工艺或操作熟练程度（20分）				任务"未完成"，此项不得分 任务"完成"，根据完成情况打分	
		工作效率或完成任务速度（20分）					
	安全文明操作	1）安全生产 2）职业道德 3）职业规范				违反考场纪律，视情况扣20～40分 发生设备安全事故，扣至0分 发生人身安全事故，扣至0分 实训结束后未整理实训现场，扣10～20分	
评分说明							
备注	1）评测表原则上不能出现涂改现象，若出现则必须在涂改之处签字确认 2）每次考核结束后，教师及时记录考核成绩						

任务 5.2　工业机器人的手动操纵

任务描述

在本任务中，以ABB工业机器人为例，介绍工业机器人的操纵注意事项、运行模式，学习工业机器人的手动操纵方法，包括单轴运动、线性运动和重定位运动。

项目5 让机器人动起来

问题引导

1）操纵工业机器人时有哪些需注意事项？
2）什么是机器人的单轴运动、线性运动和重定位运动？
3）如何手动操纵实现工业机器人的单轴运动、线性运动和重定位运动？

能力要求

知识要求：了解工业机器人操纵注意事项；掌握单轴运动的手动操纵步骤；掌握线性运动的手动操纵步骤；掌握重定位运动的手动操纵步骤。

技能要求：熟悉操纵规程与规范，能正确使用常用工具、仪表及辅助设备；具备对工业机器人进行日常维护的能力；熟练掌握手动操纵工业机器人单轴运动、线性运动和重定位运动的方法。

素质要求：激发学生对工业机器人专业的兴趣，同时培养遵守规范、操纵细致的职业素养；鼓励学生将理论知识与实践操作相结合；培养安全生产、节能环保等意识。

知识准备

一、机器人操纵注意事项

在介绍工业机器人的操纵运行之前，我们先来学习一下机器人操纵注意事项。了解工业机器人操纵过程中的注意事项以及不同运动模式下的操纵提示，能够在紧急情况下做出相应处理。

1. 记得关闭总电源

在进行机器人的安装、维修、保养时切记要将总电源关闭，其安全标识如图5-3所示。带电作业可能会产生致命性后果，如果不慎遭高电压电击，可能会导致心跳停止、烧伤或其他严重伤害。

在得到停电通知时，要预先关断机器人的主电源及气源。突然停电后，要在来电之前预先关闭机器人的主电源开关，并及时取下夹具上的工件。

2. 与机器人保持足够安全距离

在调试与运行机器人时，它可能会执行一些意外的或不规范的运动。机器人所有的运动都会产生很大的力量，从而严重伤害人身安全或损坏机器人工作范围内的任何设备。所以需时刻警惕，与机器人保持足够的安全距离，其安全标识如图5-4所示。

图5-3 "记得关闭总电源"安全标识　　　　图5-4 "与机器人保持足够安全距离"安全标识

3. 静电放电危险

静电放电（ESD）是电动势不同的两个物体间的静电传导，它可以通过直接接触传导，也可以通过感应电场传导。搬运工件时，未接地的人员可能会传递大量的静电荷。静电放电过程可能会损坏敏感的电子设备，所以在有图5-5所示标识的情况下，要做好静电放电防护。

4. 紧急停止

紧急停止优先于任何其他机器人控制操纵，它会断开机器人电动机的驱动电源，停止所有运转部件，并切断由机器人系统控制且存在潜在危险的功能部件的电源，其安全标识如图5-6所示。出现下列情况时请立即按下紧急停止按钮：

1）机器人运行时，工作区域内有工作人员。
2）机器人伤害了工作人员或损伤了机器设备。

5. 灭火

发生火灾时，在确保全体人员安全撤离后再进行灭火，应先处理受伤人员。当电气设备（如机器人或控制器）起火时，使用二氧化碳灭火器，切勿使用水或泡沫灭火器，其安全标识如图5-7所示。

图5-5 "静电放电危险"安全标识   图5-6 "紧急停止"安全标识   图5-7 "灭火"安全标识

6. 工作中的安全

1）如果在安全保护空间内有工作人员，请手动操纵机器人系统。
2）当进入安全保护空间时，请准备好示教器，以便随时控制机器人。
3）注意旋转或运动的工具，如切削工具和锯。确保在接近机器人之前，这些工具已经停止运动。
4）注意工件和机器人系统的高温表面。机器人电动机长期运转后温度很高。
5）注意夹具并确保夹好工件。如果夹具打开，工件会脱落并导致人员伤害或设备损坏。夹具非常有力，如果不按照正确方法操纵，也会导致人员伤害。机器人停机时，夹具上不应置物，必须空机。
6）注意液压、气压系统以及带电部件。即使断电，这些电路上的残余电量也很危险。

7. 示教器的安全

1）小心操纵。不要摔打、抛掷或重击示教器，这样会导致示教器破损或故障。在不使用示教器时，将它挂到专门的支架上，以防意外掉到地上。
2）示教器的使用和存放应避免被人踩踏电缆。

3）切勿使用锋利的物体（如螺钉、刀具或笔尖）操纵触摸屏，这样可能会使触摸屏受损。应用手指或触摸笔去操纵示教器触摸屏。

4）定期清洁触摸屏，灰尘和小颗粒可能会挡住屏幕造成故障。

5）切勿使用溶剂、洗涤剂或擦洗海绵清洁示教器，应使用软布蘸少量水或中性清洁剂清洁。

6）没有连接 USB 设备时务必盖上 USB 端口的保护盖。如果端口暴露到灰尘中，会中断或发生故障。

8. 手动模式下的安全

1）在手动减速模式下，机器人只能减速操纵。只要在安全保护空间之内工作，就应始终以手动速度进行操纵。

2）手动全速模式下，机器人以程序预设速度移动。手动全速模式仅用于所有人员都处于安全保护空间之外时，而且操作人必须经过特殊训练，熟知潜在的危险。

手动模式下的安全标识如图 5-8 所示。

9. 自动模式下的安全

自动模式用于在生产中运行机器人程序。在自动模式下，常规模式停止（GS）机制、自动模式停止（AS）机制和上级停止（SS）机制都将处于活动状态。

自动模式下的安全标识如图 5-9 所示。

图 5-8　手动模式下的安全标识　　　　图 5-9　自动模式下的安全标识

二、机器人运行模式

如图 5-10 所示，机器人运行模式有两种，分别为手动模式和自动模式，另有部分工业机器人的手动模式细分为手动减速模式和手动全速模式。

图 5-10　机器人运行模式

图 5-11 所示为机器人处于手动模式。本书所述机器人手动减速模式下的运行速度最高只能达到 250mm/s；手动全速模式下，机器人将按照程序设置的运行速度 v 进行移动。手动模式下，既可以单步运行例行程序，又可以连续运行例行程序，运行程序时需一直手

动按下使能按钮。

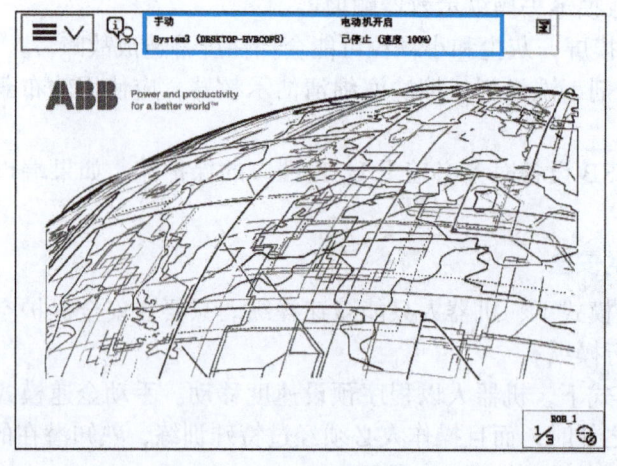

图 5-11　机器人处于手动模式

图 5-12 所示为机器人处于自动模式。自动模式下，按下机器人控制柜上电按钮后无须再手动按下使能按钮，机器人将依次自动执行程序语句并且以程序语句设定的速度值进行移动。

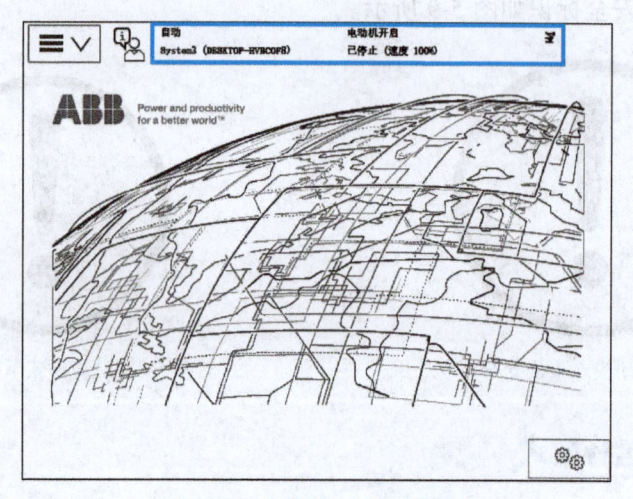

图 5-12　机器人处于自动模式

任务实施

手动操纵机器人运动一共有三种模式：单轴运动、线性运动和重定位运动。

1. 单轴运动

每次手动操纵一个关节轴的运动称为单轴运动。单轴运动在进行粗略的定位和比较大幅度的移动时，相比其他的手动操纵模式会方便、快捷很多。

手动操纵单轴运动的步骤见表 5-4。

项目 5　让机器人动起来

表 5-4　手动操纵单轴运动的步骤

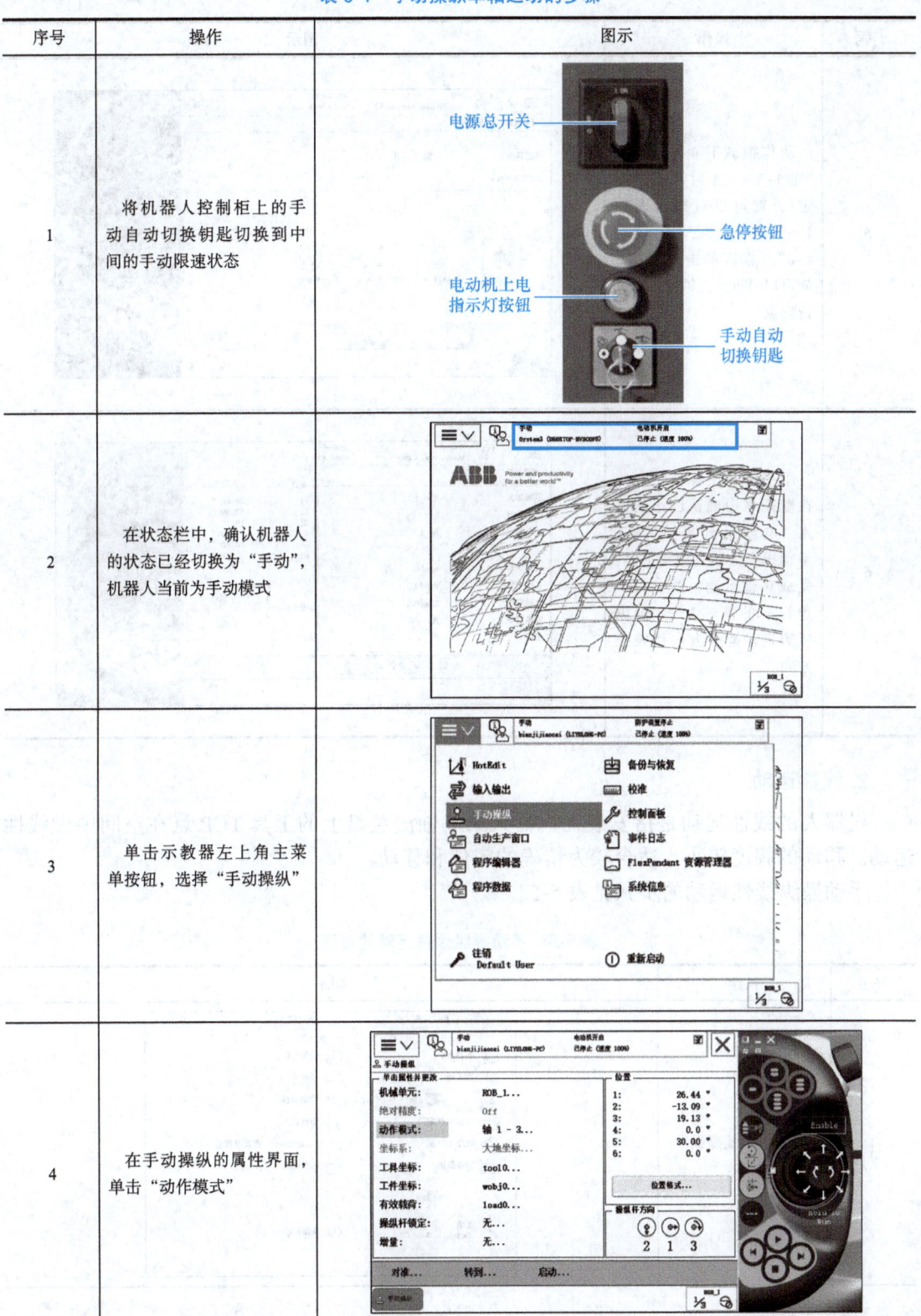

序号	操作	图示
1	将机器人控制柜上的手动自动切换钥匙切换到中间的手动限速状态	电源总开关、急停按钮、电动机上电指示灯按钮、手动自动切换钥匙
2	在状态栏中，确认机器人的状态已经切换为"手动"，机器人当前为手动模式	
3	单击示教器左上角主菜单按钮，选择"手动操纵"	
4	在手动操纵的属性界面，单击"动作模式"	

(续)

序号	操作	图示
5	动作模式有4种,选中"轴1-3",然后单击"确定",就可以对机器人轴1～3进行操纵;选中"轴4-6",然后单击"确定",就可以对机器人轴4～6进行操纵	
6	用手按下使能按钮,并在状态栏中确认已正确进入"电动机开启"状态;手动操纵机器人控制手柄,完成单轴运动,图中右下角显示的是轴1～3操纵杆方向,箭头方向代表正方向	

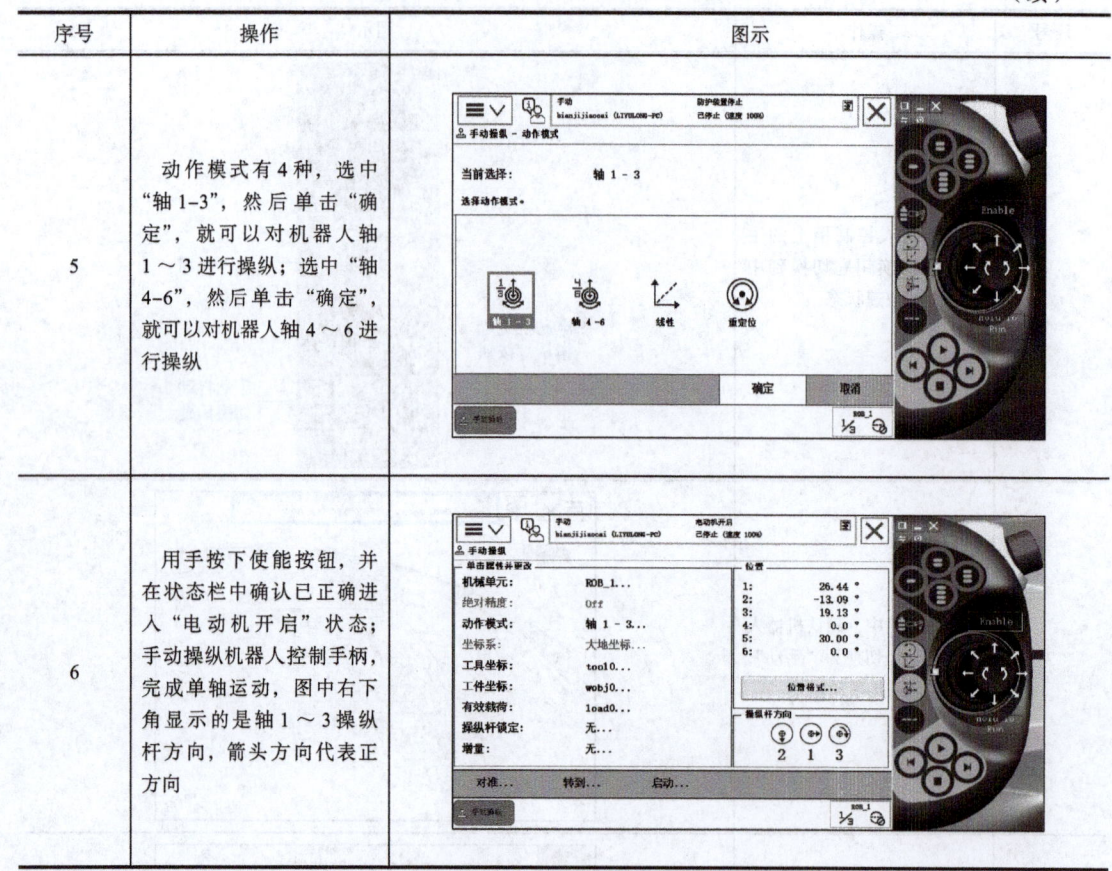

2. 线性运动

机器人的线性运动是指安装在机器人第6轴法兰盘上的工具TCP点在空间中做线性运动。移动的幅度较小,适合较为精确的定位和移动。

手动操纵线性运动的步骤见表5-5。

表5-5 手动操纵线性运动的步骤

序号	操作	图示
1	选择"手动操纵"	

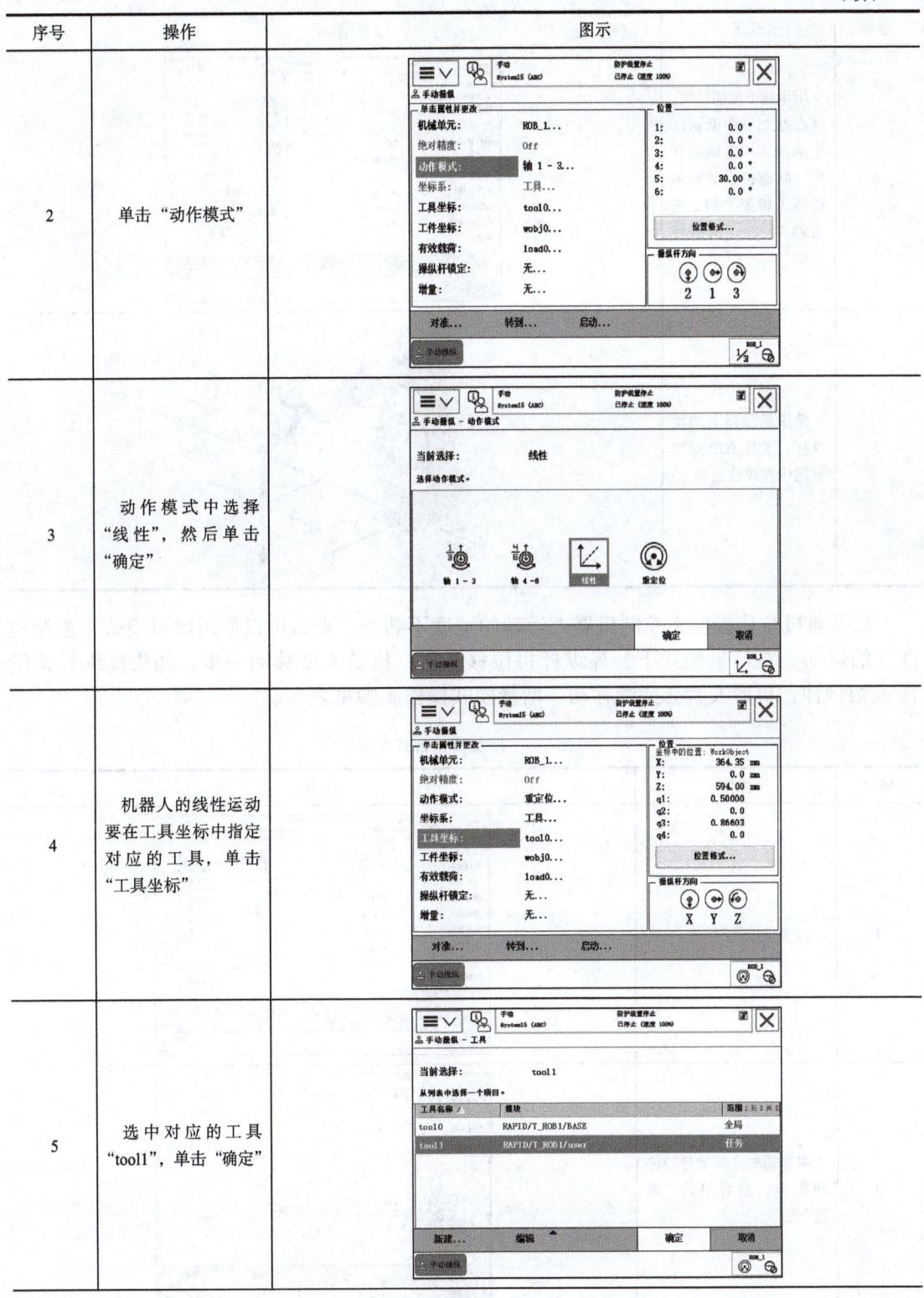

（续）

序号	操作	图示
2	单击"动作模式"	
3	动作模式中选择"线性"，然后单击"确定"	
4	机器人的线性运动要在工具坐标中指定对应的工具，单击"工具坐标"	
5	选中对应的工具"tool1"，单击"确定"	

(续)

序号	操作	图示
6	用手按下使能按钮，并在状态栏中确认已正确进入"电动机开启"状态；手动操纵机器人控制手柄，完成轴X、Y、Z的线性运动	
7	操纵示教器上的操纵杆，工具TCP点在空间中做线性运动	

如果通过位移幅度来控制机器人运动的速度不熟练，那么可以使用增量模式来控制机器人的运动。在增量模式下，操纵杆每位移一次，机器人就移动一步。如果操纵杆持续1s或数秒钟，机器人就会持续移动。增量模式操作步骤见表5-6。

表5-6 增量模式操作步骤

序号	操作	图示
1	选中"增量"	
2	根据需要选择增量的移动距离，然后单击"确定"	

3. 重定位运动

机器人的重定位运动是指机器人第 6 轴法兰盘上的工具 TCP 点在空间中绕着坐标轴旋转的运动。重定位运动中手动操纵的移动和调整更全方位。

手动操纵重定位运动的步骤见表 5-7。

表 5-7 手动操纵重定位运动的步骤

序号	操作	图示
1	选择"手动操纵"	
2	单击"动作模式"	
3	在动作模式中选择"重定位",然后单击"确定"	

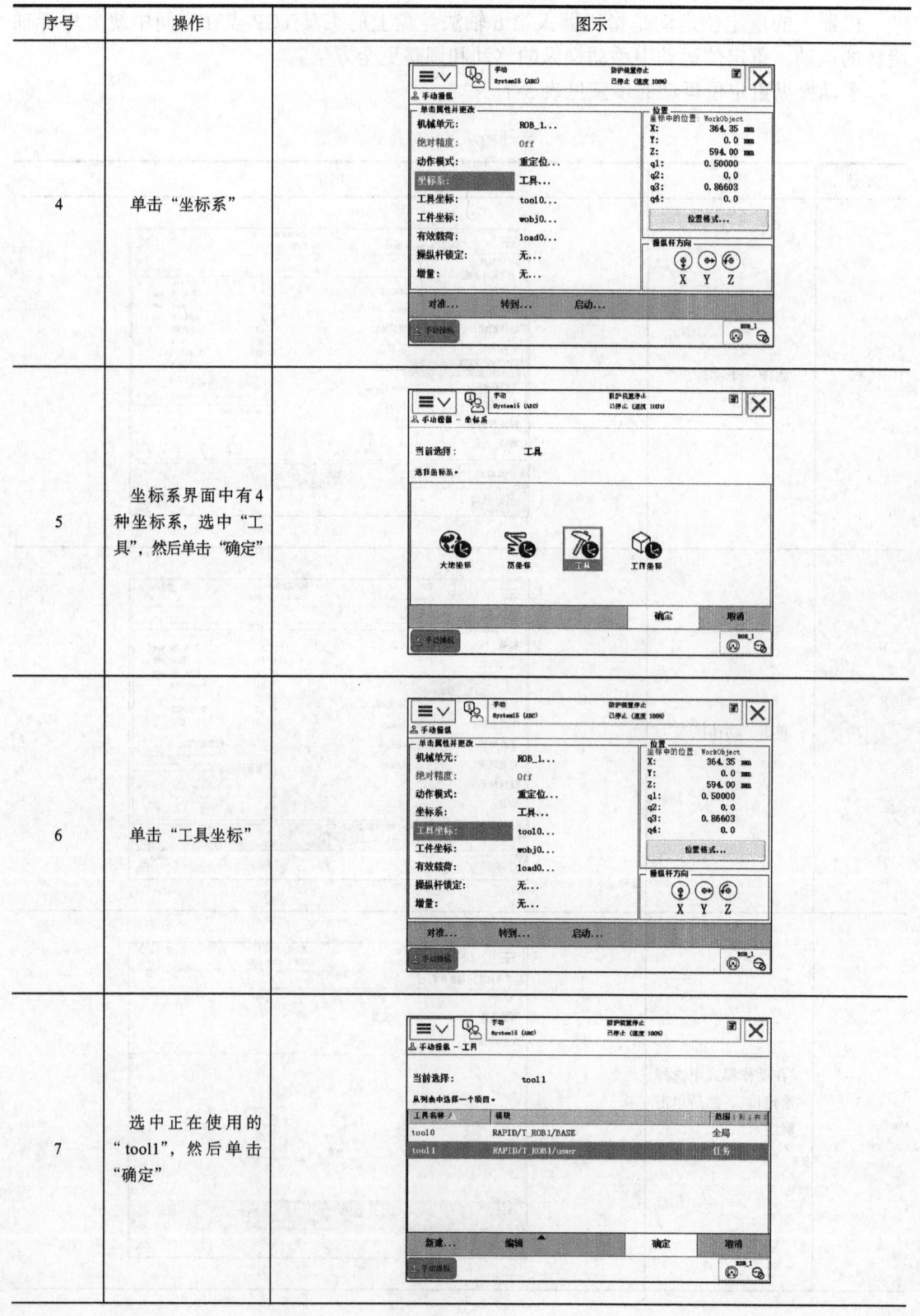

（续）

序号	操作	图示
4	单击"坐标系"	
5	坐标系界面中有4种坐标系，选中"工具"，然后单击"确定"	
6	单击"工具坐标"	
7	选中正在使用的"tool1"，然后单击"确定"	

项目 5　让机器人动起来

（续）

序号	操作	图示
8	用手按下使能按钮，并在状态栏中确认已正确进入"电动机开启"状态；手动操纵机器人控制手柄，完成机器人绕着工具 TCP 点做姿态调整运动	
9	操纵示教器上的操纵杆，工具 TCP 点在空间中做重定位运动	

任务评价

任务评测表

姓名		学号		日期		年　月　日	
小组成员				教师签字			
类别	项目	考核内容		得分	总分	评分标准	
理论	知识准备（100 分）	解释什么是机器人的单轴运动（30 分）				根据完成情况打分	
		解释什么是机器人的线性运动（30 分）					
		解释什么是机器人的重定位运动（40 分）					
实操	技能目标（60 分）	掌握工业机器人的手动操纵单轴运动（20 分）	会□ / 不会□			单项技能目标为"会"，该项得满分；为"不会"，该项不得分　全部技能目标均为"会"，记为"完成"；否则，记为"未完成"	
		掌握工业机器人的手动操纵线性运动（20 分）	会□ / 不会□				
		掌握工业机器人的手动操纵重定位运动（20 分）	会□ / 不会□				
	任务完成情况	完成□　未完成□					

（续）

类别	项目	考核内容	得分	总分	评分标准
实操	任务完成质量（40分）	工艺或操作熟练程度（20分）			任务"未完成"，此项不得分 任务"完成"，根据完成情况打分
		工作效率或完成任务速度（20分）			
	安全文明操作	1）安全生产 2）职业道德 3）职业规范			违反考场纪律，视情况扣20～40分 发生设备安全事故，扣至0分 发生人身安全事故，扣至0分 实训结束后未整理实训现场，扣10～20分
评分说明					
备注	1）评测表原则上不能出现涂改现象，若出现则必须在涂改之处签字确认 2）每次考核结束后，教师及时记录考核成绩				

项目评测

1. 填空题

（1）ABB 工业机器人系统重新启动有_____、_____、_____、_____、_____方式。

（2）手动操纵机器人运动时，有_____、_____、_____模式。

2. 选择题

（1）ABB 工业机器人系统可以实现长时间的运行工作，但发生（   ）时需要对机器人系统进行重启。

① 安装了新的软件　　　　　② 更改了机器人配置参数
③ 出现了系统故障（SYSFAIL）　　④ RAPID 程序出现故障
A. ②③④　　　　B. ①②④　　　　C. ①②③④　　　　D. ①③④

（2）下图所示安全标识的含义是（   ）。

A. 存在危险的用电情况　　　　　B. 紧急停止
C. 做好静电放电防护　　　　　　D. 禁止触摸

3. 判断题

（1）当使用重置 RAPID 的方式来重启系统时，会将系统参数设置恢复到原始安装状态。（　　）

（2）通过关闭主计算机来重启机器人系统，应当在控制器 UPS 故障时采用。（　　）

（3）突然停电后，要在来电之前预先关闭机器人主电源开关，并及时取下夹具上工件。（　　）

（4）当机器人处于自动模式运行时，保护空间内可以存在工作人员。（　　）

（5）当电气设备起火时，应当使用泡沫灭火器进行灭火。（　　）

（6）液压、气压系统及带电部件，即使断电，其上的残留电量仍存在危险。（　　）

（7）重定位运动适用于移动幅度较小、较为精准的移动和定位。（　　）

（8）单轴运动在进行粗略定位和较大幅度的移动时相对更加便利。（　　）

4. 简答题

（1）图 5-13 为 ABB 工业机器人重启操作步骤中的某一环节，请尝试说明"输入输出"以及"自动生产窗口"的作用。

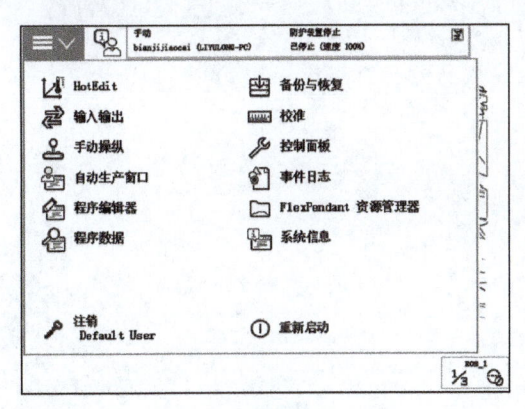

图 5-13　简答题（1）图

（2）当机器人处于手动运行状态，运行程序时需要一直按下使能按钮，试解释使能按钮在其中发挥什么作用，自动模式运行时是否需要使能按钮参与？

（3）机器人运行所用的手动模式可以分为哪两种？分别有什么特点与注意事项？

（4）什么是增量模式？在什么情况下适用于使用增量模式进行操纵杆的控制？

5. 任务实践

（1）单轴运动

① 确认机器人处于手动限速状态。
② 依次进入手动操纵和动作模式选项。
③ 分别选择轴 1～3 和轴 4～6 的动作模式。
④ 按下使能按钮，确认电动机已处于开启状态。
⑤ 在操纵杆方向一栏，依照箭头给出方向分别移动轴 1～6。

（2）线性运动

① 确认机器人处于手动限速状态。
② 依次进入手动操纵和动作模式选项。
③ 选择线性动作模式。
④ 工具坐标系选择已定义的 tool1 或默认坐标系 tool0。
⑤ 按下使能按钮，确认电动机处于开启状态。
⑥ 在操纵杆方向一栏，依照箭头方向分别沿 X、Y、Z 轴移动。

（3）重定位运动

① 确认机器人处于手动限速状态。
② 依次进入手动操纵和动作模式选项。
③ 选择重定位动作模式。
④ 坐标系选择"工具"，工具坐标选择 tool0 或者已定义的 tool1。
⑤ 按下使能按钮，确认电动机处于开启状态。
⑥ 在操纵杆方向一栏，依照箭头方向分别沿着 X、Y、Z 轴方向运动。

项目 6

工业机器人基础设置

项目描述

前面项目介绍了 ABB 工业机器人的手动操纵方法，借助于示教器让机器人动了起来。本项目将对 ABB 工业机器人示教器的使用方法做进一步的说明。

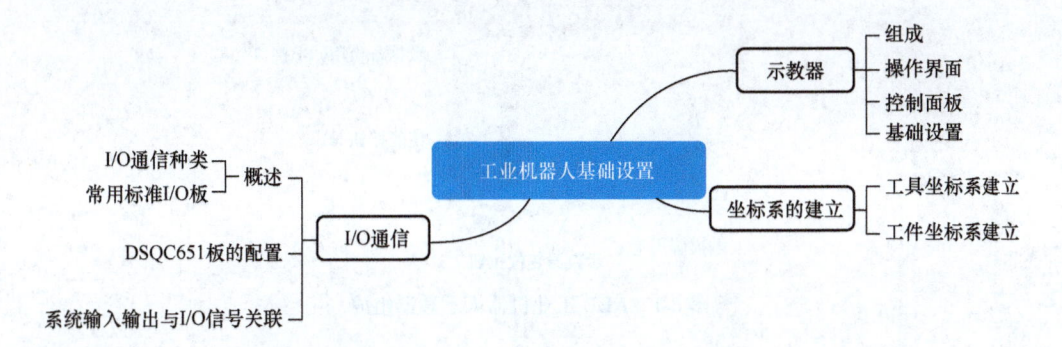

```
                                              ┌── 组成
                                    ┌─ 示教器 ─┤── 操作界面
                                    │         ├── 控制面板
                                    │         └── 基础设置
     I/O通信种类 ─┐                  │
     常用标准I/O板─┼─ 概述 ─┐         │
                             ├─ I/O通信 ─ 工业机器人基础设置 ─┤
     DSQC651板的配置 ─────────┘         │
                                    │         ┌── 工具坐标系建立
     系统输入输出与I/O信号关联 ─────── └─ 坐标系的建立 ─┤
                                              └── 工件坐标系建立
```

任务 6.1 认识工业机器人示教器

任务描述

本任务主要介绍 ABB 示教器的组成和操作界面，并对基本的时间和语言设置提供帮助。

问题引导

1）ABB 示教器有哪些组成和功能？
2）如何完成 ABB 示教器的基本设置？

能力要求

知识要求：掌握示教器的基本结构与界面常用功能；掌握示教器的常用设置；熟练掌

握示教器使能按钮的使用；熟练掌握设置示教器的语言和机器人系统时间的方法。

技能要求：能够熟练使用示教器完成任务要求的操作。

素质要求：激发学生对工业机器人专业的兴趣，同时培养遵守规范、操作细致的职业素养；鼓励学生将理论知识与实践操作相结合；培养安全生产、节能环保等意识。

知识准备

示教器是进行机器人的手动操纵、程序编写、参数配置以及监控用的手持装置，也是我们最常打交道的控制装置。如图 6-1 所示，ABB 工业机器人示教器由连接电缆、触摸屏、急停开关、手动操纵摇杆、数据备份用 USB 接口、使能按钮、触摸屏用笔和示教器复位按钮组成。

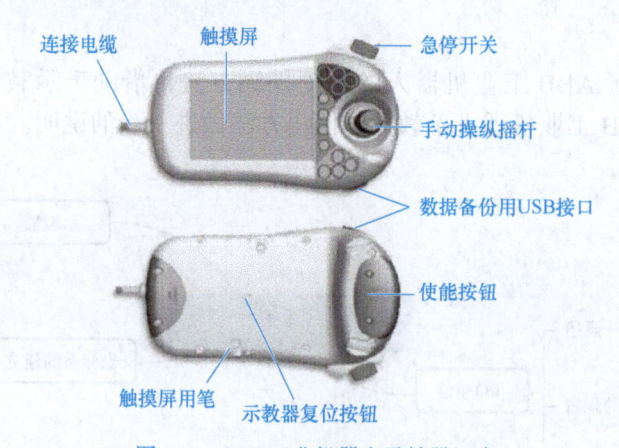

图 6-1　ABB 工业机器人示教器组成

如图 6-2 所示，ABB 工业机器人示教器的操作界面包含了机器人参数设置、机器人编程及系统相关设置等功能。比较常用的选项包括输入输出、手动操纵、程序编辑器、程序数据、校准和控制面板等。

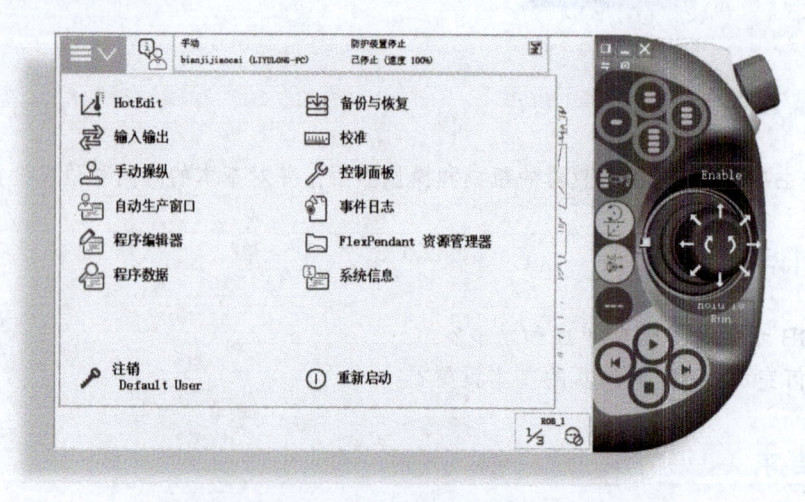

图 6-2　ABB 工业机器人示教器操作界面

如图 6-3 所示，ABB 工业机器人的控制面板包含了对机器人和示教器进行设定的相关功能，控制面板选项说明见表 6-1。

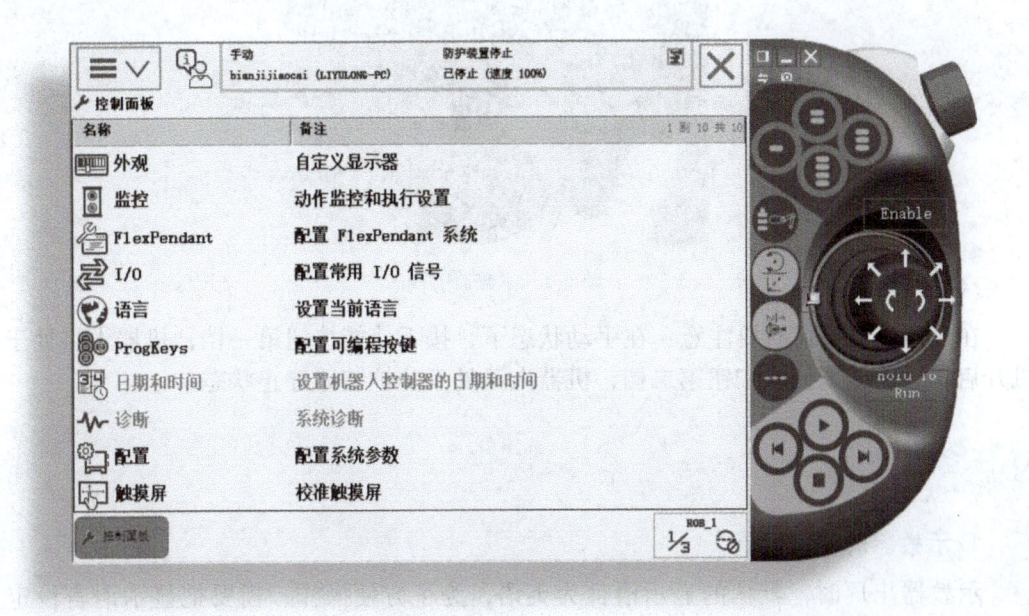

图 6-3　控制面板界面

表 6-1　控制面板选项说明

选项名称	说明
外观	可自定义显示器的亮度和设置左手或右手的操作习惯
监控	动作碰撞监控设置和执行设置
FlexPendant	示教器操作特性的设置
I/O	配置常用 I/O 信号，在输入输出选项中显示
语言	控制器当前语言的设置
ProgKeys	为指定输入输出信号配置快捷键
日期和时间	控制器的日期和时间设置
诊断	创建诊断文件
配置	系统参数设置
触摸屏	触摸屏重新校准

图 6-4 所示为示教器的握法，其中使能按钮是为保证工业机器人操作人员人身安全而设置的。只有在按下使能按钮，并保持在电动机开启的状态时，才可对机器人进行手动的操纵与程序的调试。当发生危险时，人会本能地将使能按钮松开或按紧，此时机器人会马上停下来，以保证安全。

工业机器人基础

图 6-4　示教器的握法

在使用使能按钮时要注意：在手动状态下，按下使能按钮第一档，机器人将处于电动机开启状态。按下使能按钮第二档，机器人又处于防护装置停止状态。

任务实施

1. 示教器的语言设置

示教器出厂时，默认的显示语言为英语，为了方便操作，需要把显示语言设定为中文，语言设置操作步骤见表 6-2。

表 6-2　语言设置操作步骤

序号	操作	图示
1	单击示教器左上角的主菜单按钮，然后选择"Control Panel"	
2	在"Control Panel"中找到"Language"，单击"Language"	

项目6 工业机器人基础设置

（续）

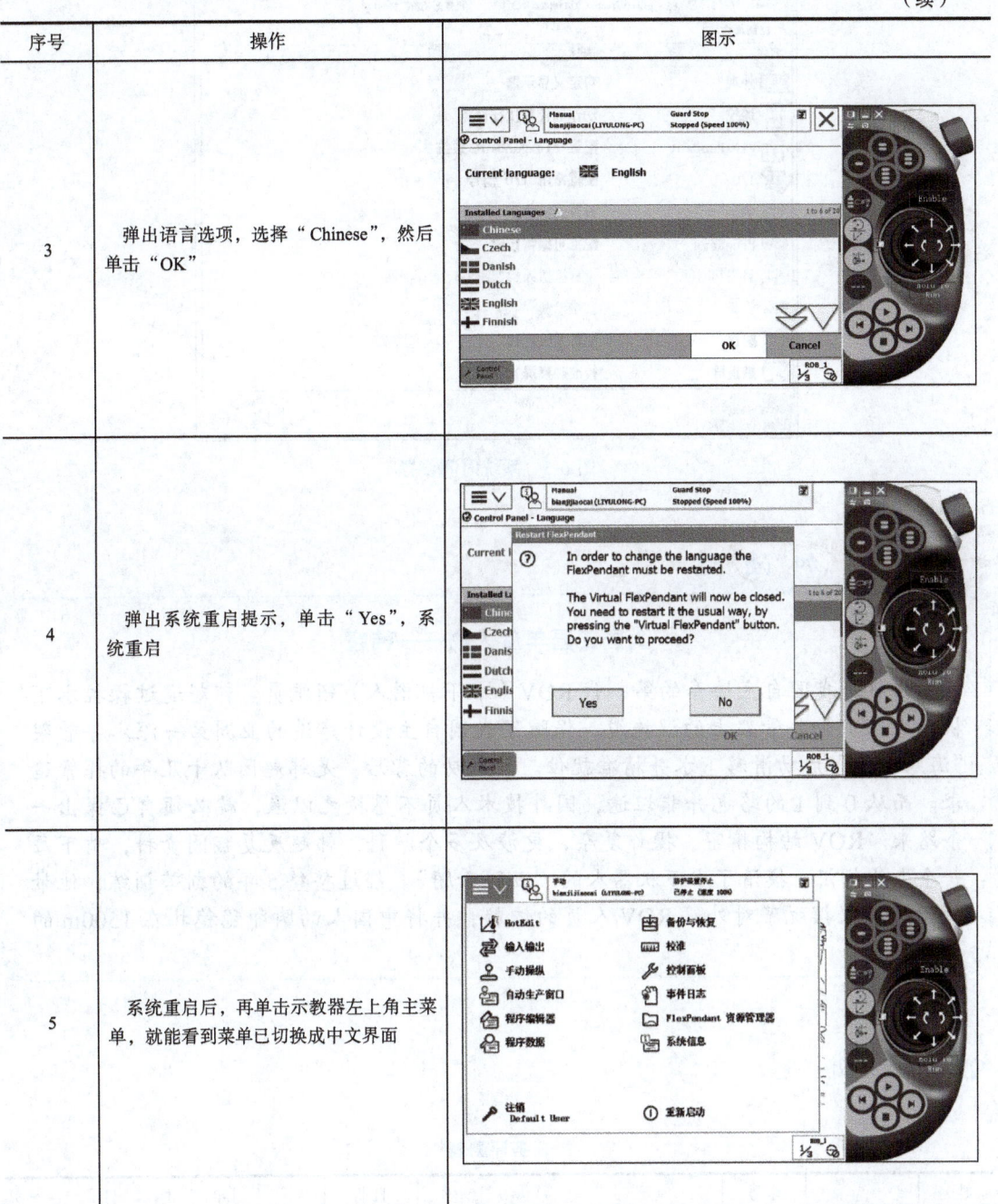

序号	操作	图示
3	弹出语言选项，选择"Chinese"，然后单击"OK"	
4	弹出系统重启提示，单击"Yes"，系统重启	
5	系统重启后，再单击示教器左上角主菜单，就能看到菜单已切换成中文界面	

2. 系统时间设置

为了方便进行文件的管理和故障的查阅与管理，在进行各种操作之前要将机器人系统的时间设定为本地时区的时间，步骤如下：

1）单击示教器左上角的主菜单按钮。

2）选择"控制面板"，在控制面板界面中选择"日期和时间"，进行时间和日期的修改，如图6-5所示。

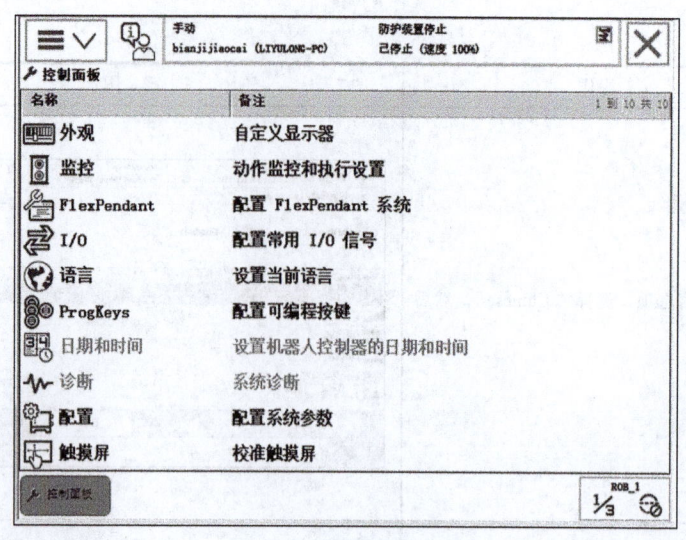

图 6-5　系统时间设置

课间加油站

大国工匠年度人物——韩超

韩超是我国自主培养的第一代 ROV（水下机器人）领航员。韩超通过操控水下机器人来剪切导管架上的湿拖缆，保障了我国自主设计建造的亚洲第一深水导管架"海基一号"成功滑移下水并精准就位。在成功的背后，是韩超团队十几年的探索追求。而从 0 到 1 的路也并非坦途，国外技术人员不愿授之以渔，就必须自己探出一条路来。ROV 结构精密、操作复杂，更涉及多个学科，韩超反复翻阅资料，啃下每一个专业词汇，摸清了水下机器人的"五脏六腑"。经过整整 5 年的刻苦训练，他带领团队不仅摆脱了对外籍 ROV 人员的依赖，并将中国人的脚印稳稳扎在 1500m 的大海深处。

任务评价

任务评测表

姓名		学号		日期	年　月　日		
小组成员				教师签字			
类别	项目	考核内容			得分	总分	评分标准
理论	知识准备（100分）	了解示教器的组成（50分）					根据完成情况打分
		能够描述使能按钮的功能（50分）					

（续）

类别	项目	考核内容		得分	总分	评分标准
实操	技能目标（60分）	掌握示教器的正确握法（30分）	会□／不会□			单项技能目标为"会"，该项得满分；为"不会"，该项不得分 全部技能目标均为"会"记为"完成"；否则，记为"未完成"
		能够正确完成示教器的语言和时间设置（30分）	会□／不会□			
	任务完成情况	完成□ 未完成□				
	任务完成质量（40分）	工艺或操作熟练程度（20分）				任务"未完成"，此项不得分 任务"完成"，根据完成情况打分
		工作效率或完成任务速度（20分）				
	安全文明操作	1）安全生产 2）职业道德 3）职业规范				违反考场纪律，视情况扣20～40分 发生设备安全事故，扣至0分 发生人身安全事故，扣至0分 实训结束后未整理实训现场，扣10～20分
评分说明						
备注	1）评测表原则上不能出现涂改现象，若出现则必须在涂改之处签字确认 2）每次考核结束后，教师及时记录考核成绩					

任务 6.2　工具与工件坐标系的建立

任务描述

前面的任务介绍了 ABB 工业机器人示教器的基本功能，在此基础上，本任务将介绍工业机器人坐标系，并深入介绍工具与工件坐标系的建立方法与步骤。

问题引导

1）如何建立工业机器人的工具坐标系？
2）如何建立工业机器人的工件坐标系？

能力要求

知识要求：掌握工具坐标系的建立方法与步骤，能正确进行相应参数设置；掌握工件坐标系的建立方法与步骤；掌握新建工具坐标系的验证方法与步骤。

技能要求：能够根据实际要求完成坐标系的建立。

素质要求：培养遵守规范、操作细致的职业素养；鼓励学生将理论知识与实践操作相结合，勇于实践探索；培养安全生产、节能环保等意识。

知识准备

在机器人系统中可使用若干坐标系，每一坐标系都适用于特定类型的控制或编程。

基坐标系位于机器人机座，是最便于机器人从一个位置移动到另一个位置的坐标系。

工件坐标系与工件有关，通常是最适于对机器人进行编程的坐标系。

工具坐标系定义机器人到达预设目标时所使用工具的位置。

大地坐标系可定义机器人单元，所有其他的坐标系均与大地坐标系直接或间接相关。它适用于手动操纵、一般移动以及处理具有若干机器人或外轴移动机器人的工作站和工作单元。

用户坐标系在表示持有其他坐标系的设备（如工件）时非常有用。

一、大地坐标系

如图 6-6 所示，大地坐标系在工作单元或工作站中的固定位置有相应的零点，有助于处理若干个机器人或由外轴移动的机器人。在默认情况下，大地坐标系与基坐标系是一致的。

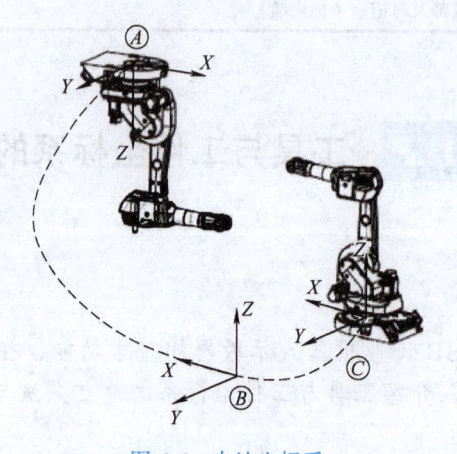

图 6-6 大地坐标系

二、基坐标系

基坐标系在机器人机座中有相应的零点，如图 6-7 所示。在正常配置的机器人系统中，当操作人员正向面对机器人并在基坐标系下进行手动操纵时，操纵杆向前和向后使机器人沿 X 轴移动；操纵杆向两侧使机器人沿 Y 轴移动；旋转操纵杆使机器人沿 Z 轴移动。

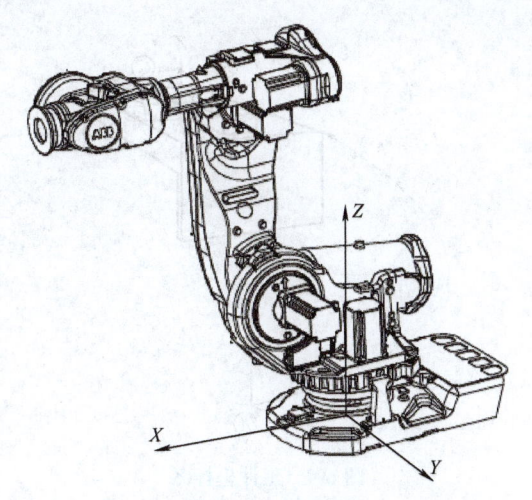

图 6-7　基坐标系

三、工具坐标系

如图 6-8 所示，工具坐标系将工具中心点设为零点，由此定义工具的位置和方向。工具坐标系缩写为 TCPF（Tool Center Point Frame），工具坐标系中心点缩写为 TCP（Tool Center Point）。所有机器人在手腕处都有一个预定义工具坐标系，即 tool0。新工具坐标系的位置是预定义工具坐标系 tool0 的偏移值。

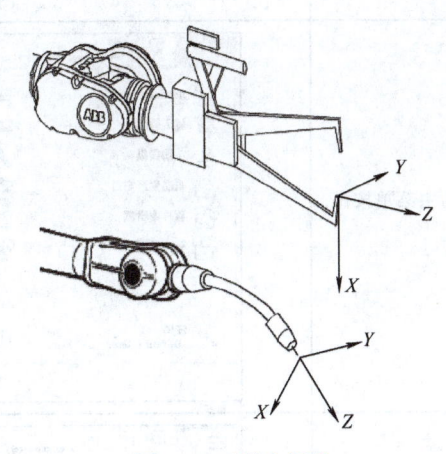

图 6-8　工具坐标系

四、工件坐标系

工件坐标系对应工件，是工件相对于大地坐标系（或其他坐标系）的位置，如图 6-9 所示。机器人可以拥有若干工件坐标系，可以表示不同工件，或者表示同一工件在不同位置的若干副本。

图 6-9 工件坐标系

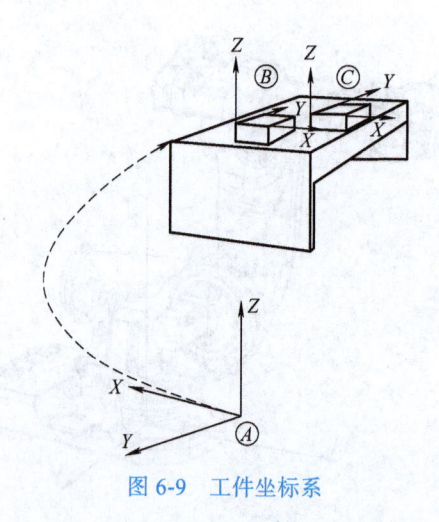

任务实施

一、工具坐标系的建立

假设工业机器人末端尖点工具已经安装完成,工具坐标系的建立步骤见表 6-3。

表 6-3 工具坐标系的建立步骤

序号	操作	图示
1	单击示教器左上角的主菜单按钮,进入操作界面	
2	选择"手动操纵"	

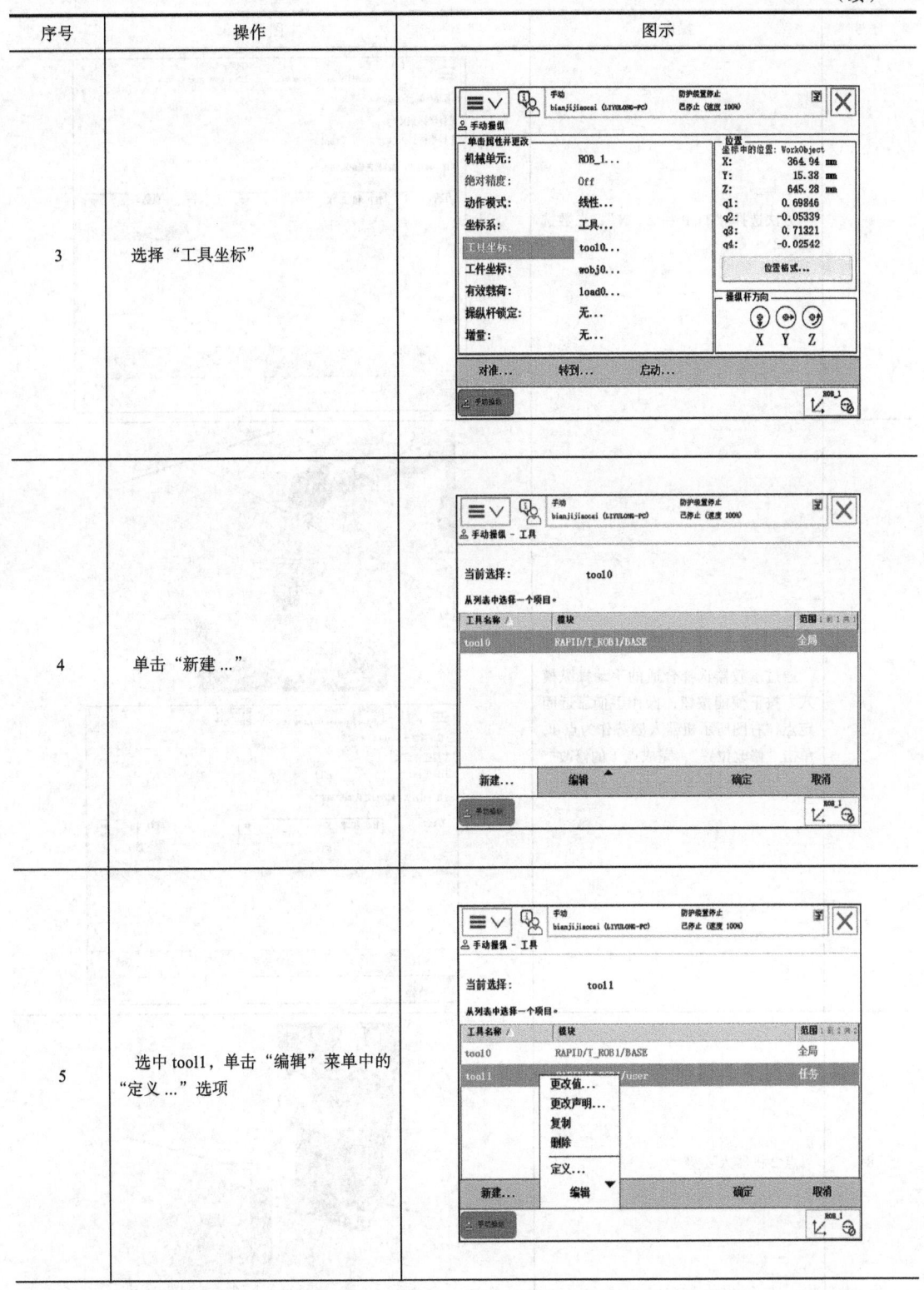

（续）

序号	操作	图示
3	选择"工具坐标"	
4	单击"新建…"	
5	选中tool1，单击"编辑"菜单中的"定义…"选项	

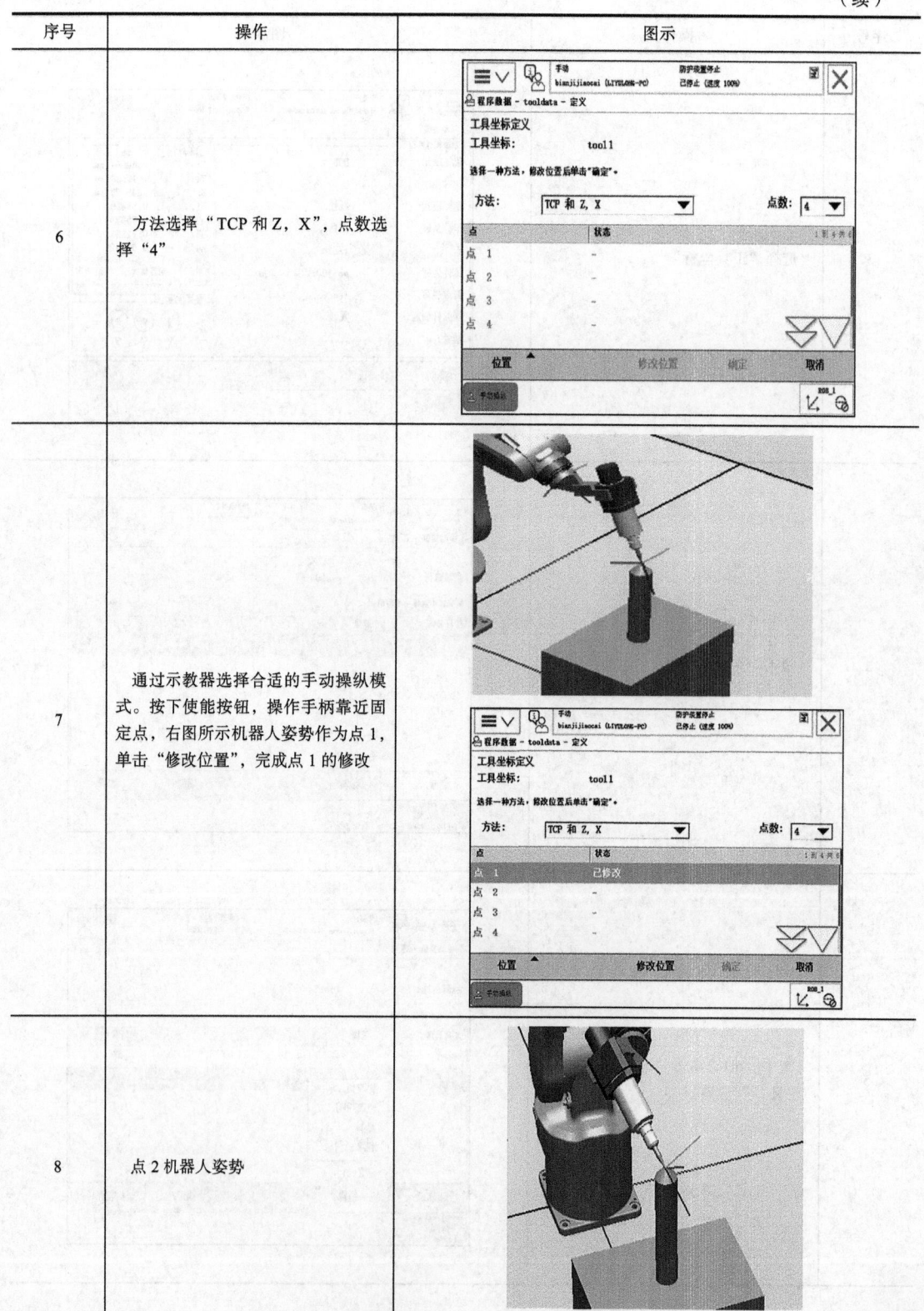

(续)

序号	操作	图示
6	方法选择"TCP 和 Z, X",点数选择"4"	
7	通过示教器选择合适的手动操纵模式。按下使能按钮,操作手柄靠近固定点,右图所示机器人姿势作为点 1,单击"修改位置",完成点 1 的修改	
8	点 2 机器人姿势	

（续）

序号	操作	图示
9	点3机器人姿势	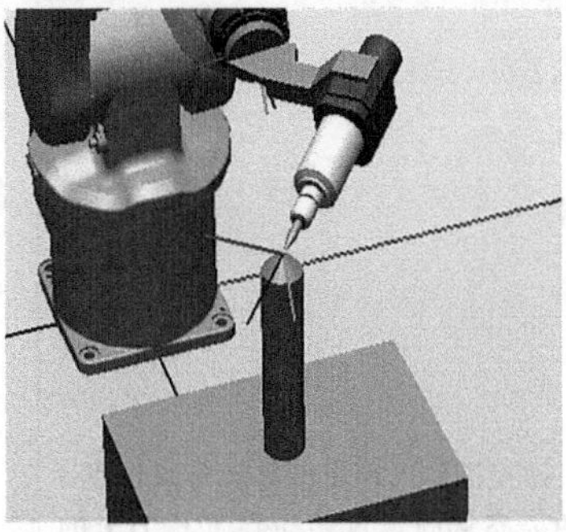
10	点4机器人姿势	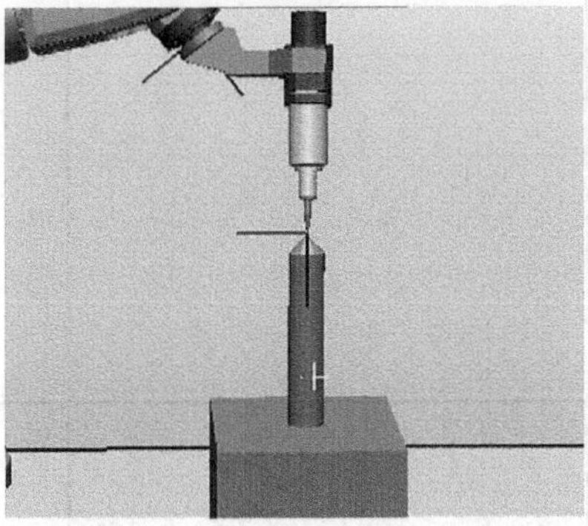
11	4个点修改完成	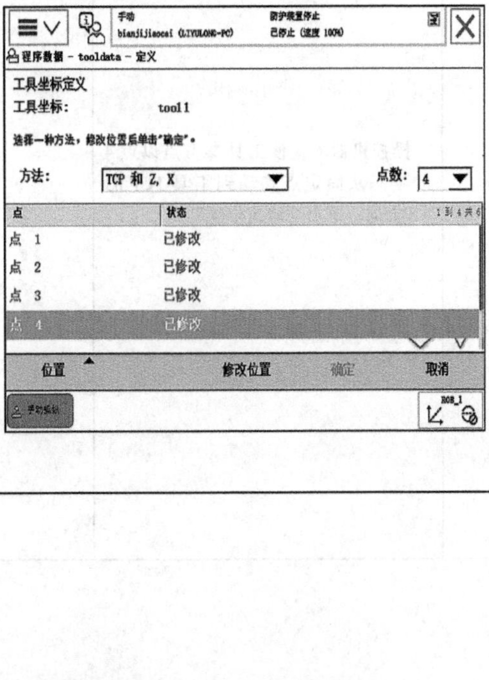

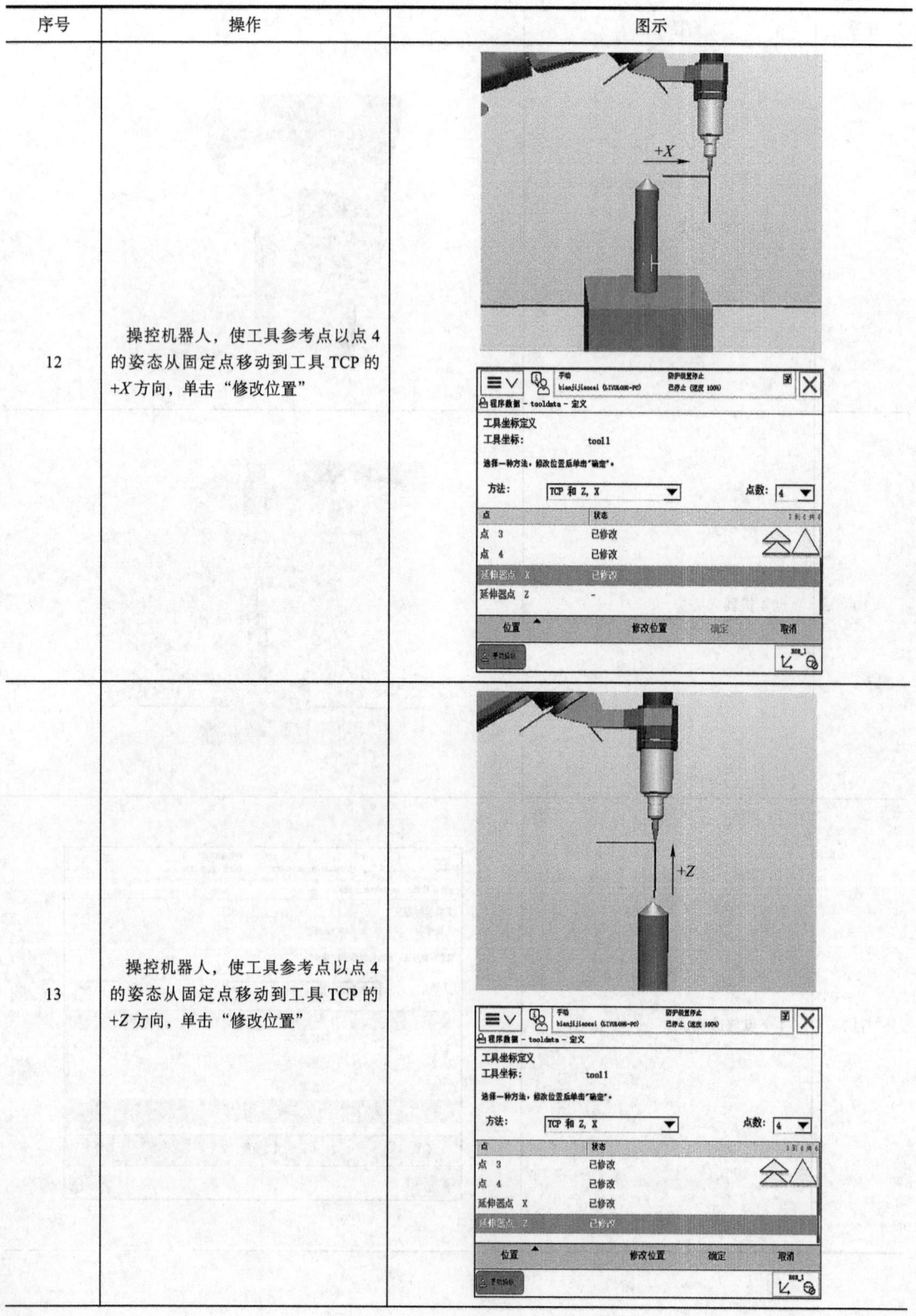

（续）

序号	操作	图示
12	操控机器人，使工具参考点以点4的姿态从固定点移动到工具TCP的+X方向，单击"修改位置"	
13	操控机器人，使工具参考点以点4的姿态从固定点移动到工具TCP的+Z方向，单击"修改位置"	

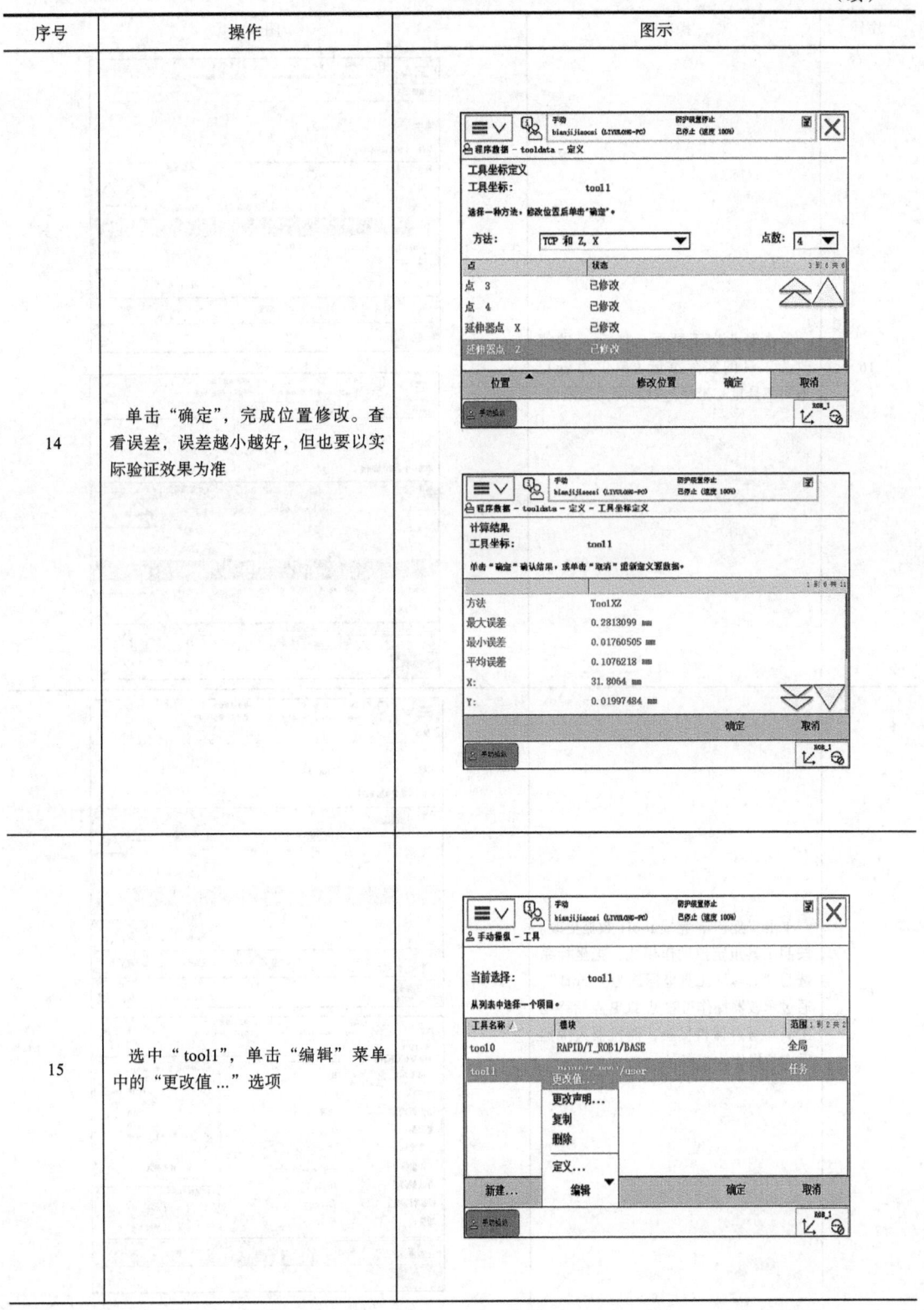

(续)

序号	操作	图示
14	单击"确定",完成位置修改。查看误差,误差越小越好,但也要以实际验证效果为准	
15	选中"tool1",单击"编辑"菜单中的"更改值…"选项	

(续)

序号	操作	图示
16	单击箭头向下翻页，将 mass 的值改为工具的实际重量（单位为 kg）。编辑工具重心坐标，以实际为准最佳	
17	单击"确定"，完成 tool1 数据更改。按照工具重定位动作模式，把坐标系选为"工具"；工具坐标选为"tool1"。通过示教器操作可看见 TCP 点始终与工具参考点保持接触，而机器人根据重定位操作改变姿态	

二、工件坐标系的建立

创建工件坐标系后，对机器人进行编程时就可以在工件坐标系中创建目标和路径，这会带来很多优点，如，重新定位工作站中的工件时，只需更改工件坐标系的位置，所有路径将即刻随之更新。允许操作以外部轴或传送导轨移动的工件，因为整个工件可连同其路径一起移动。

下面我们来看两个实例：

【**实例1**】如图6-10所示，A是机器人的大地坐标系，为了方便编程，给第一个工件建立了一个工件坐标系B，并在这个工件坐标系B中进行轨迹编程。如果工件台上还有一个一样的工件需要走一样的轨迹，那只需建立一个工件坐标系C，将工件坐标系B中的轨迹复制一份，然后将工件坐标系从B更新为C即可，无需对一样的工件进行重复轨迹编程。

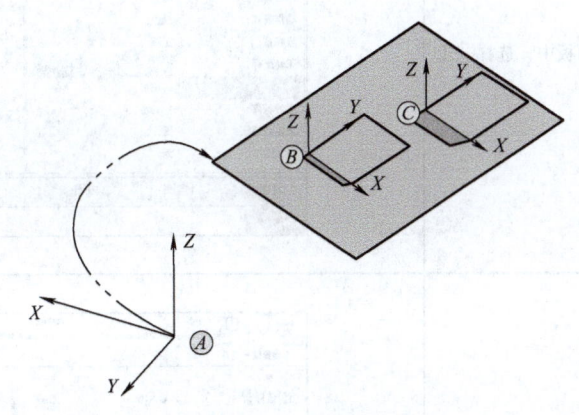

图6-10 实例1图

【**实例2**】如图6-11所示，如果在工件坐标系B中对A对象进行了轨迹编程，当工件坐标系位置变化成工件坐标系D后，只需在机器人系统重新定义工件坐标系D，则机器人的轨迹就自动更新到C，不需要再次轨迹编程。因A相对于B和C相对于D的关系是一样的，并没有因为整体偏移而发生变化。

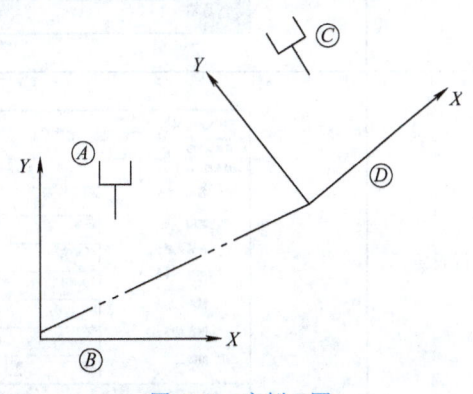

图6-11 实例2图

工件坐标系设定时，通常采用三点法。只需在对象表面位置或工件边缘角位置上，定义3个点位置，以此来创建一个工件坐标系。其设定原理如下：

1）手动操纵机器人，在工件表面或边缘角的位置找到一点 X1，作为坐标系的原点。

2）手动操纵机器人，沿着工件表面或边缘找到一点 X2，X1、X2 确定工件坐标系的 X 轴的正方向（X1 和 X2 距离越远，定义的坐标系轴向越精准）。

3）手动操纵机器人，在 XY 平面上且 Y 值为正的方向上找到一点 Y1，确定坐标系的 Y 轴的正方向。

三点法设定工件坐标系的步骤见表 6-4。

表 6-4　三点法设定工件坐标系的步骤

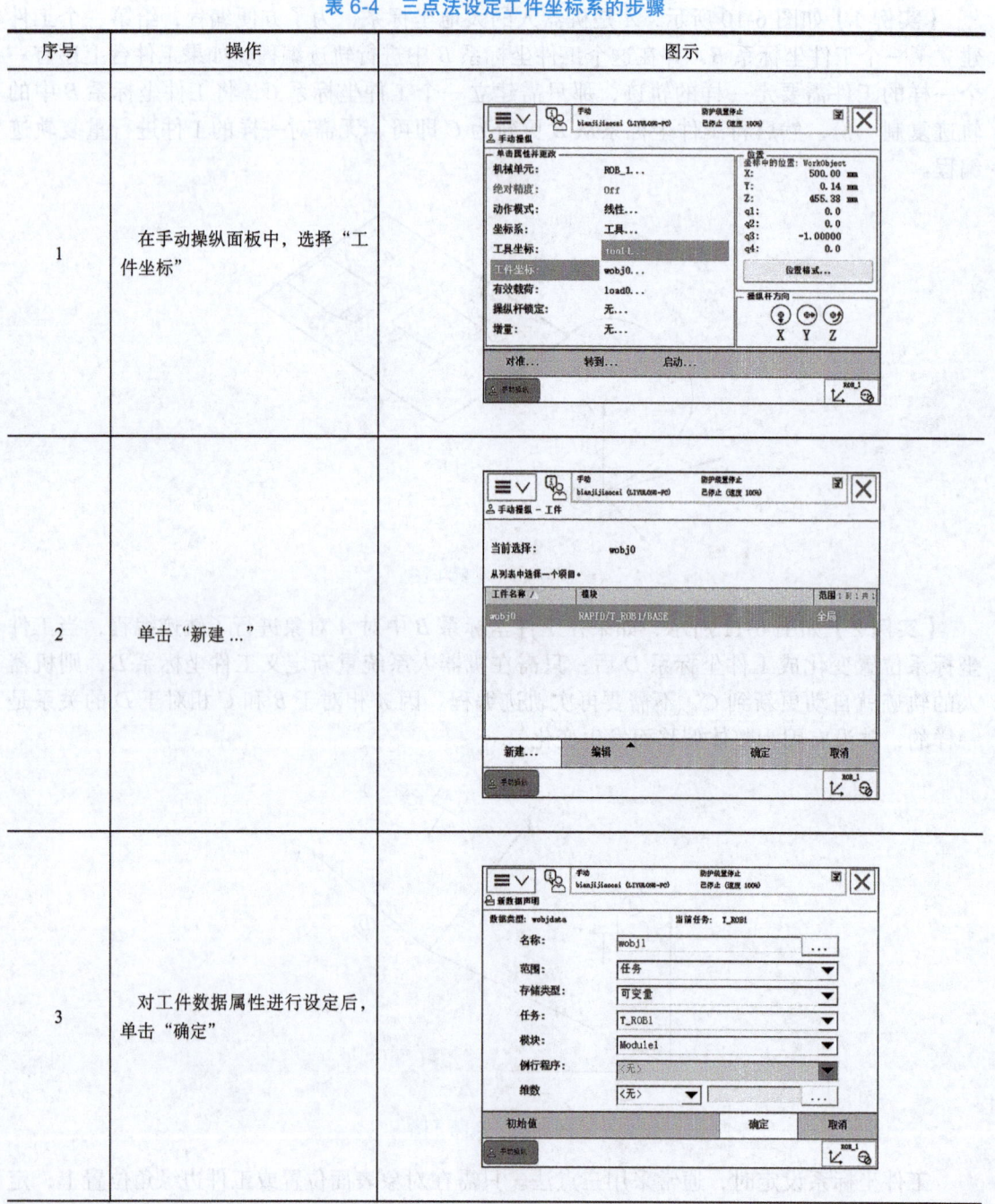

序号	操作	图示
1	在手动操纵面板中，选择"工件坐标"	
2	单击"新建…"	
3	对工件数据属性进行设定后，单击"确定"	

(续)

序号	操作	图示
4	打开"编辑"菜单,选择"定义…"	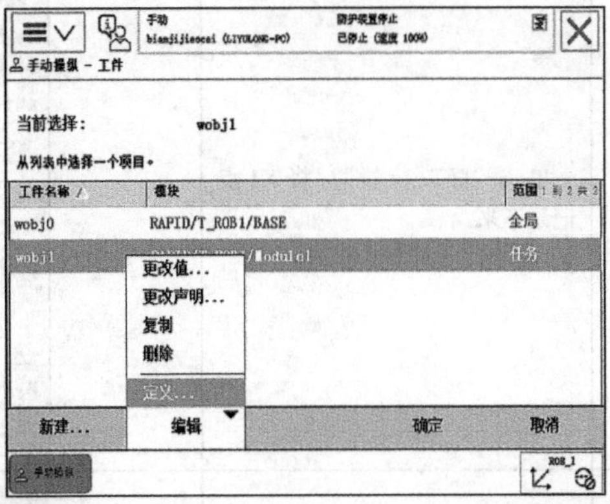
5	将用户方法设定为"3点"	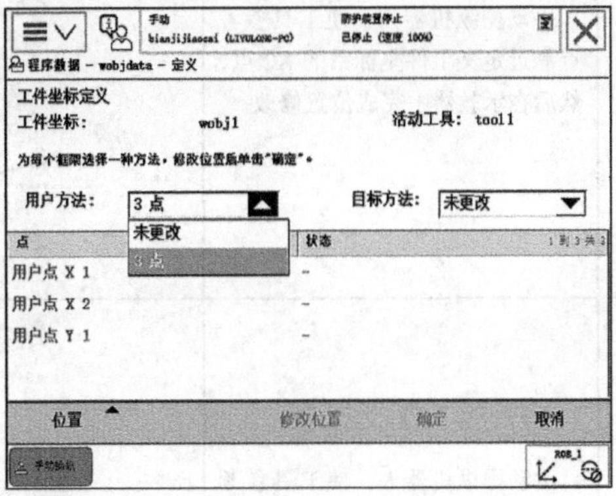
6	手动操纵机器人,使工具参考点靠近定义工件坐标系的X1点	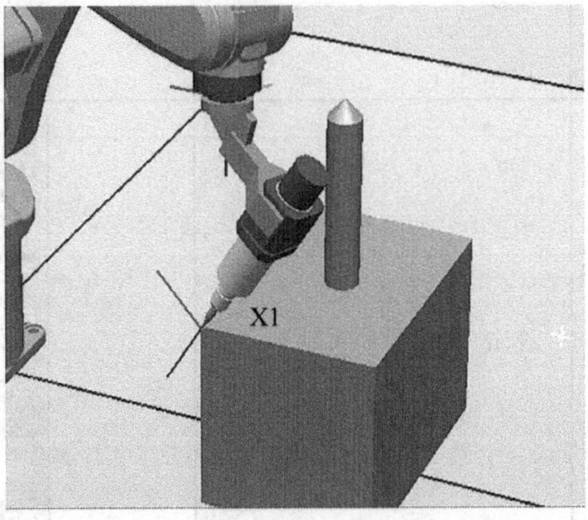

(续)

序号	操作	图示
7	单击"修改位置",将X1点记录下来	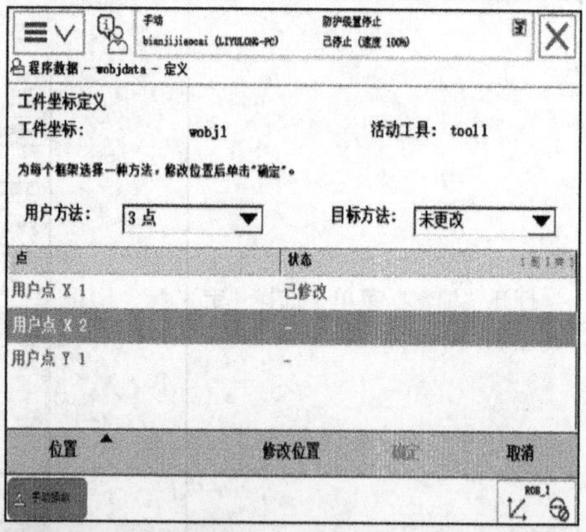
8	手动操纵机器人,使工具参考点靠近定义工件坐标系的X2点,然后在示教器中完成位置修改	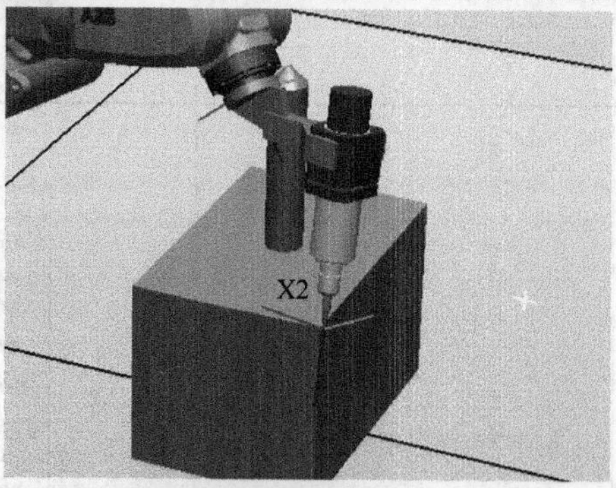
9	手动操纵机器人,使工具参考点靠近定义工件坐标系的Y1点,然后在示教器中完成位置修改	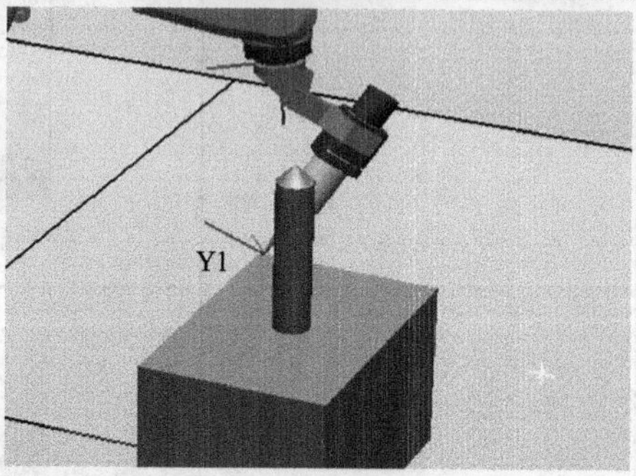
10	单击"确定"	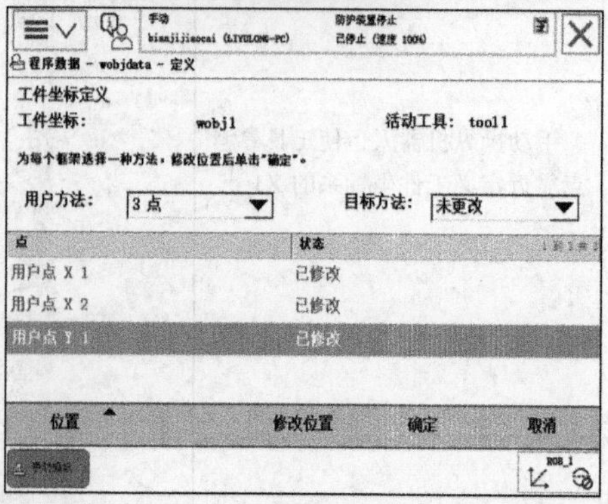

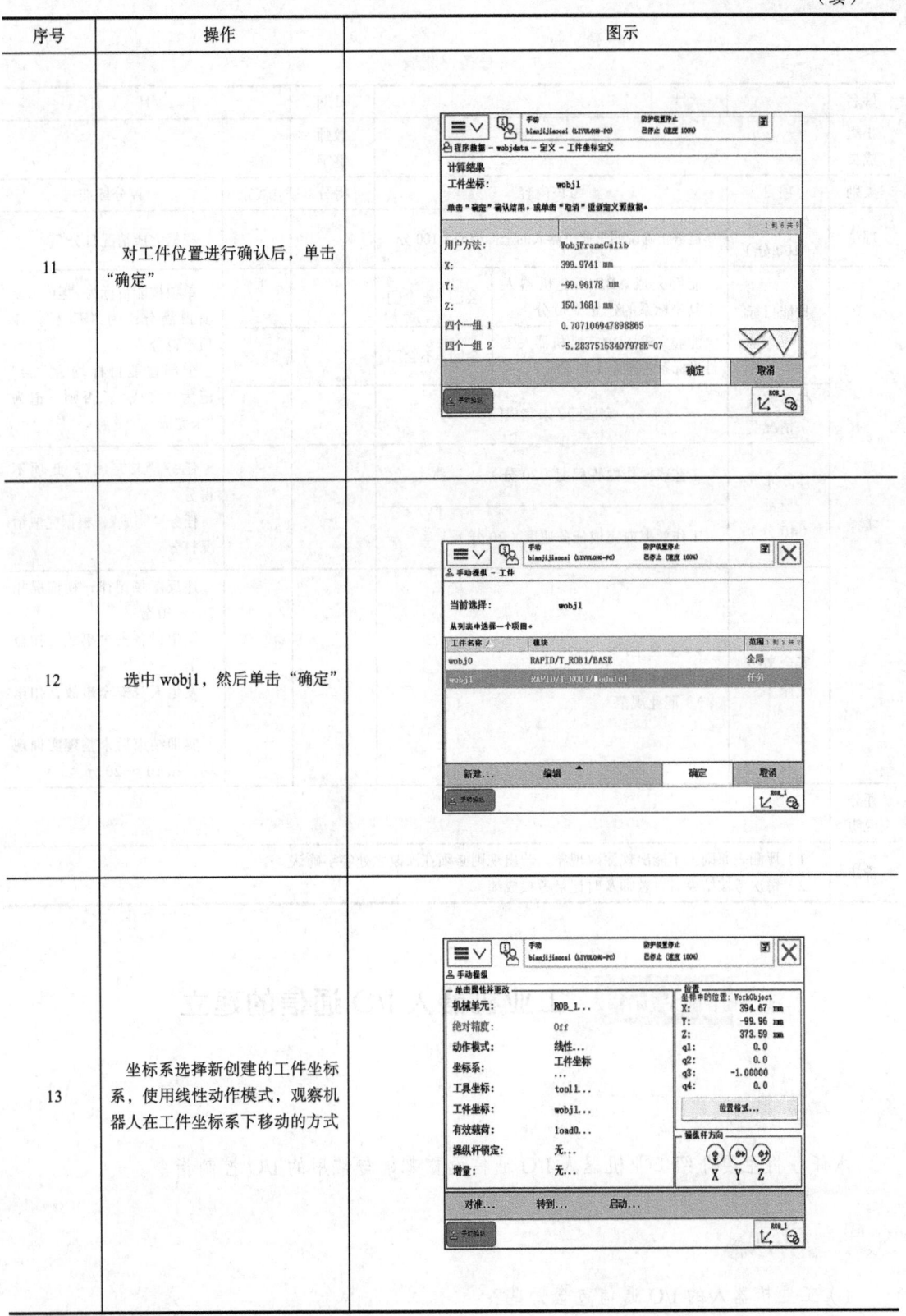

（续）

序号	操作	图示
11	对工件位置进行确认后，单击"确定"	
12	选中 wobj1，然后单击"确定"	
13	坐标系选择新创建的工件坐标系，使用线性动作模式，观察机器人在工件坐标系下移动的方式	

任务评价

任务评测表

姓名		学号			日期		年　月　日	
小组成员					教师签字			
类别	项目	考核内容			得分	总分	评分标准	
理论	知识准备（100分）	能够正确说明工业机器人的坐标类型（100分）					根据完成情况打分	
实操	技能目标（60分）	能够完成ABB工业机器人工具坐标系的建立（30分）	会□/不会□				单项技能目标为"会"，该项得满分；为"不会"，该项不得分	
		能够完成ABB工业机器人工件坐标系的建立（30分）	会□/不会□				全部技能目标均为"会"记为"完成"；否则，记为"未完成"	
	任务完成情况	完成□/未完成□						
	任务完成质量（40分）	工艺或操作熟练程度（20分）					任务"未完成"，此项不得分	
		工作效率或完成任务速度（20分）					任务"完成"，根据完成情况打分	
	安全文明操作	1）安全生产 2）职业道德 3）职业规范					违反考场纪律，视情况扣20～40分 发生设备安全事故，扣至0分 发生人身安全事故，扣至0分 实训结束后未整理实训现场，扣10～20分	
评分说明								
备注	1）评测表原则上不能出现涂改现象，若出现则必须在涂改之处签字确认 2）每次考核结束后，教师及时记录考核成绩							

任务 6.3　工业机器人 I/O 通信的建立

任务描述

本任务将主要介绍工业机器人 I/O 通信设置基础与常用的 I/O 控制指令。

问题引导

1）工业机器人的 I/O 通信包含哪些？

2）如何对 I/O 板进行配置？

3）如何将系统输入输出与 I/O 信号相关联？

能力要求

知识要求：掌握 I/O 通信种类及常用 I/O 板的分类与特点；了解 DSQC651 和 DSQC652 板的配置。

技能要求：掌握常用 I/O 板的配置方法与步骤；掌握系统输入输出与 I/O 信号的关联方法；掌握建立系统输入电动机开启与数字输入信号的关联方法；掌握建立系统输出电动机开启与数字输出信号的关联方法。

素质要求：增长见识，培养遵守规范、操作细致的职业素养；鼓励学生将理论知识与实践操作相结合，勇于实践探索；培养安全生产、节能环保等意识。

知识准备

一、机器人 I/O 通信的种类

机器人拥有丰富的 I/O 通信接口，可以轻松地与周边设备进行通信。机器人通信种类见表 6-5，其中 RS232 通信、OPC server、Socket Message 是与 PC 通信时的通信协议，与 PC 进行通信时需在 PC 端下载 PC SDK，添加"PC-INTERFACE"选项方可使用；DeviceNet、Profibus、Profibus-DP、Profinet、EtherNet IP 则是不同厂商推出的现场总线协议，根据需求选配使用合适的现场总线；如果使用机器人标准 I/O 板，就必须有 DeviceNet 的总线。

表 6-5 机器人通信种类

PC	现场总线	机器人标准
RS232 通信（串口外接条行码读取及视觉捕捉等）	DeviceNet	标准 I/O 板
OPC server	Profibus	PLC
Socket Message（网口）	Profibus-DP	……
……	Profinet	……
……	EtherNet IP	……

ABB 工业机器人 I/O 通信接口的说明如下：

1）标准 I/O 板提供的常用信号处理有数字输入 DI、数字输出 DO、模拟输入 AI、模拟输出 AO 以及输送链跟踪，常用的标准 I/O 板有 DSQC651 和 DSQC652。

2）ABB 工业机器人可以选配标准 ABB 的 PLC，省去了与外部 PLC 进行通信设置的麻烦，并且可以在机器人的示教器上实现与 PLC 相关的操作。

二、ABB 工业机器人标准 I/O 板的说明

ABB 工业机器人标准 I/O 板是挂在 DeviceNet 网络上的，所以要设定模块在网络中的地址。常用的 ABB 工业机器人标准 I/O 板见表 6-6。

表 6-6 常用的 ABB 工业机器人标准 I/O 板

序号	型号	说明
1	DSQC651	分布式 I/O 模块 di8、do8、ao2
2	DSQC652	分布式 I/O 模块 di16、do16
3	DSQC653	分布式 I/O 模块 di8、do8 带继电器
4	DSQC355A	分布式 I/O 模块 ai4、ao4
5	DSQC377A	输送链跟踪单元

（1）ABB 工业机器人标准 I/O 板 DSQC651 图 6-12 所示为 DSQC651 板，主要提供 8 个数字输入信号、8 个数字输出信号和 2 个模拟输出信号的处理。

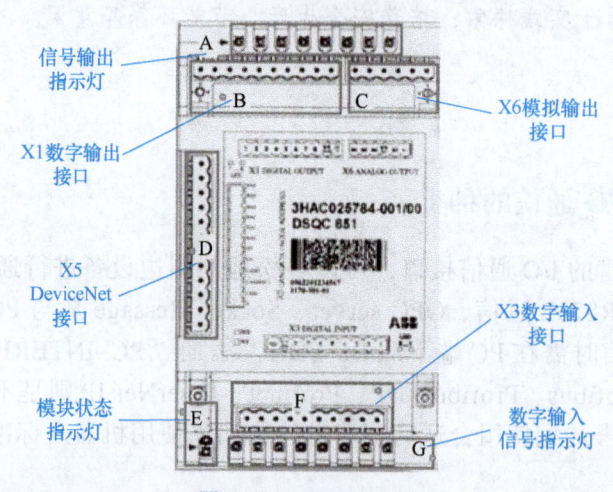

图 6-12 DSQC651 板

各模块接口连接说明如下：
1）X1 端子接口包括 8 个数字输出信号，地址分配见表 6-7。

表 6-7 X1 端子接口地址分配

X1 端子编号	使用定义	地址分配
1	OUTPUT CH1	32
2	OUTPUT CH2	33
3	OUTPUT CH3	34
4	OUTPUT CH4	35
5	OUTPUT CH5	36
6	OUTPUT CH6	37
7	OUTPUT CH7	38
8	OUTPUT CH8	39
9	0V	
10	24V	

2）X3 端子接口包括 8 个数字输入信号，地址分配见表 6-8。

表 6-8　X3 端子接口地址分配

X3 端子编号	使用定义	地址分配
1	INPUT CH1	0
2	INPUT CH2	1
3	INPUT CH3	2
4	INPUT CH4	3
5	INPUT CH5	4
6	INPUT CH6	5
7	INPUT CH7	6
8	INPUT CH8	7
9	0V	
10	未使用	

3）X5 端子是 DeviceNet 总线接口，其使用定义见表 6-9。编号 6～12 跳线用来决定模块（I/O 板）在总线中的地址，可用范围为 10～63。

表 6-9　X5 端子使用定义

X5 端子编号	使用定义
1	0V，黑色
2	CAN 信号线 low，蓝色
3	屏蔽线
4	CAN 信号线 high，白色
5	24V，红色
6	GND 地址选择公共端
7	模块 ID bit0（LSB）
8	模块 ID bit1（LSB）
9	模块 ID bit2（LSB）
10	模块 ID bit3（LSB）
11	模块 ID bit4（LSB）
12	模块 ID bit5（LSB）

如图 6-13 所示，如果将第 8 脚和第 10 脚的跳线剪去，2+8=10，就可以获得地址 10。

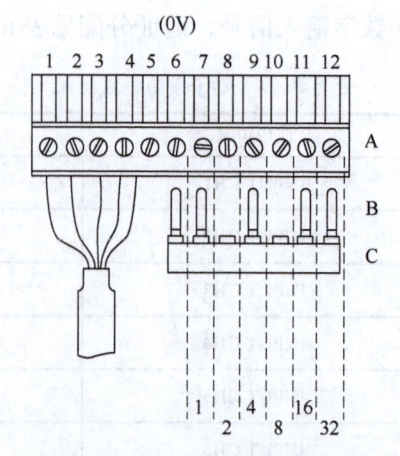

图 6-13 总线地址设置举例

4) X6 端子接口包括 2 个模拟输出信号,地址分配见表 6-10。

表 6-10 X6 端子接口地址分配

X6 端子编号	使用定义	地址分配
1	未使用	
2	未使用	
3	未使用	
4	0V	
5	模拟输出端口 ao1	0～15
6	模拟输出端口 ao2	16～31

(2) ABB 工业机器人标准 I/O 板 DSQC652　图 6-14 所示为 DSQC652 板,主要提供 16 个数字输入信号和 16 个数字输出信号的处理。

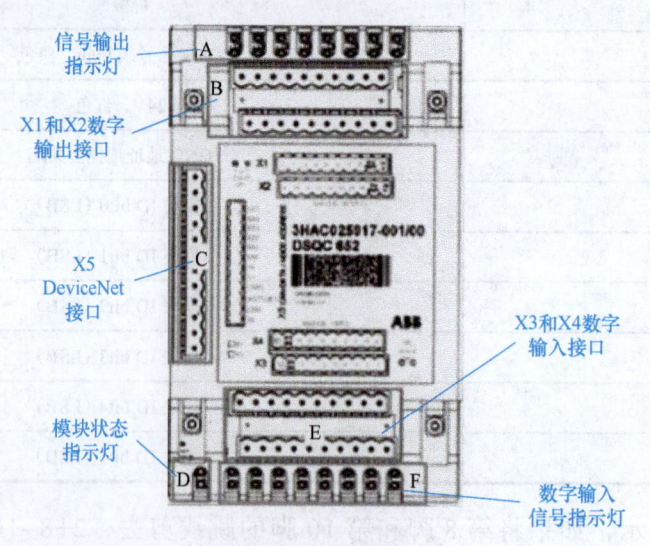

图 6-14　DSQC652 板

各模块接口连接说明如下:

1）X1 端子接口包括 8 个数字输出信号，地址分配见表 6-11。

表 6-11　X1 端子接口地址分配

X1 端子编号	使用定义	地址分配
1	OUTPUT CH1	0
2	OUTPUT CH2	1
3	OUTPUT CH3	2
4	OUTPUT CH4	3
5	OUTPUT CH5	4
6	OUTPUT CH6	5
7	OUTPUT CH7	6
8	OUTPUT CH8	7
9	0V	
10	24V	

2）X2 端子接口包括 8 个数字输出信号，地址分配见表 6-12。

表 6-12　X2 端子接口地址分配

X2 端子编号	使用定义	地址分配
1	OUTPUT CH1	8
2	OUTPUT CH2	9
3	OUTPUT CH3	10
4	OUTPUT CH4	11
5	OUTPUT CH5	12
6	OUTPUT CH6	13
7	OUTPUT CH7	14
8	OUTPUT CH8	15
9	0V	
10	24V	

3）X4 端子接口包括 8 个数字输入信号，地址分配见表 6-13。

表 6-13　X4 端子接口地址分配

X4 端子编号	使用定义	地址分配
1	INPUT CH9	8
2	INPUT CH10	9
3	INPUT CH11	10
4	INPUT CH12	11
5	INPUT CH13	12
6	INPUT CH14	13

（续）

X4 端子编号	使用定义	地址分配
7	INPUT CH15	14
8	INPUT CH16	15
9	0V	
10	未使用	

任务实施

一、ABB 工业机器人标准 I/O 板——DSQC651 板的配置

1. 定义 DSQC651 板的总线连接

ABB 工业机器人标准 I/O 板都是下挂在 DeviceNet 现场总线下的设备，通过 X5 端口与 DeviceNet 现场总线进行通信。DSQC651 板总线连接的相关参数见表 6-14。

表 6-14 DSQC651 板总线连接的相关参数

参数名称	设定值	说明
Name	Board10	设定 I/O 板在系统中的名字
Type of Unit	D651	设定 I/O 板的类型
Connected to Bus	DeviceNet1	设定 I/O 板连接的总线
DeviceNet Address	10	设定 I/O 板在总线中的地址

总线连接操作步骤见表 6-15。

表 6-15 总线连接操作步骤

序号	操作	图示
1	在示教器操作界面中选择"控制面板"	

项目6 工业机器人基础设置

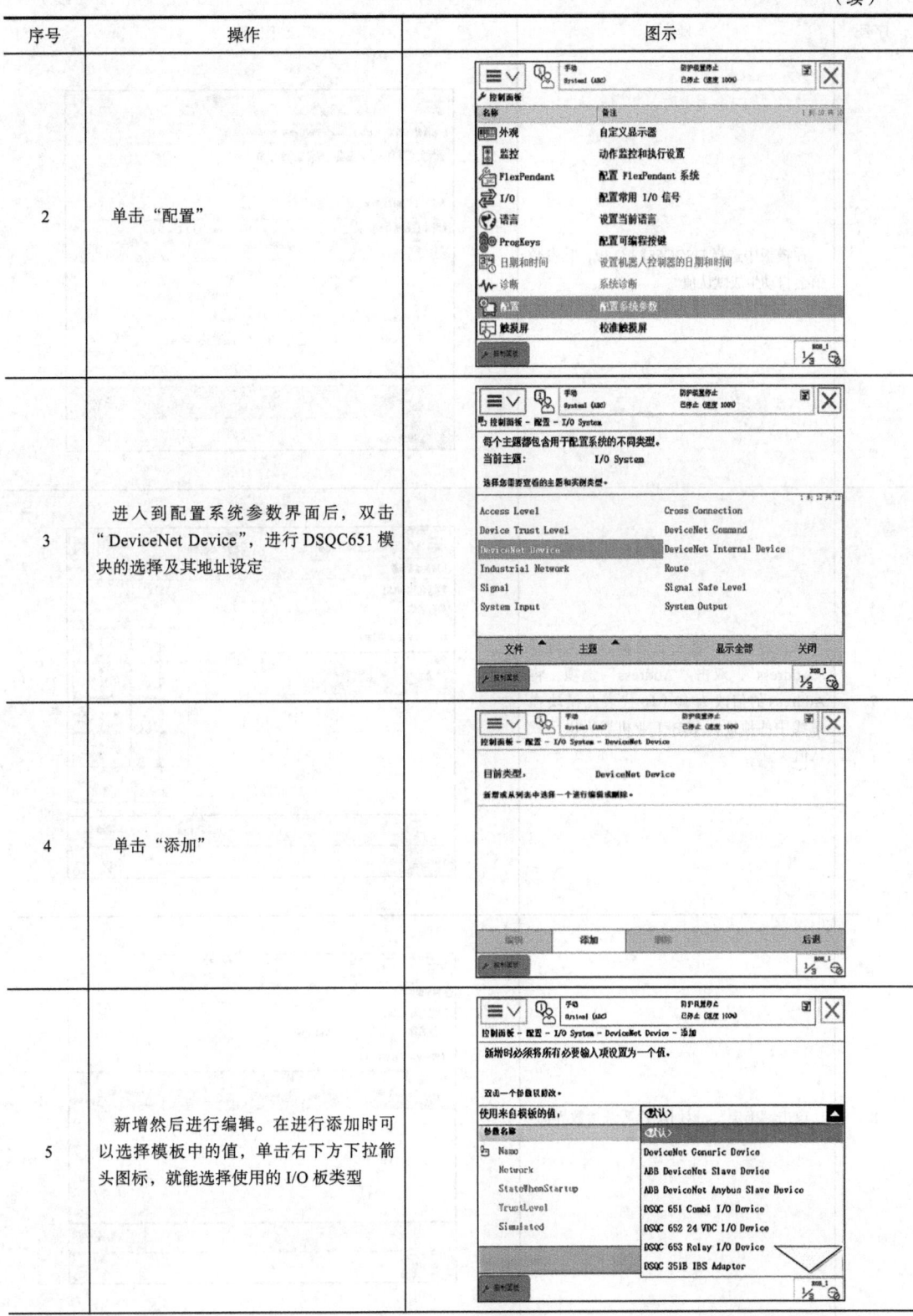

（续）

序号	操作	图示
2	单击"配置"	
3	进入到配置系统参数界面后，双击"DeviceNet Device"，进行DSQC651模块的选择及其地址设定	
4	单击"添加"	
5	新增然后进行编辑。在进行添加时可以选择模板中的值，单击右下方下拉箭头图标，就能选择使用的I/O板类型	

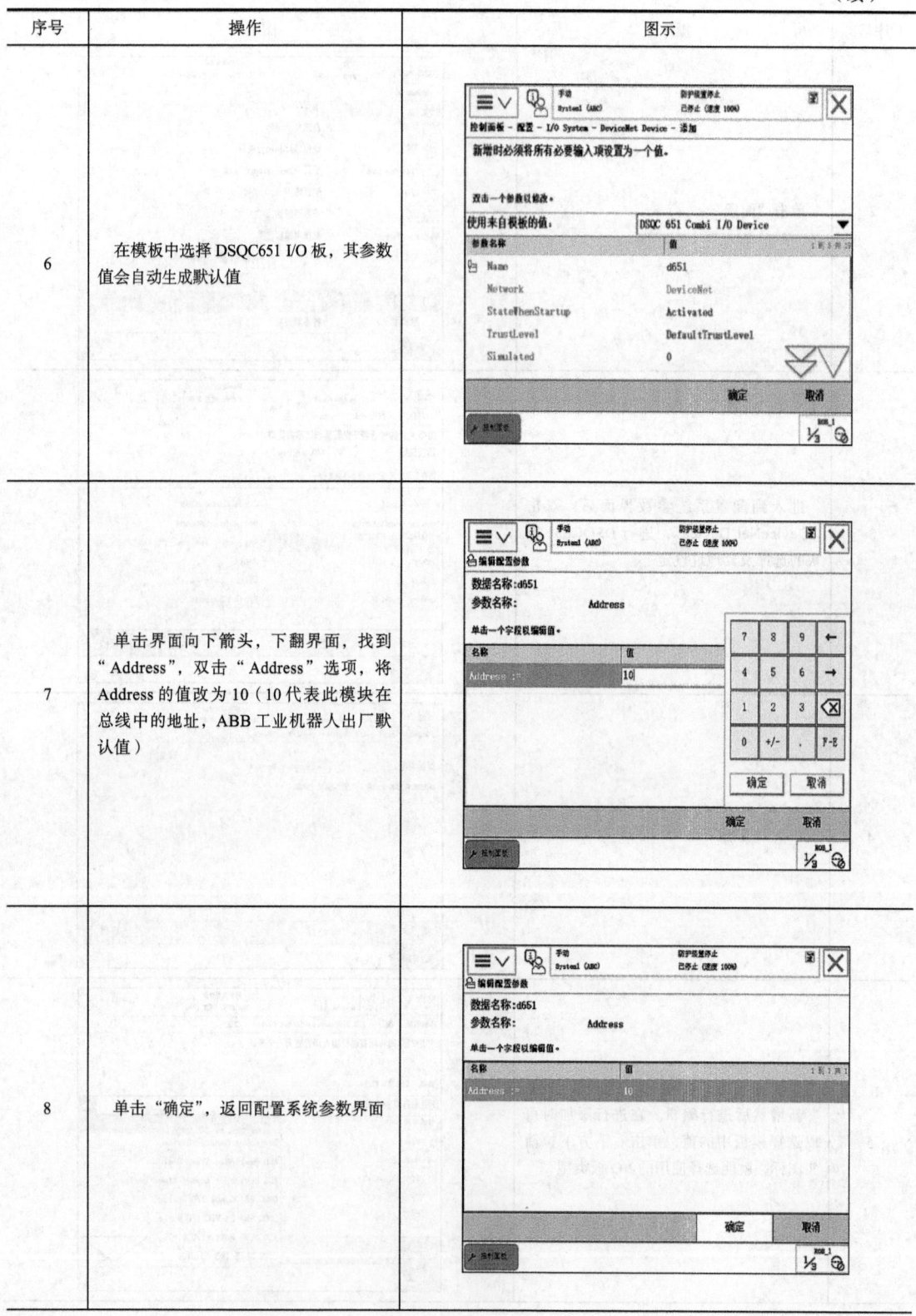

(续)

序号	操作	图示
6	在模板中选择DSQC651 I/O板，其参数值会自动生成默认值	
7	单击界面向下箭头，下翻界面，找到"Address"，双击"Address"选项，将Address的值改为10（10代表此模块在总线中的地址，ABB工业机器人出厂默认值）	
8	单击"确定"，返回配置系统参数界面	

（续）

序号	操作	图示
9	参数设定完毕，单击"确定"	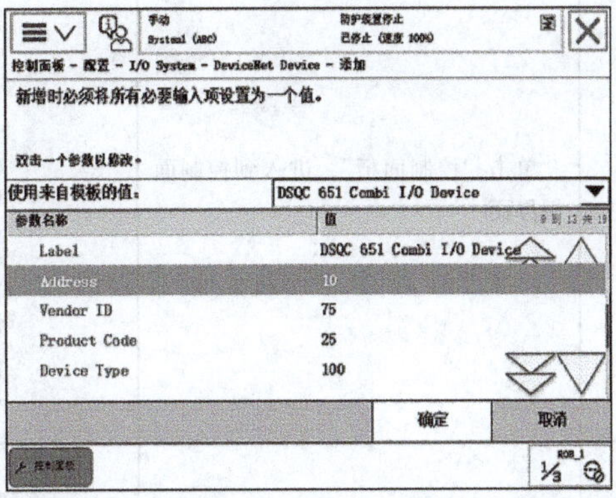
10	弹出重新启动界面，单击"是"，重新启动控制系统，确定更改。至此DSQC651板的总线连接操作完成	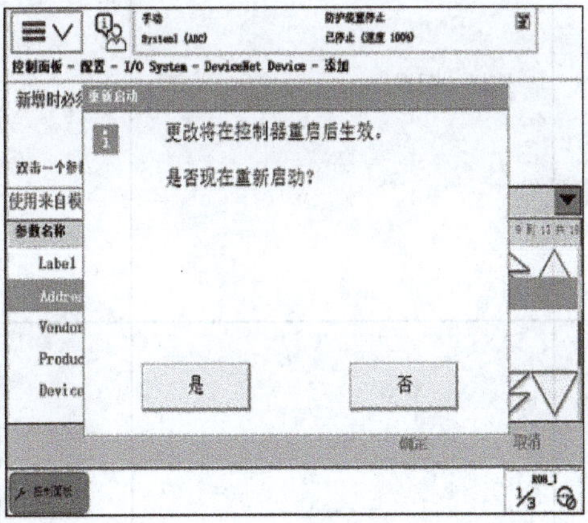

2. 定义数字输入信号举例

数字输入信号的相关参数见表6-16。

表6-16　数字输入信号的相关参数

参数名称	设定值	说明
Name	di1	设定数字输入信号的名字
Type of Signal	Digital Input	设定信号的种类
Assigned to Unit	Board10	设定信号所在的I/O模块
Unit Mapping	0	设定信号所占用的地址

定义数字输入信号的操作步骤见表6-17。

表 6-17 定义数字输入信号的操作步骤

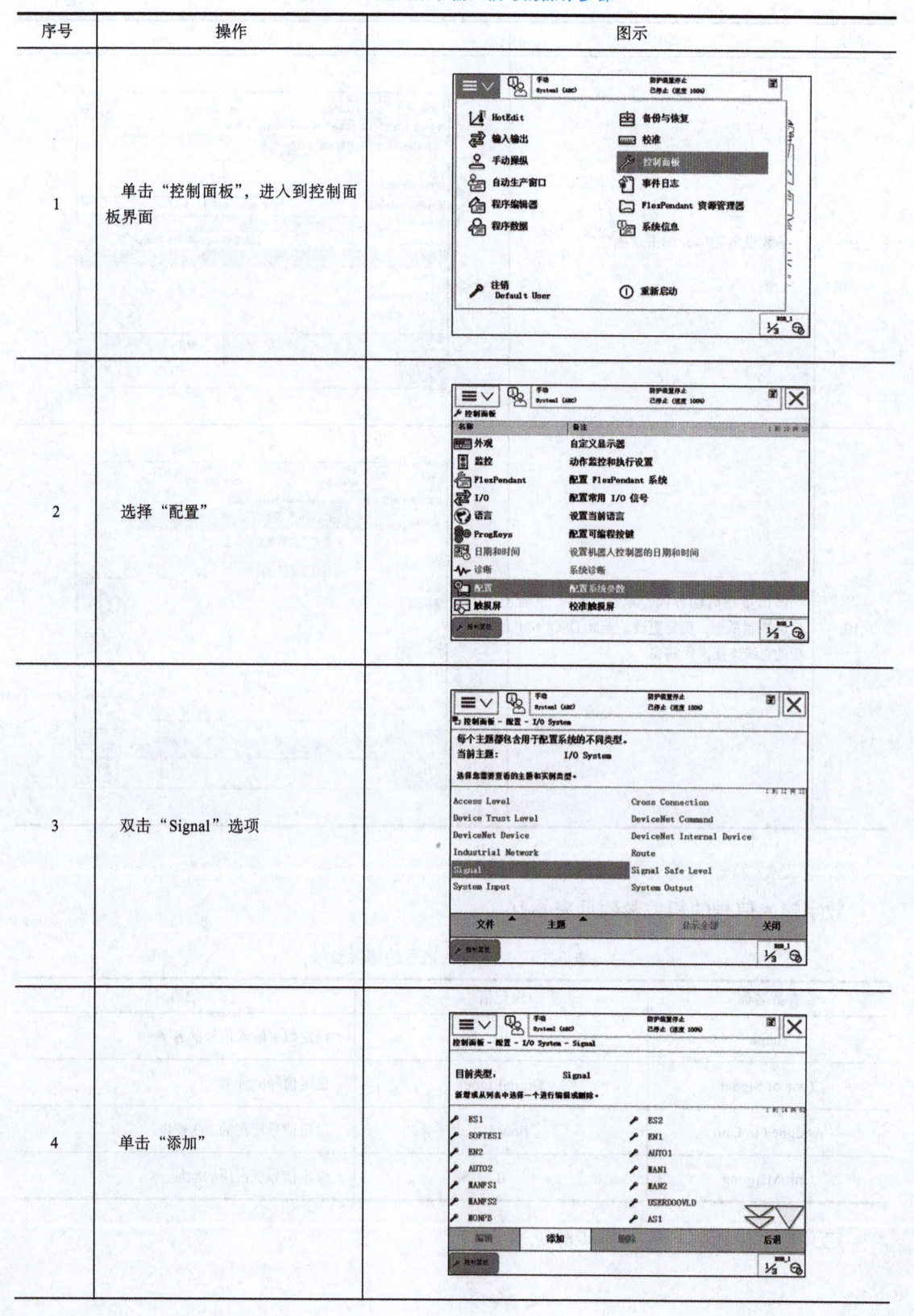

序号	操作	图示
1	单击"控制面板",进入到控制面板界面	
2	选择"配置"	
3	双击"Signal"选项	
4	单击"添加"	

（续）

序号	操作	图示
5	对新添加的信号进行参数设置，首先双击"Name"	
6	输入"di1"，然后单击"确定"	
7	双击"Type of Signal"，选择"Digital Input"	
8	双击"Assigned to Device"，选择"d651"	

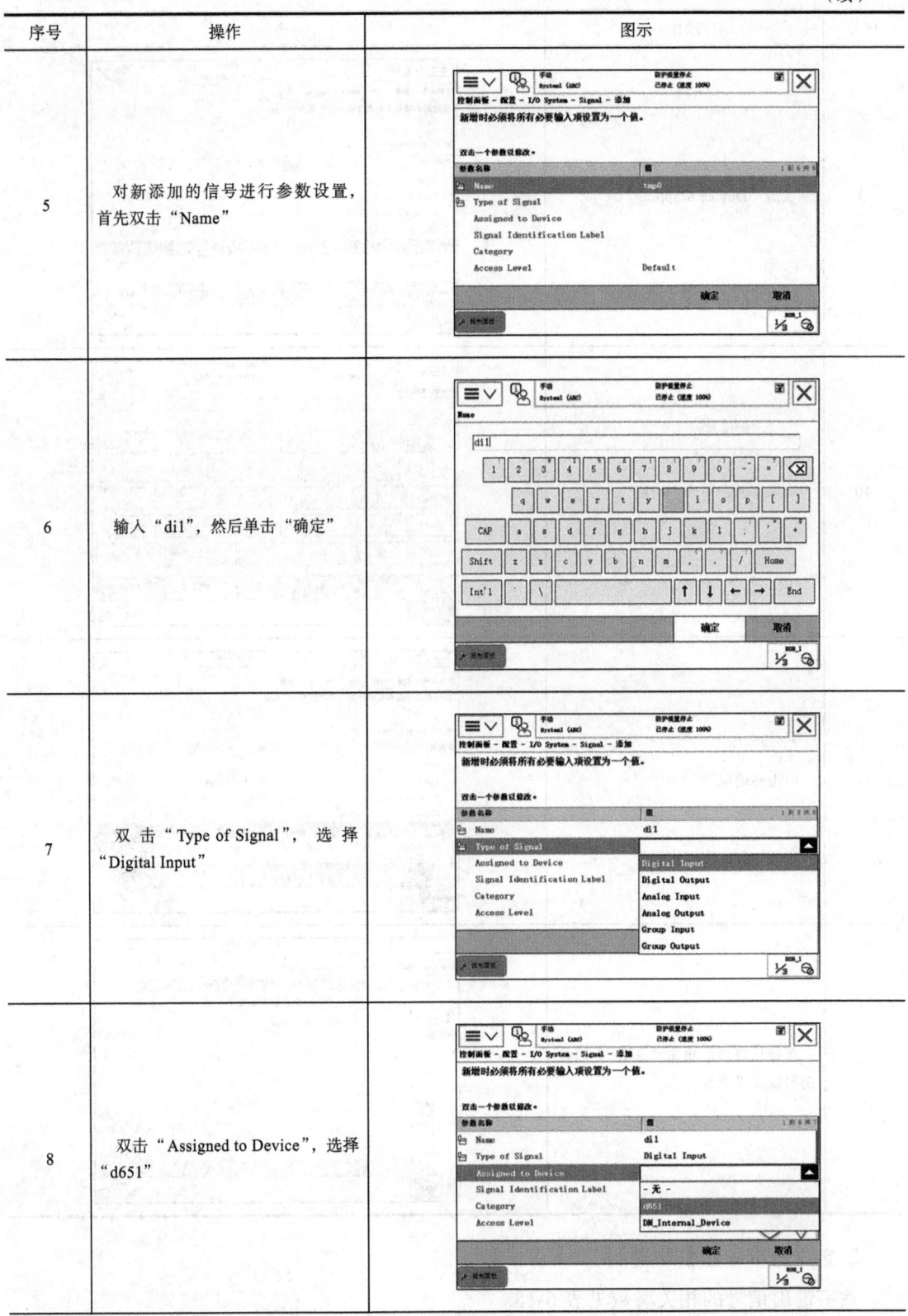

（续）

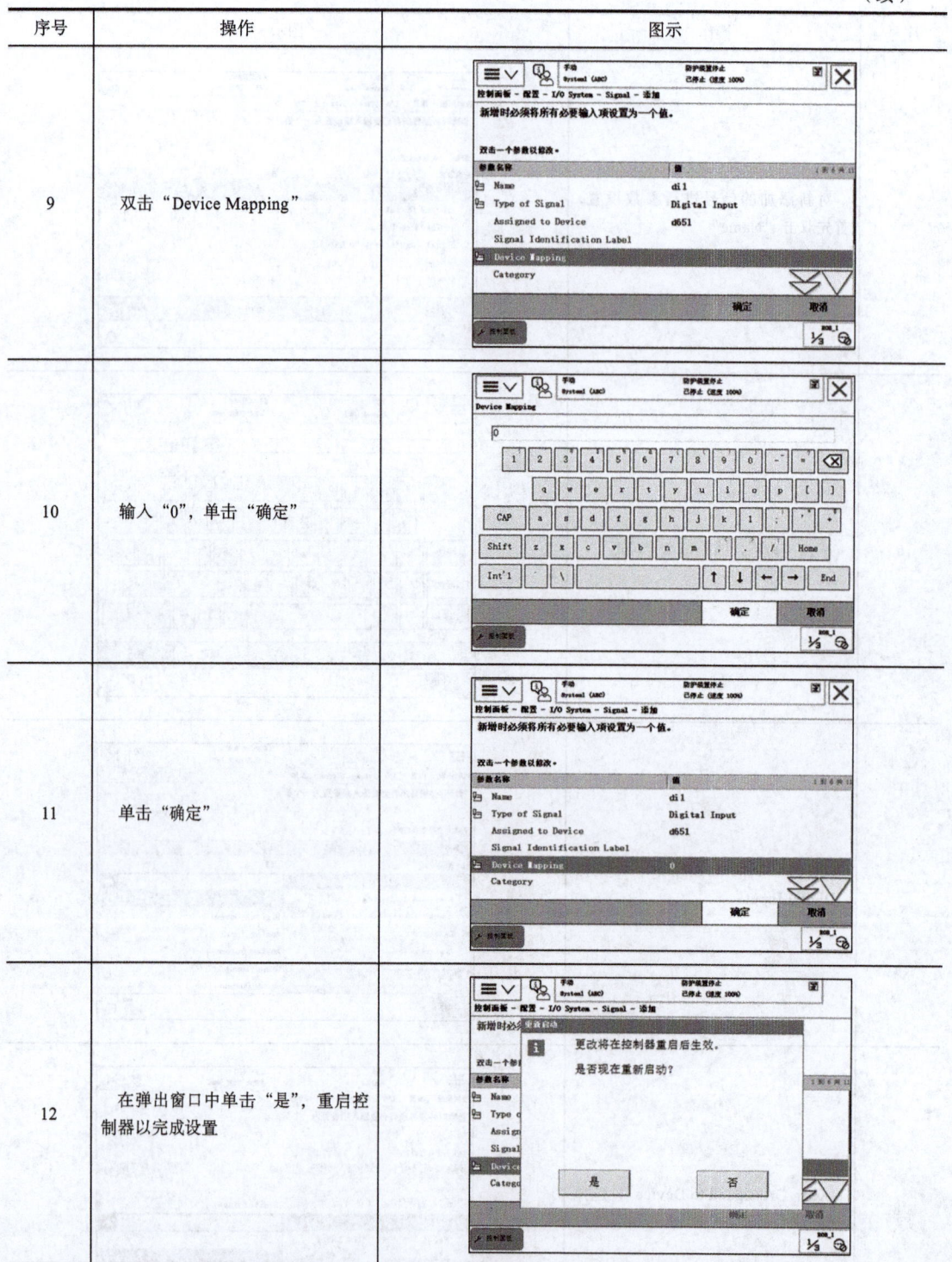

序号	操作	图示
9	双击"Device Mapping"	
10	输入"0",单击"确定"	
11	单击"确定"	
12	在弹出窗口中单击"是",重启控制器以完成设置	

3. 定义数字输出信号举例

数字输出信号的相关参数见表 6-18。

表 6-18　数字输出信号的相关参数

参数名称	设定值	说明
Name	do1	设定数字输出信号的名字
Type of Signal	Digital Output	设定信号的种类
Assigned to Unit	Board10	设定信号所在的 I/O 模块
Unit Mapping	32	设定信号所占用的地址

定义数字输出信号 do1 的操作步骤可参考定义数字输入信号的操作步骤。

4. 定义模拟输出信号举例

模拟输出信号的相关参数见表 6-19。

表 6-19　模拟输出信号的相关参数

参数名称	设定值	说明
Name	ao1	设定模拟输出信号的名字
Type of Signal	Analog Output	设定信号的类型
Assigned to Unit	Board10	设定信号所在的 I/O 模块
Unit Mapping	0～15	设定信号所占用的地址
Analog Encoding Type	Unsigned	设定模拟信号属性
Maximum Logical Value	10	设定最大逻辑值
Maximum Physical Value	10	设定最大物理值
Maximum Bit Value	65535	设定最大位置

定义模拟输出信号的操作步骤可参考定义数字输入信号的操作步骤。

5. 定义组输入、组输出信号举例

组输入信号的相关参数见表 6-20，组输出信号的相关参数见表 6-21。定义组输入（输出）的操作步骤可参考定义数字输入信号的操作步骤进行。

表 6-20　组输入信号的相关参数

参数名称	设定值	说明
Name	gi1	设定组输入信号的名字
Type of Signal	Group Input	设定信号的类型
Assigned to Device	d651	设定信号所在的 I/O 模块
Device Mapping	1～4	设定信号所占用的地址

表 6-21　组输出信号的相关参数

参数名称	设定值	说明
Name	go1	设定组输出信号的名字
Type of Signal	Group Output	设定信号的类型
Assigned to Device	d651	设定信号所在的 I/O 模块
Device Mapping	33～36	设定信号所占用的地址

二、系统输入输出与 I/O 信号关联

建立系统输入输出与 I/O 信号的连接,可实现对机器人系统的控制,如电动机开启、程序启动等;也可实现对外围设备的控制,如主轴的转动、夹具的开启等。下面我们分别以系统输入"电动机开启"与数字输入信号的关联、系统输出"电动机开启"与数字输出信号的关联为例,介绍具体操作步骤。

系统输入"电动机开启"与数字输入信号的关联步骤见表 6-22。

表 6-22 系统输入"电动机开启"与数字输入信号的关联步骤

序号	操作	图示
1	在示教器操作界面选择"控制面板"	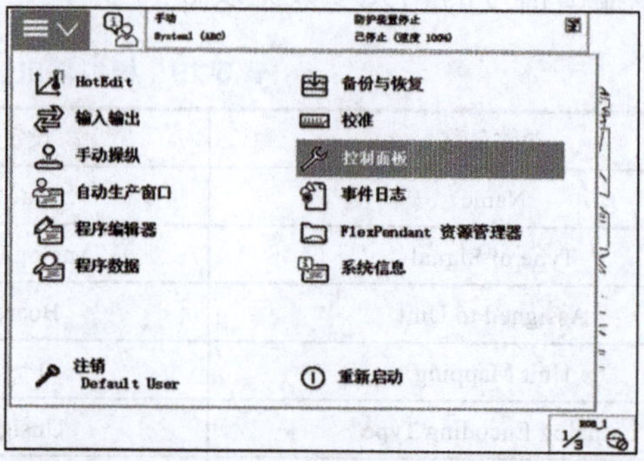
2	单击"配置"	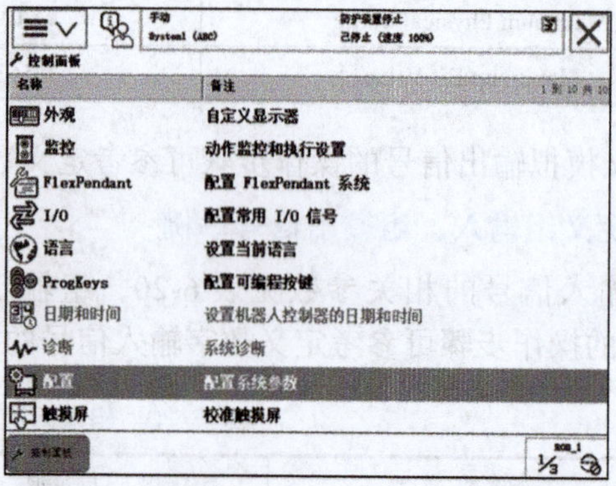
3	双击"System Input"选项	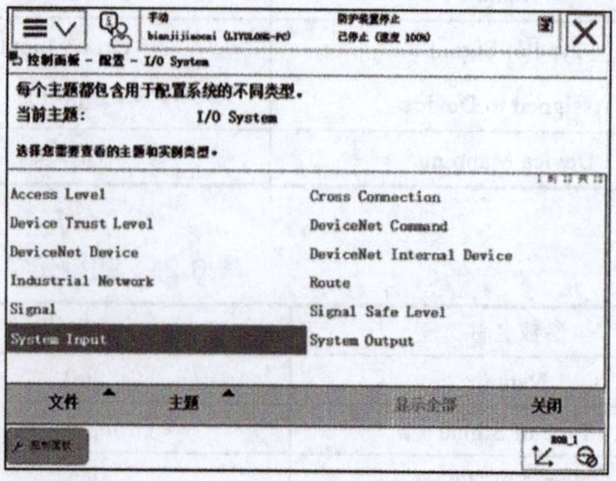

(续)

序号	操作	图示
4	进入配置系统参数界面，单击"添加"	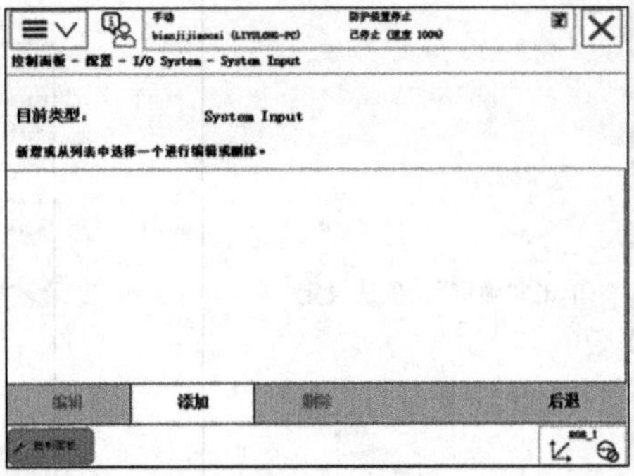
5	单击"Signal Name"，选择输入信号"di1"	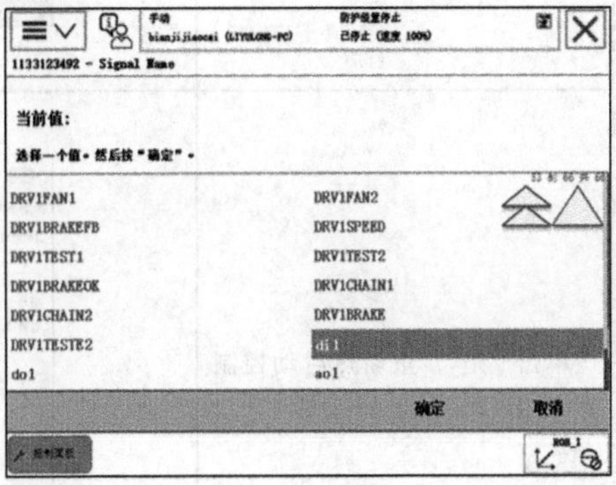
6	双击"Action"	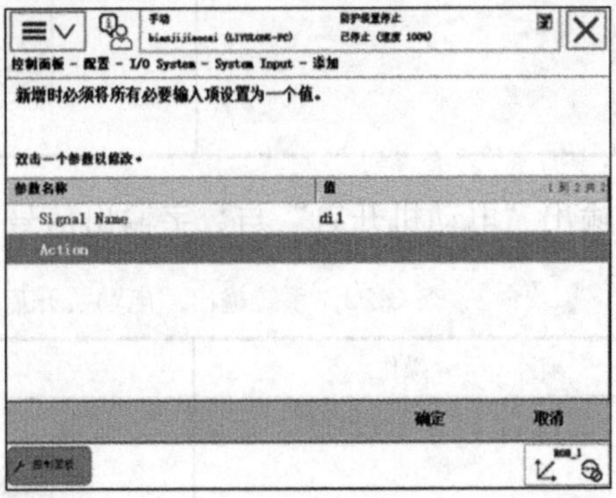
7	选择"Motors On"，然后单击"确定"返回	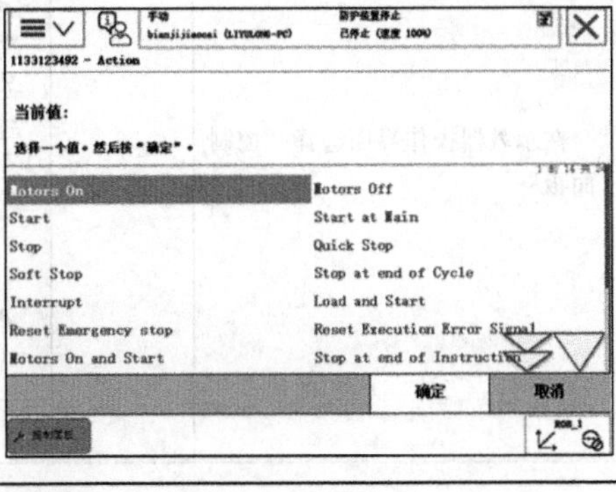

（续）

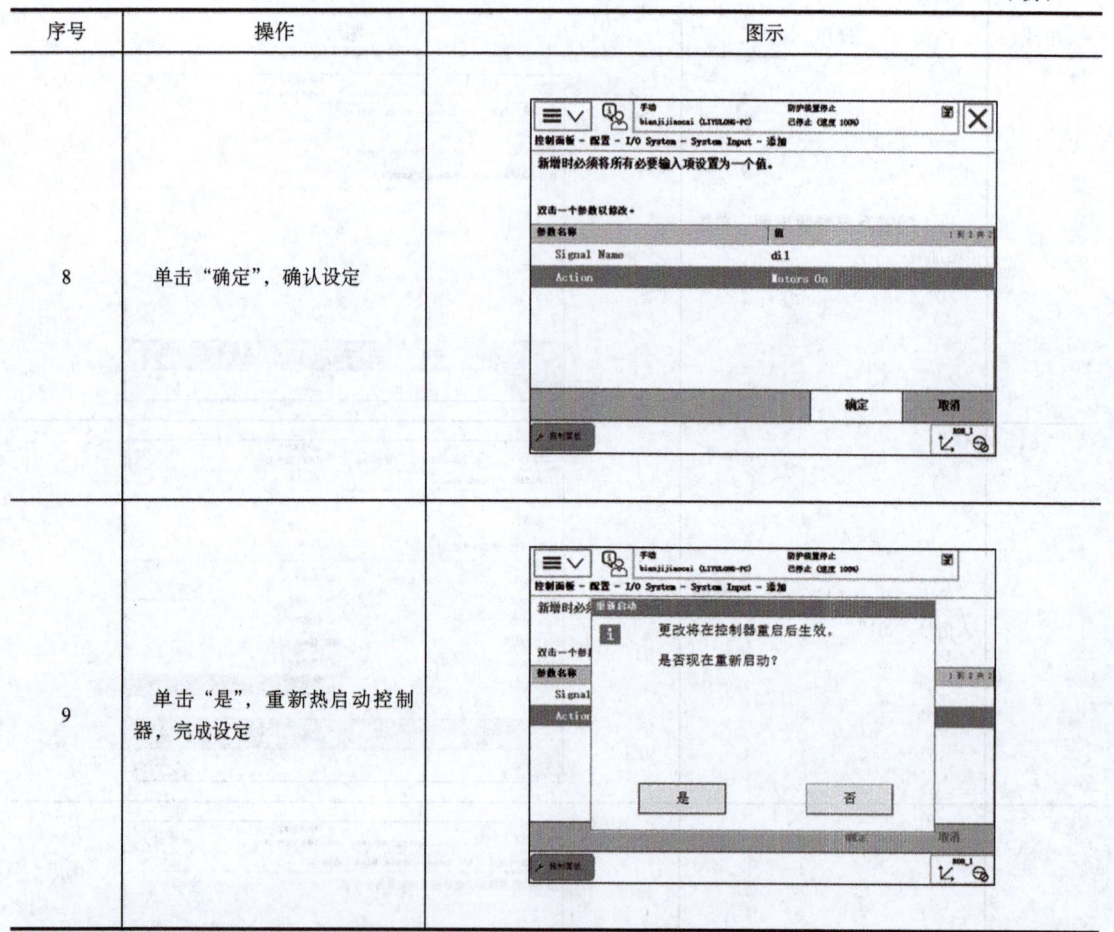

序号	操作	图示
8	单击"确定",确认设定	(对话框显示 Signal Name: di1, Action: Motors On)
9	单击"是",重新热启动控制器,完成设定	(重新启动对话框:更改将在控制器重启后生效。是否现在重新启动?)

系统输出"电动机开启"与数字输出信号的关联步骤见表 6-23。

表 6-23 系统输出"电动机开启"与数字输出信号的关联步骤

序号	操作	图示
1	在示教器操作界面选择"控制面板"	(示教器主菜单界面)

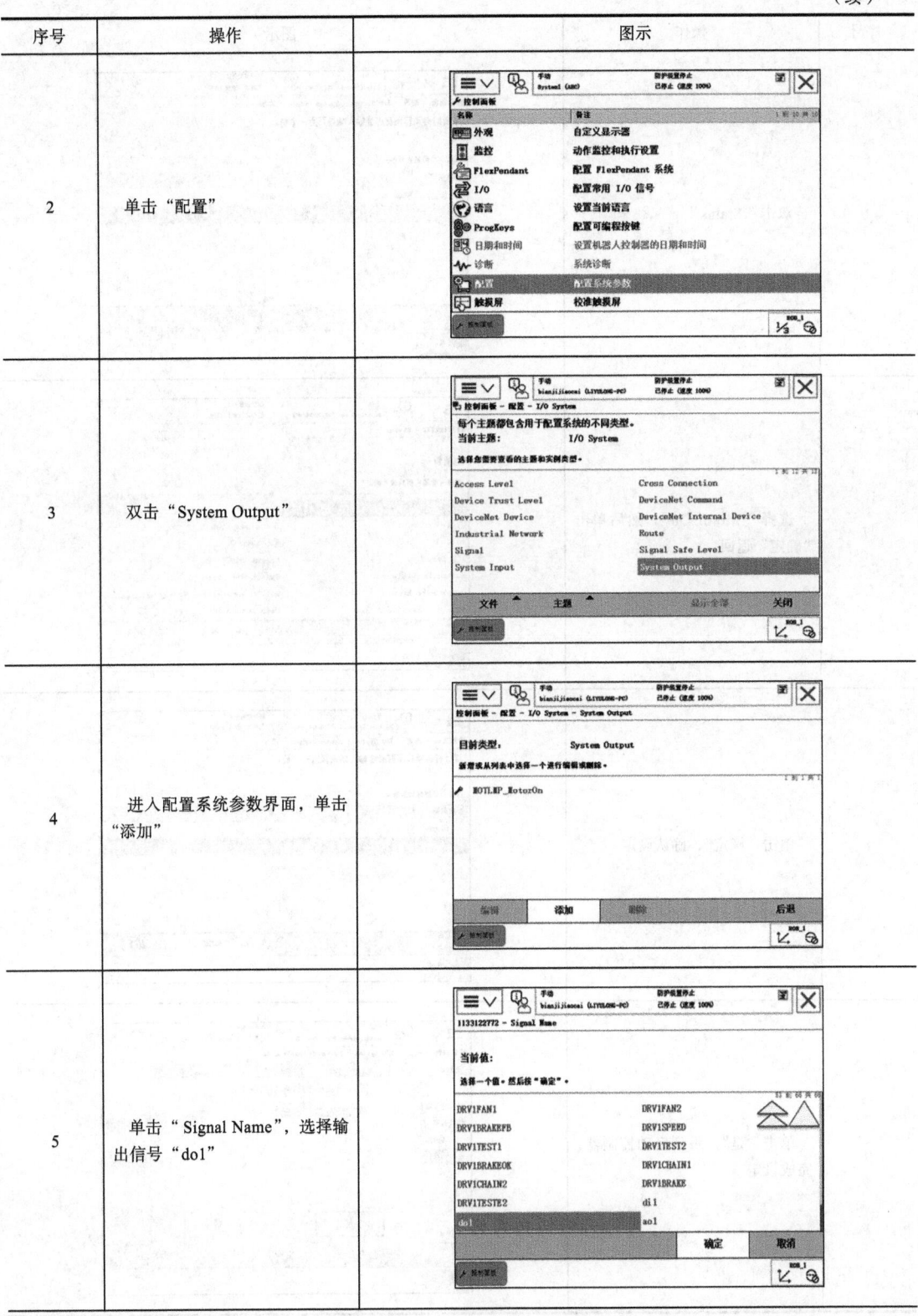

(续)

序号	操作	图示
2	单击"配置"	
3	双击"System Output"	
4	进入配置系统参数界面,单击"添加"	
5	单击"Signal Name",选择输出信号"do1"	

(续)

序号	操作	图示
6	双击 "Status"	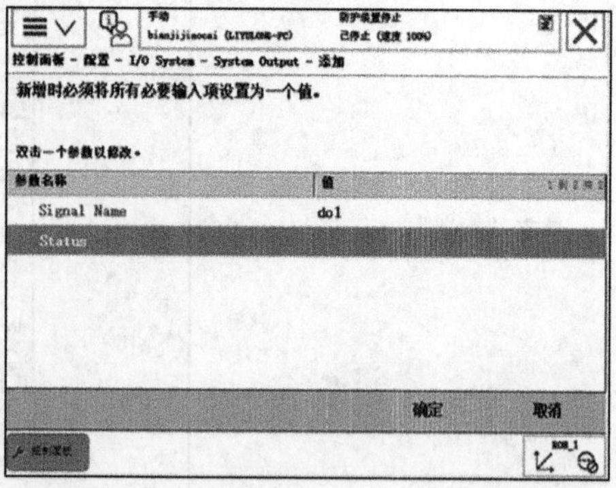
7	选择 "Motor On"，然后单击 "确定" 返回	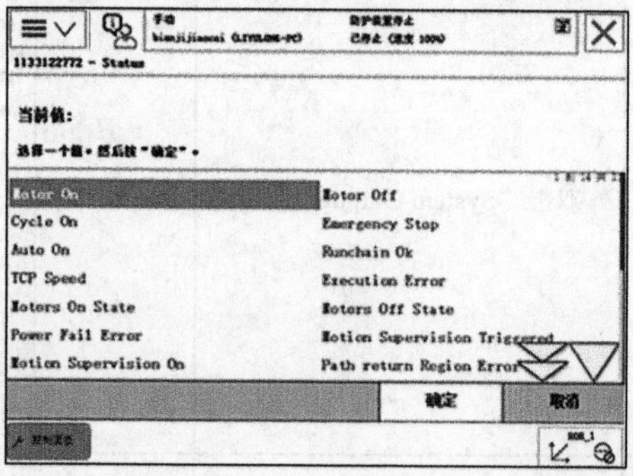
8	单击 "确定"，确认设定	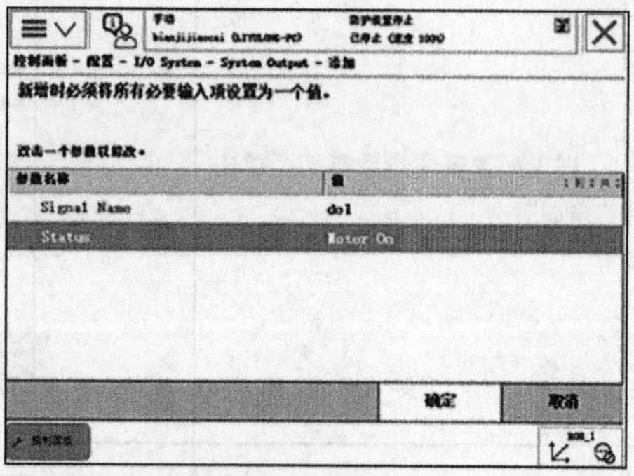
9	单击 "是"，重新启动控制器，完成设定	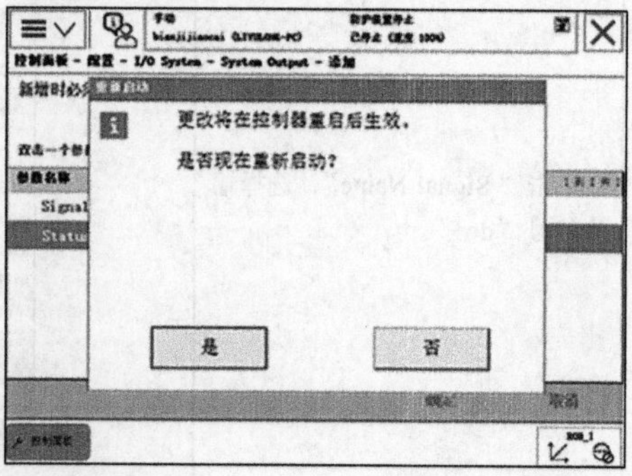

项目 6　工业机器人基础设置

任务评价

任务评测表

姓名		学号			日期		年　月　日	
小组成员					教师签字			
类别	项目	考核内容			得分	总分	评分标准	
理论	知识准备（100分）	掌握I/O通信的种类（50分）					根据完成情况打分	
		掌握常见I/O板的分类（50分）						
实操	技能目标（60分）	能够完成对DSQC651板的配置（30分）	会□ / 不会□				单项技能目标为"会"，该项得满分；为"不会"，该项不得分 全部技能目标均为"会"，记为"完成"；否则，记为"未完成"	
		能完成系统输入输出和I/O信号的关联（30分）	会□ / 不会□					
	任务完成情况	完成□ / 未完成□						
	任务完成质量（40分）	工艺或操作熟练程度（20分）					任务"未完成"，此项不得分 任务"完成"，根据完成情况打分	
		工作效率或完成任务速度（20分）						
	安全文明操作	1）安全生产 2）职业道德 3）职业规范					违反考场纪律，视情况扣20～40分 发生设备安全事故，扣至0分 发生人身安全事故，扣至0分 实训结束后未整理实训现场，扣10～20分	
评分说明								
备注	1）评测表原则上不能出现涂改现象，若出现则必须在涂改之处签字确认 2）每次考核结束后，教师及时记录考核成绩							

项目评测

1. 填空题

（1）标准I/O板提供的常用信号处理有_____、_____、_____、_____以及_____。

（2）图6-15所示坐标系为 A：_____、B：_____、C：_____。

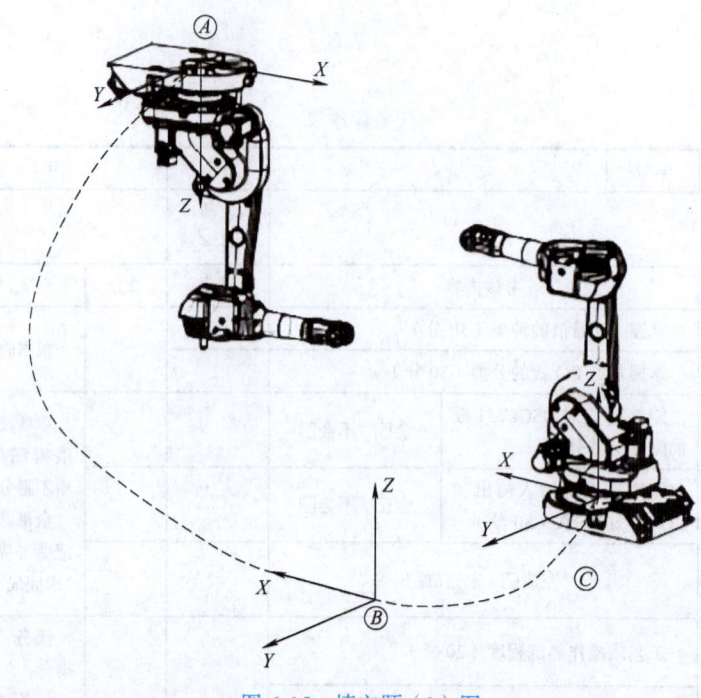

图 6-15　填空题（2）图

（3）在 ABB 工业机器人标准 I/O 板中，常需要运用_____现场总线。

2. 判断题

（1）手动状态下，按下使能按钮第一档，机器人将处于电动机开启状态。按下使能按钮第二档，机器人又处于防护装置停止状态。（　　）

（2）一个机器人可以拥有多个工件坐标系，用来表示不同的工件或者同一个工件在不同位置的若干副本。（　　）

（3）创建工件坐标系后，如果需要重新定位工作中的工件，那么相关轨迹需要重新编程输入。（　　）

3. 简答题

（1）工业机器人系统中常使用的坐标系有哪些？都适用于什么情景？

（2）试说明如何使用三点法建立工件坐标系。

4. 任务实践

（1）工具坐标系

① 采用"TCP 和 Z、X"法（$N=4$）设定工具坐标系 tool1。

② 依次进入 ABB 工业机器人主菜单、手动操纵及工具坐标选项。

③ 新建工具坐标，命名为 tool1。

④ 利用"TCP 和 Z、X"法定义 tool1。

⑤ 移动工具参考点，以 4 种不同的姿态靠近固定点（第 4 点用工具参考点垂直于固定点），并依次记录位置。

⑥ 利用第 4 点的姿态，从固定点向设定的 X 方向移动，并记录位置。

⑦ 利用第 4 点的姿态，从固定点向设定的 Z 方向移动，并记录位置。

⑧ 确认修改位置，观察 tool1 的平均误差，误差值在小于 1mm 的范围内即可。

（2）工件坐标

① 首先进入 ABB 工业机器人主菜单，在手动操纵界面里选择工件坐标。

② 新建一名称为 wobj1 的工件坐标系。

③ 用户方法选择用"3 点"法来定义 wobj1。

④ 用户点 X1 位置确定工件坐标系的原点位置，用户点 X2 和 Y1 分别确定该坐标系的 X 轴方向和 Y 轴方向。

⑤ 确定记录完成的位置数据，并完成工件坐标 wobj1 的测定。

（3）I/O 通信

① 数字输入信号 di1 设置练习。

② 数字输出信号 do1 设置练习。

③ 正确关联系统输入"电动机开启"与数字输入信号 di1。

④ 正确关联系统输出"电动机开启"与数字输出信号 do1。

项目 7

工业机器人轨迹编程

📋 项目描述

程序就像机器人的思维，工业机器人要实现一定的动作和功能，除依靠机器人的硬件支持外，相当一部分还需靠编程来实现，编程技术已成为机器人技术中重要的组成部分。

在工业机器人编程中，会使用某种特定语言来描述机器人的动作轨迹，使机器人按照既定运动和作业指令完成编程者预想的操作。工业机器人轨迹应用作为喷涂、焊接、切割等作业的基础有着重要地位，在此基础上，通过选择不同工具可以实现不同的功能。在本项目主要介绍工业机器人轨迹编程方面的知识。

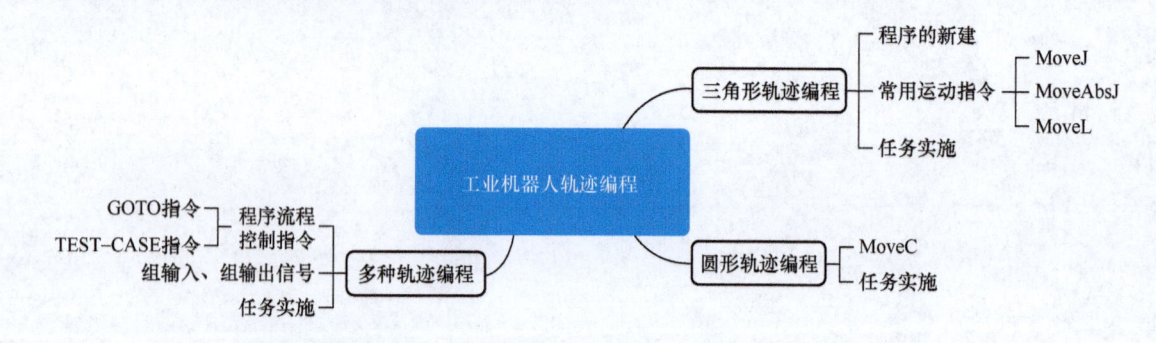

```
                              ┌─ 程序的新建
                    ┌─ 三角形轨迹编程 ─┼─ 常用运动指令 ─┬─ MoveJ
                    │                  │                ├─ MoveAbsJ
                    │                  └─ 任务实施       └─ MoveL
   工业机器人轨迹编程 ─┤
                    │                  ┌─ MoveC
                    └─ 圆形轨迹编程 ───┤
                                        └─ 任务实施

   GOTO指令      ─┐  程序流程
   TEST-CASE指令 ─┤  控制指令
                  ├─ 组输入、组输出信号 ─── 多种轨迹编程
                  └─ 任务实施
```

任务 7.1　工业机器人三角形轨迹编程

💡 任务描述

本任务主要介绍工业机器人三角形轨迹编程的相关知识。

💡 问题引导

1) 如何用机器人示教器新建一个可运行文件？
2) 工业机器人中有哪些常用的运动程序指令？

3）如何编程以实现机器人的三角形轨迹运动？

能力要求

知识要求：掌握 RAPID 程序集结构；掌握常用运动指令的格式及其参数设置；掌握点位示教方法，明白点位数据各参数含义。

技能要求：能根据提供的多种轨迹图形编制和调试运动程序；能正确使用绝对运动指令 MoveAbsJ、关节运动指令 MoveJ、直线插补指令 MoveL 和圆弧插补指令 MoveC；能正确使用偏移指令 Offs。

素质要求：激发学生对工业机器人编程的兴趣，培养遵守规范、操作细致的职业素养；鼓励学生将理论知识与实践操作相结合，勇于探索创新；培养安全生产、节能环保等意识。

工作任务

如图 7-1 所示，按照规划好的路径，在曲面工作台上进行三角形轨迹的定位运动编程。编写机器人程序，完成机器人点位示教以及系统的调试，使工作站能实现以下功能：机器人从 Home 点出发，在实训台上按照要求的图形走出三角形轨迹后再返回机器人 Home 点。设置 SJ_10 为轨迹的起始点，工具坐标系设定为本站默认的"BiTool"（也可以按照默认的工具坐标系 tool0 设置），工件坐标系选择默认的"wobj0"。

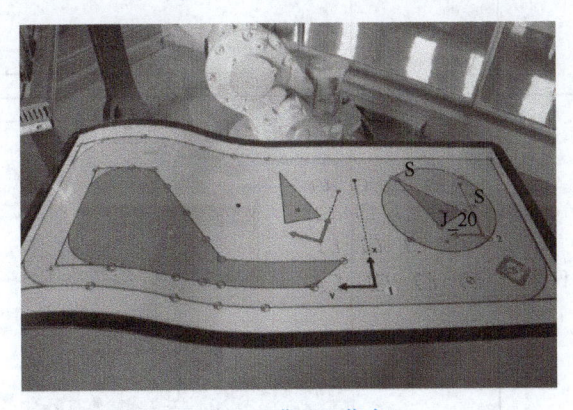

图 7-1　曲面工作台

知识准备

一、新建一个可运行的程序文件

1.RAPID 应用语言简介

RAPID 是一种基于计算机的高级编程语言，易学易用，灵活性强，支持二次开发，支持中断、错误处理、多任务处理等高级功能。

2. 程序架构

RAPID 程序由程序模块与系统模块组成。一般地，只通过新建程序模块来构建机器人程序，而系统模块多用于系统方面的控制。可以根据不同的用途创建多个程序模块，如专门用于主控制的程序模块。

从性质上看，每一个程序模块包含了程序数据、例行程序、中断程序和功能 4 种对象，但不一定在一个模块中都有这 4 种对象，程序模块之间的程序数据、例行程序、中断程序和功能是可以相互调用的。

在 RAPID 程序中，只有一个主程序 main，并且存在于任意一个程序模块中，并且是作为整个 RAPID 程序执行的起点。

3. 新建程序文件

用机器人示教器新建一个可运行的程序文件，其操作步骤见表 7-1。

表 7-1 新建程序文件操作步骤

序号	操作	图示
1	选择"程序编辑器"	
2	单击"任务与程序"	
3	单击"文件"，选择"新建程序…"	

（续）

序号	操作	图示
4	选择"重命名程序"，对程序进行重新命名。一般来说，程序名不以数字或标点符号为首字母	

4. 新建程序模块

新建程序模块操作步骤见表 7-2。

表 7-2　新建程序模块操作步骤

序号	操作	图示
1	在"任务与程序"界面下单击"显示模块"	
2	可以看出前面新建的程序文件由系统模块和程序模块组成，可以只新建程序模块或者系统模块。再次单击"显示模块"，进入程序编辑界面	

5. 例行程序编辑

通常情况下，一个完整的程序模块包含一个主程序 main 和多个其他例行程序，例行程序之间是可以相互调用的。可以根据自己的需要新建例行程序，用于被主程序 main 调用或其他例行程序互相调用。例行程序的新建和调用操作步骤见表 7-3。

表 7-3　例行程序的新建和调用操作步骤

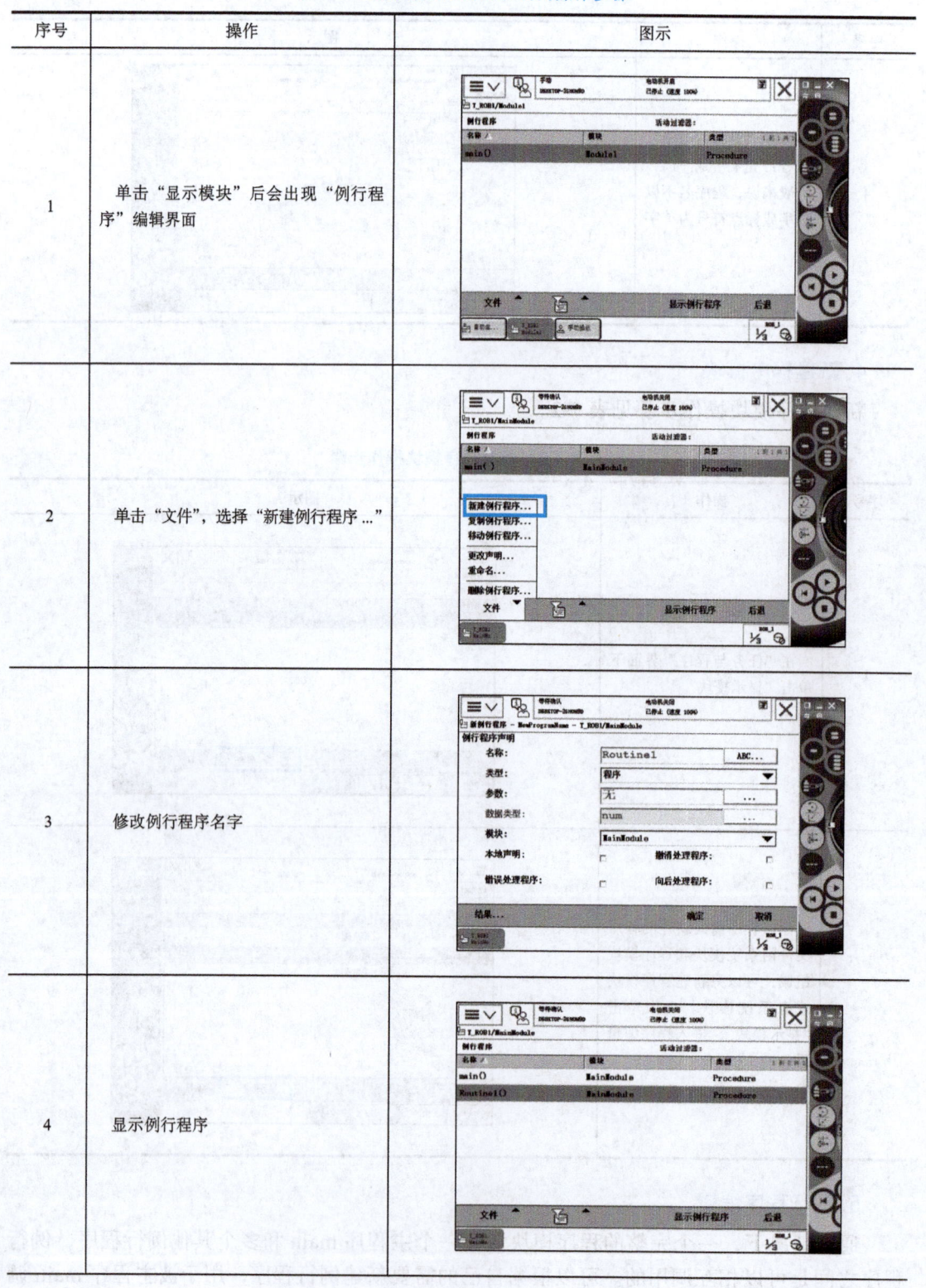

序号	操作	图示
1	单击"显示模块"后会出现"例行程序"编辑界面	
2	单击"文件",选择"新建例行程序…"	
3	修改例行程序名字	
4	显示例行程序	

项目 7 工业机器人轨迹编程

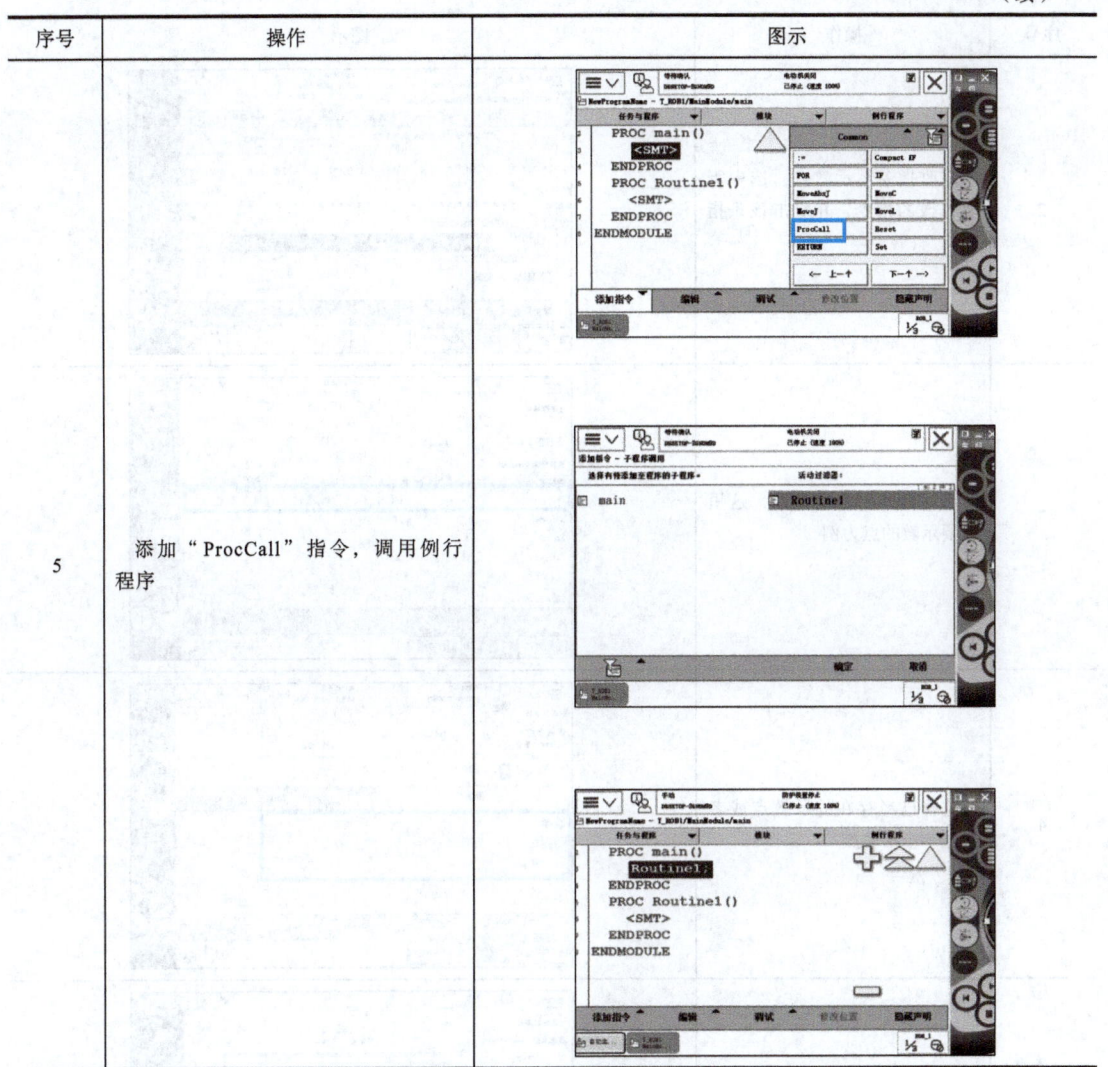

（续）

序号	操作	图示
5	添加"ProcCall"指令，调用例行程序	

6. 例行程序中添加、修改、删除指令

例行程序中添加、修改、删除指令操作步骤见表 7-4。

表 7-4 例行程序中添加、修改、删除指令操作步骤

序号	操作	图示
1	添加指令，单击"添加指令"，打开指令列表；选取添加指令的位置并选择需要的指令。完成其他的调试工作后（如点位示教、逻辑测试等），可以进行程序调试	

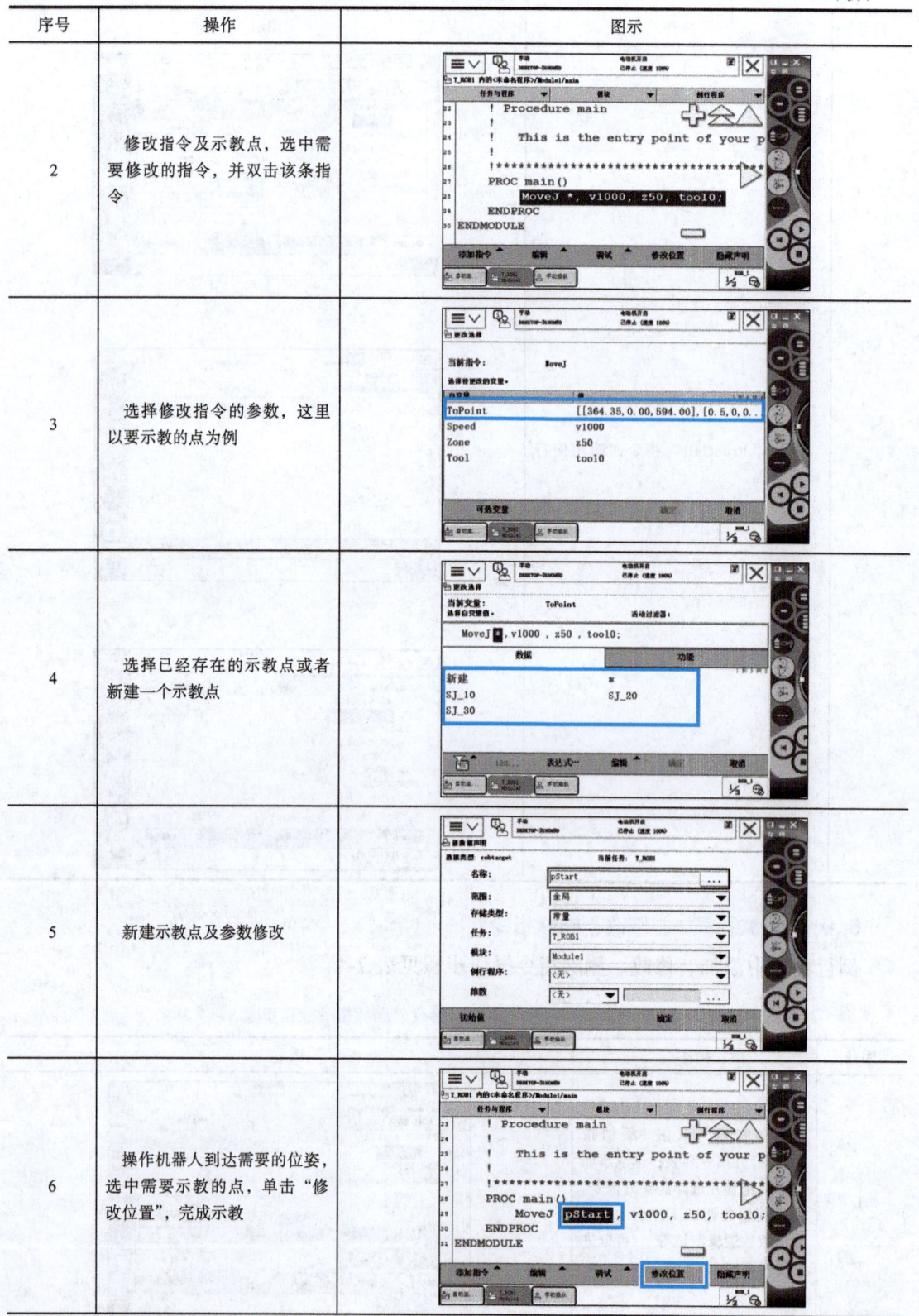

（续）

序号	操作	图示
2	修改指令及示教点，选中需要修改的指令，并双击该条指令	
3	选择修改指令的参数，这里以要示教的点为例	
4	选择已经存在的示教点或者新建一个示教点	
5	新建示教点及参数修改	
6	操作机器人到达需要的位姿，选中需要示教的点，单击"修改位置"，完成示教	

（续）

序号	操作	图示
7	删除指令，选中需要删除的指令，单击"编辑"，单击"删除"，单击"确定"，指令删除成功	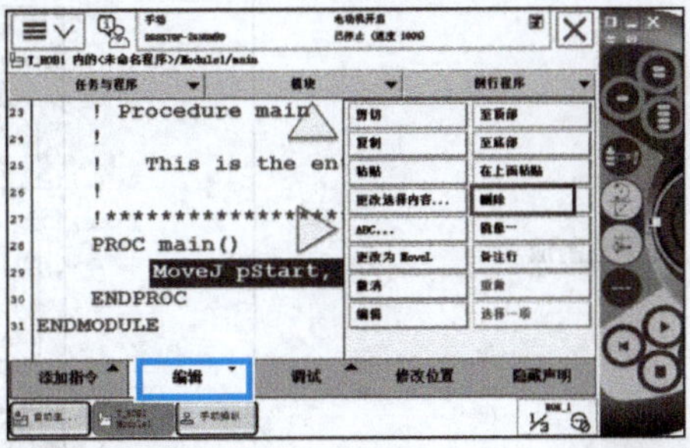 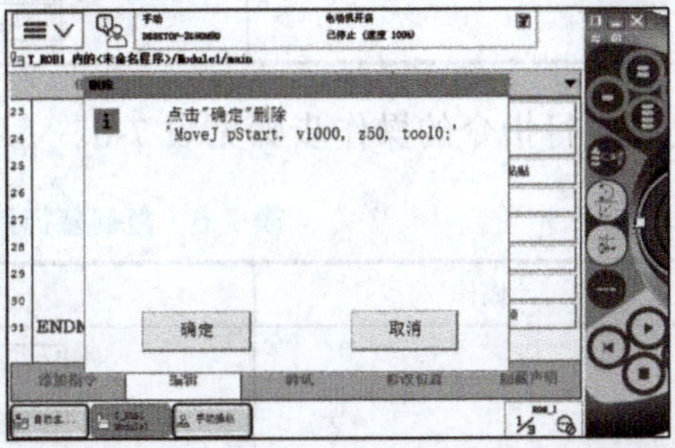

7. 复制指令

1）复制一行指令的操作步骤见表7-5。

表7-5 复制一行指令的操作步骤

序号	操作	图示
1	选中要复制的指令行，选择"复制"	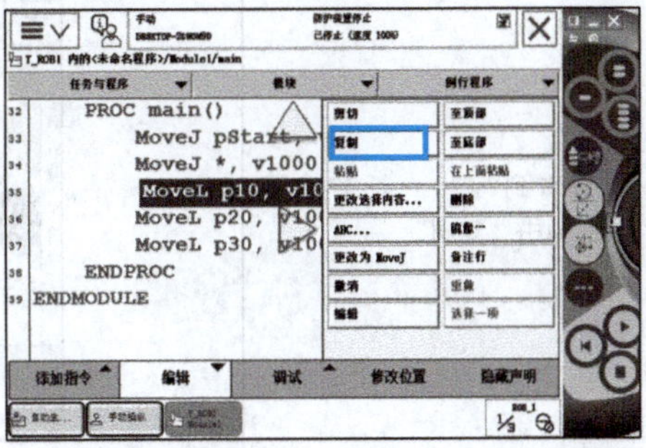
2	选中复制程序，即将放置位置的上一行，单击"粘贴"	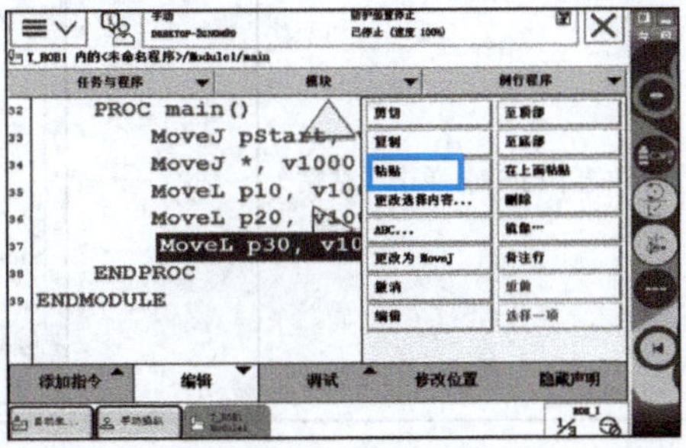

（续）

序号	操作	图示
3	程序复制成功	

2）复制多行指令的操作步骤见表 7-6。

表 7-6　复制多行指令的操作步骤

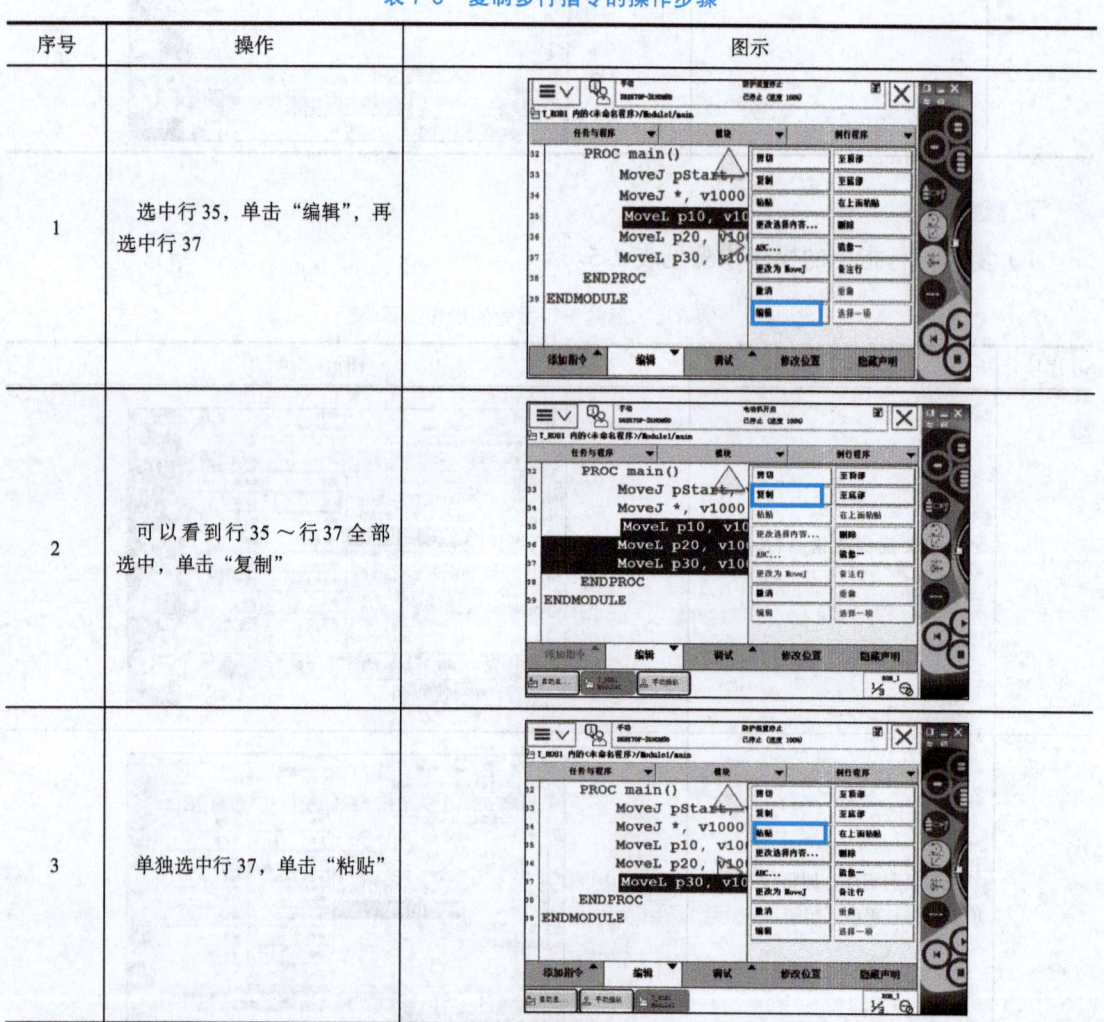

序号	操作	图示
1	选中行 35，单击"编辑"，再选中行 37	
2	可以看到行 35～行 37 全部选中，单击"复制"	
3	单独选中行 37，单击"粘贴"	

（续）

序号	操作	图示
4	可以看到行 35～行 37 三行指令已成功复制到行 37 下方，即行 38～行 40	

8. 程序调试

（1）程序运行从 main 程序的第一行开始　PP 移至主程序如图 7-2 所示。

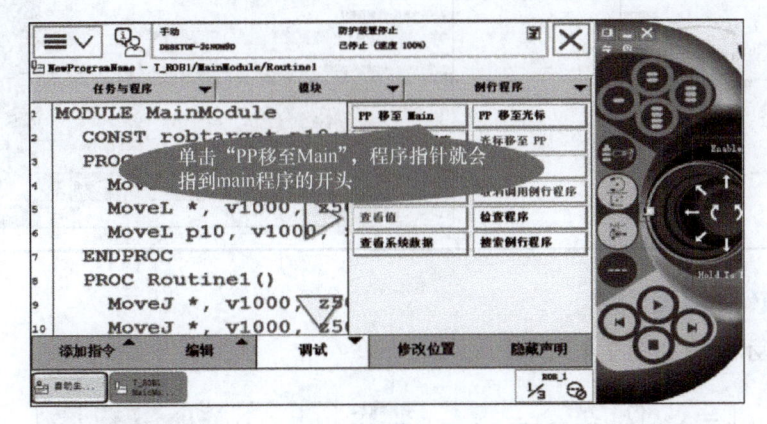

图 7-2　PP 移至主程序

（2）程序运行从指定行开始　PP 移至指定行如图 7-3 所示。

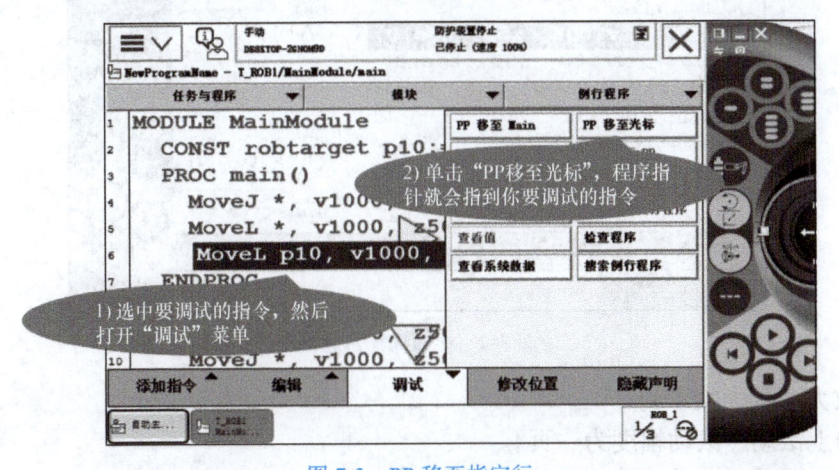

图 7-3　PP 移至指定行

（3）程序运行从指定例行程序开始　其操作步骤见表 7-7。

表 7-7　程序运行从指定例行程序开始的操作步骤

序号	操作	图示
1	单击"PP 移至例行程序…",程序指针就会指到你要调试的例行程序	
2	选择"Routine1",然后单击"确定"	

9. 界面操作示意图介绍

界面操作示意图如图 7-4 所示。

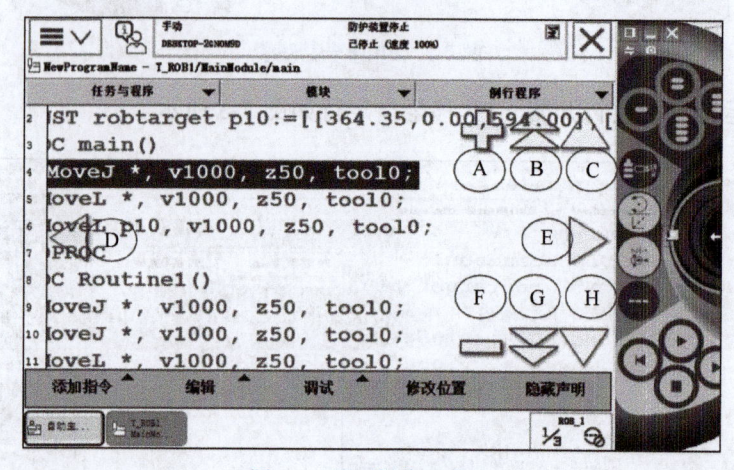

图 7-4　界面操作示意图

A:放大(放大文本)。
B:向上滚动(滚动幅度为一页)。
C:向上滚动(滚动幅度为一行)。
D:向左滚动。
E:向右滚动。

F：缩小（缩小文本）。
G：向下滚动（滚动幅度为一页）。
H：向下滚动（滚动幅度为一行）。

二、常用运动指令的介绍

运动轨迹是机器人为了完成某一作业，工具中心点（TCP）所掠过的路径。从运动方式上看，机器人具有点位运动和连续路径运动两种形式。按照路径种类区分，工业机器人具有直线和圆弧两种动作模式。

点位运动（Point to Point，PTP）只关心机器人末端执行器运动的起点和目标点的位置和姿态，不关心这两点之间的运动轨迹。

连续路径运动（Continuous Path，CP）不仅关心机器人末端执行器到达目标点的精度，而且必须保证机器人能沿所期望的轨迹在一定精度范围内重复运动。

机器人在空间中运动主要有关节运动（MoveJ）、线性运动（MoveL）、圆弧运动（MoveC）和绝对位置运动（MoveAbsJ）4种运动方式。

（1）关节运动指令（MoveJ） 关节运动指令用于对路径精度要求不高的场合，机器人的工具中心点TCP从一个位置移动到另一个位置，两个位置之间的路径不一定是直线，适合大范围运动。关节运动指令解析如图7-5所示，关节运动路径示意图如图7-6所示，添加关节运动指令如图7-7所示。

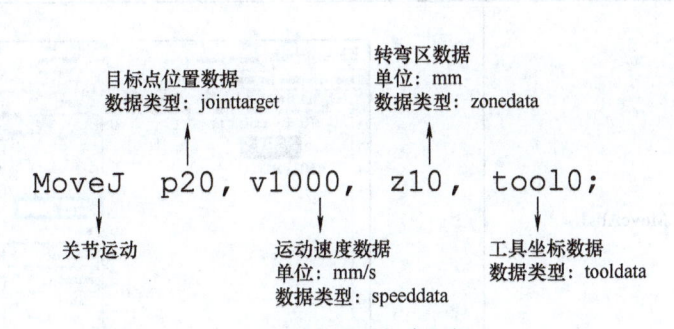

图7-5 关节运动指令解析

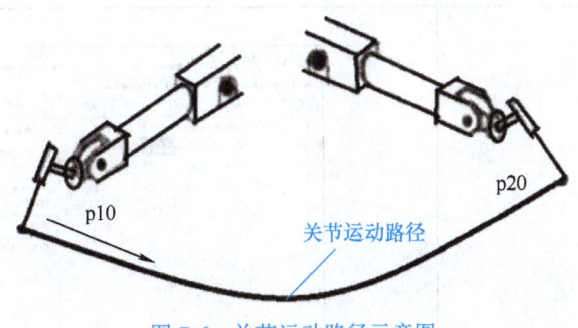

图7-6 关节运动路径示意图

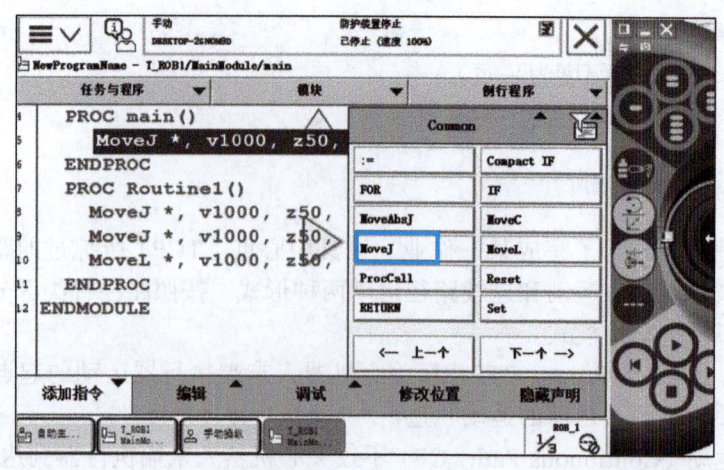

图 7-7　添加关节运动指令

（2）绝对位置运动指令（MoveAbsJ）　绝对位置运动指令是机器人的运动使用 6 个轴和外轴的角度值来定义目标位置数据，常用于回到机械零点（0°）或者 Home 点的位置。其添加操作步骤见表 7-8。

表 7-8　绝对位置运动指令添加操作步骤

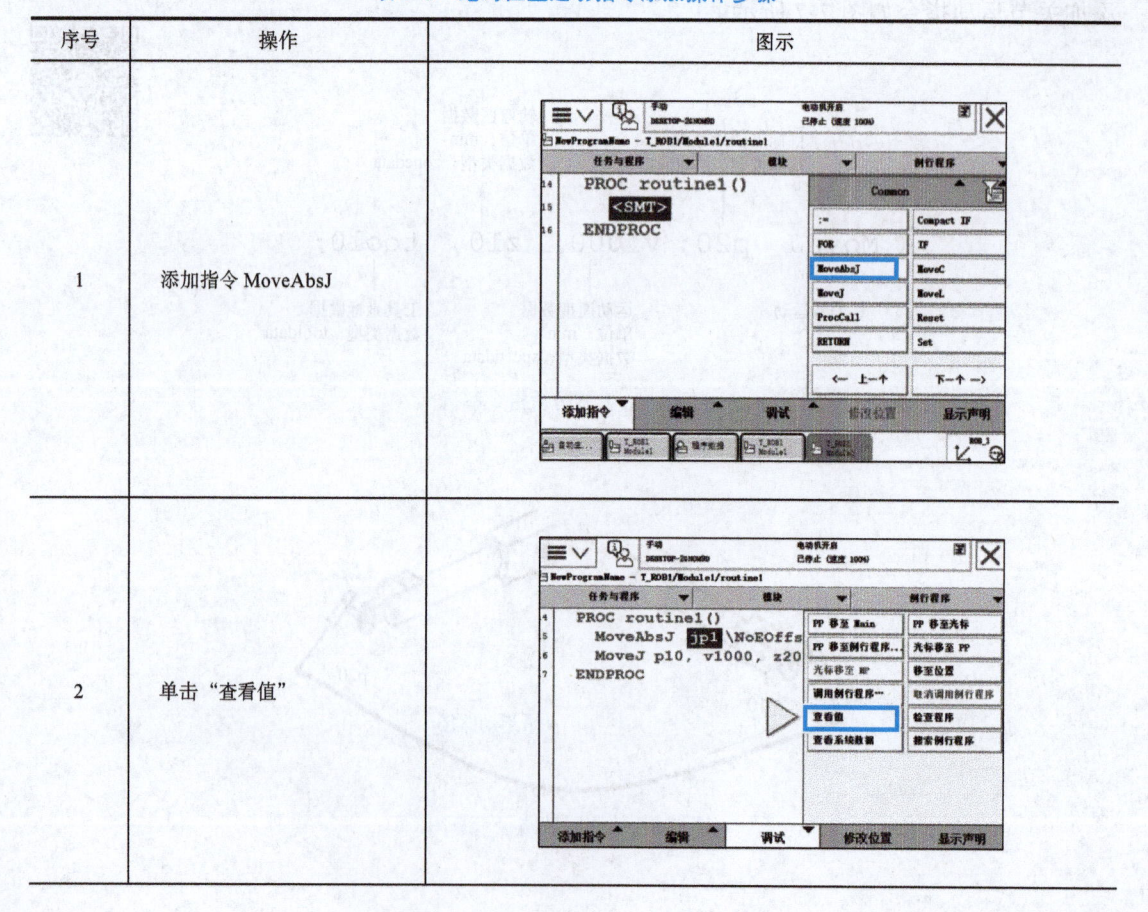

序号	操作	图示
1	添加指令 MoveAbsJ	
2	单击"查看值"	

（续）

序号	操作	图示
3	修改各轴的角度值	

MoveJ 与 MoveAbsJ 轨迹一致，指令呈现形式非常像。区别在于：MoveAbsJ 中目标点的位置，即此处的 jp1，数据类型为 jointtarget，以 6 个轴的角度来表示机器人的位姿；MoveJ 中目标点的位置，即此处的 P10，数据类型为 robtarget，以 X、Y、Z 的坐标来表示机器人的位姿。

此外，MoveAbsJ 目标位置 jp1 后面紧跟一个 NoEOffs，如果机器人需要附加轴行走时，当项目 NoEOffs 设为使用时，运动将不受外部轴的激活；同样的，当 NoEOffs 设为不使用时，运动将受外部轴的激活。

图 7-8 所示为绝对位置运动指令解析。

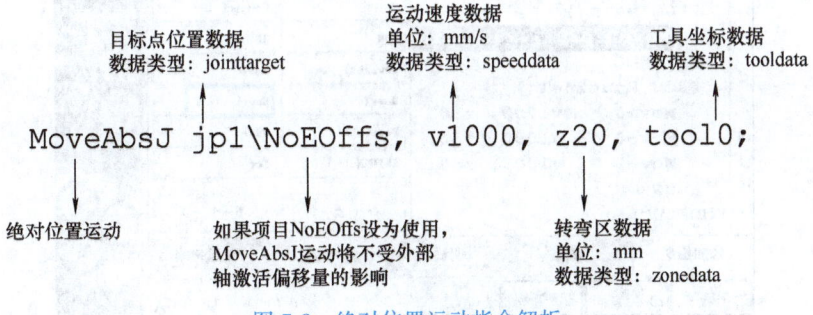

图 7-8　绝对位置运动指令解析

MoveAbsJ 指令各元素的解析见表 7-9。

表 7-9　MoveAbsJ 指令各元素的解析

参数	定义
绝对位置运动 MoveAbsJ	各轴相对于机器人零点（0°）的绝对偏移值
目标点位置数据	定义机器人 TCP 的运动目标，可以在示教器中单击"修改位置"进行修改
外部轴偏移量的设置	如果项目 NoEOffs 设为使用，MoveAbsJ 运动将不受外部轴激活偏移量的影响
运动速度数据	定义速度（mm/s），在手动（手动减速）限速状态下，所有运动速度被限速在 250mm/s 以下（ABB 品牌都是这个值）。手动全速或者自动状态下按照程序中设置的速度运行，百分比限速将不再起作用
转弯区数据	定义转弯区的大小（mm），如果转弯区数据是 fine，表示机器人 TCP 达到目标点，在目标点速度降为零
工具坐标数据	定义当前指令使用的工具
工件坐标数据	定义当前指令使用的工件坐标

（3）线性运动指令（MoveL）　线性运动指令使机器人的 TCP 从起点到终点之间的路径始终保持为直线，如图 7-9 所示。一般对路径要求高的场合如焊接、涂胶等使用此指令。线性运动的起始点和目标点的位置不能太远，否则机器人容易走到实点位置上面去。

```
MoveL p20, v200, fine, tool0\Wobj:=wobj0
```

线性运动指令的添加如图 7-10 所示。

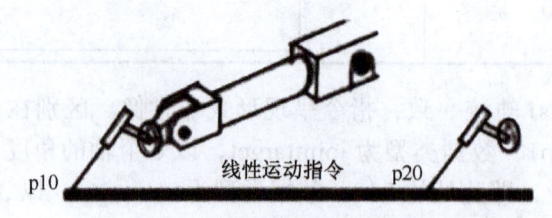

图 7-9　线性运动路径示意图

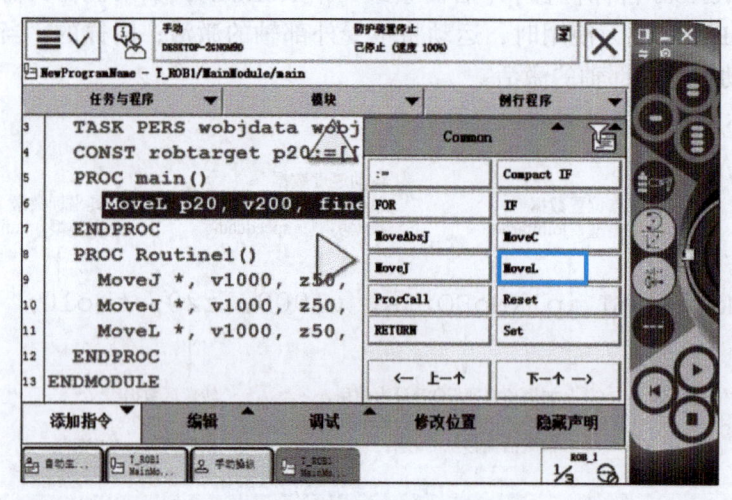

图 7-10　线性运动指令的添加

（4）运动指令使用示例　运动路径示意图如图 7-11 所示。

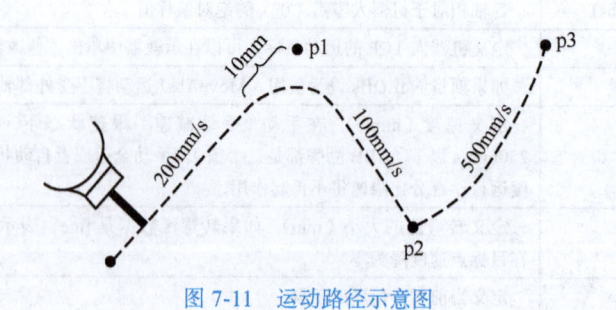

图 7-11　运动路径示意图

解析：

`MoveL p1,v200,z10,tool1\Wobj:=wobj1;`

机器人的 TCP 从当前位置向 p1 点以线性运动方式前进，运动速度是 200mm/s。转弯区数据是 10mm。距离 p1 点还有 10mm 的时候开始转弯。使用的工具坐标数据是 tool1，工件坐标数据是 wobj1。

`MoveL p2,v100,fine,tool1\Wobj:=wobj1;`

机器人的 TCP 从 p1 向 p2 点以线性运动方式前进，运动速度是 100mm/s。转弯区数据是 fine，机器人在 p2 点稍作停顿，使用的工具坐标数据是 tool1，工件坐标数据是 wobj1。

`MoveJ p3,v100,fine,tool1\Wobj:=wobj1;`

机器人的 TCP 从 p2 点向 p3 点以关节运动方式前进，运动速度是 100mm/s。转弯区数据是 fine，机器人在 p3 点停止，使用的工具坐标数据是 tool1，工件坐标数据是 wobj1。注意：p2 点到 p3 点这一段轨迹既不是直线也不是圆弧，是机器人快速移动的一种方式。

说明：在手动限速状态下，所有的运动速度被限速在 250mm/s 以下；如果要达到真实运行的速度才能调速应用，必须用钥匙打到手动全速状态。

fine 指机器人 TCP 到达目标点，在目标点速度降为零，机器人动作有所停顿然后再向下一目标点运动。转弯区数据越大，机器人的动作路径越圆滑与流畅。工具 TCP 会提前转弯到达下一个点，如果下一个没有，就不知道转向哪里，会发生报警，所以一段路径的最后一个点一定要是 fine。

任务实施

确定三角形轨迹编程中需要的示教点，并观察分析下列指令。

```
MoveAbsJ Phome\NoEOffs,v150,z10,BiTool;   （原点出发）
MoveJ SJ_10,V150,fine,BiTool;   （到达三角形轨迹的第一个顶点）
MoveL SJ_20,v150,fine,BiTool;   （到达三角形轨迹的第二个顶点）
MoveL SJ_30,v150,fine,BiTool;   （到达三角形轨迹的第三个顶点）
MoveL SJ_10,v150,fine,BiTool;   （到达三角形轨迹的第一个顶点）
MoveAbsJ Phome\NoEOffs,v150,z10,BiTool;   （回到原点）
```

在上述指令中，机器人从原点出发，执行关节指令 MoveJ 直接去三角形轨迹的第一个顶点；接下来到达第二个顶点，再去第三个顶点，然后返回第一个顶点，走完三角形轨迹后从第一个顶点再回到原点。这个过程中机器人的姿态也是不确定的，在实际作业中机器人很可能与工作台或者工作台上的设备发生碰撞。所以一般从原点出发后我们先让机器人去下一个目标点的上方，然后从目标点的正上方点到达目标点，这样实施起来更安全。曲面工作台三角形轨迹的编程步骤见表 7-10。

表 7-10　曲面工作台三角形轨迹的编程步骤

序号	操作	图示
1	在示教器主界面中选择"手动操纵"选项。选择工具坐标为 BiTool；工件坐标为 wobj0	
2	新建名称为"SanJiaoXing"的例行程序	
3	添加机器人初始位置 Phome	
4	添加入刀点（三角形轨迹第一个点的上方点）	
5	运动至三角形轨迹的第一个点	

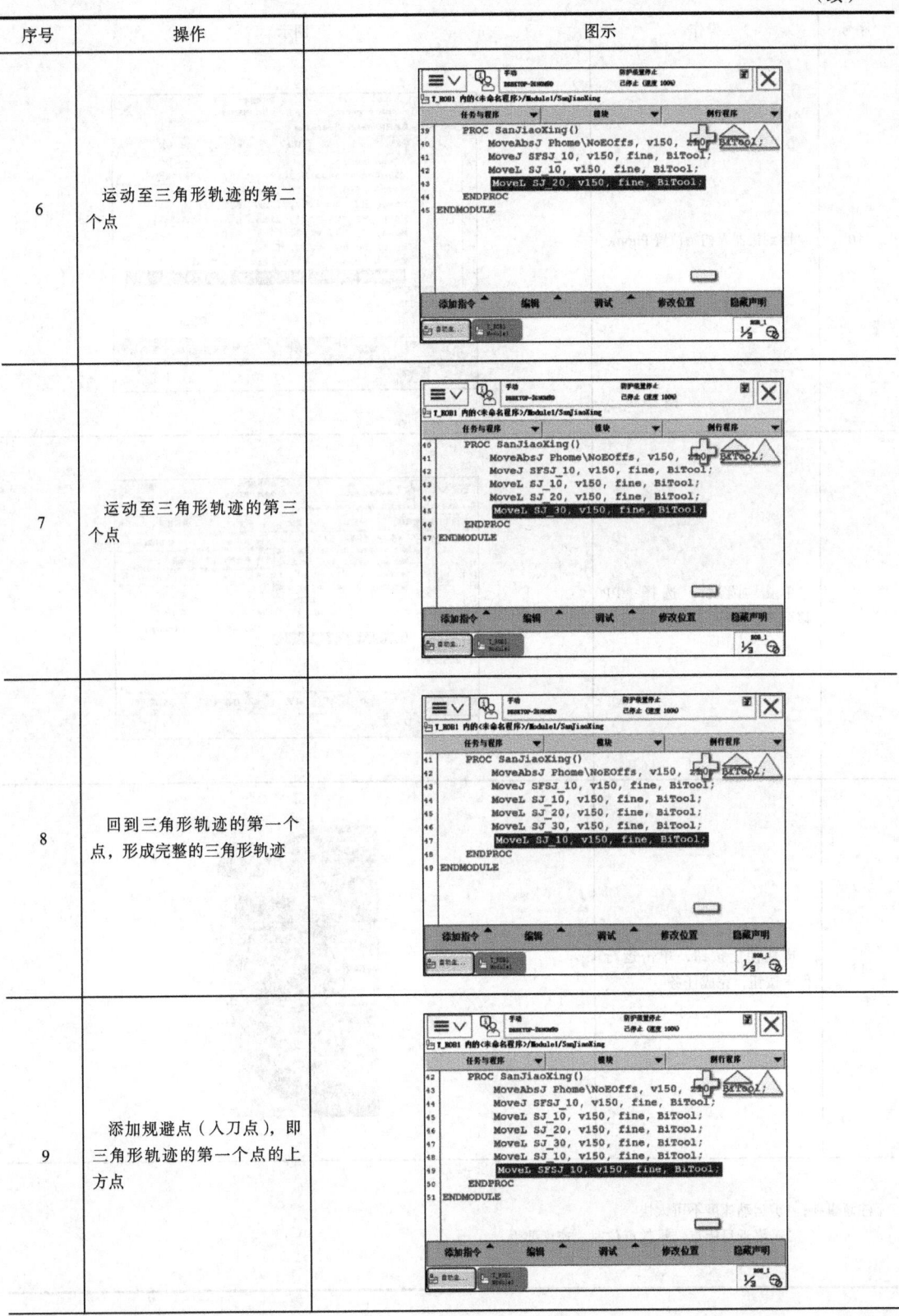

（续）

序号	操作	图示
6	运动至三角形轨迹的第二个点	
7	运动至三角形轨迹的第三个点	
8	回到三角形轨迹的第一个点，形成完整的三角形轨迹	
9	添加规避点（入刀点），即三角形轨迹的第一个点的上方点	

（续）

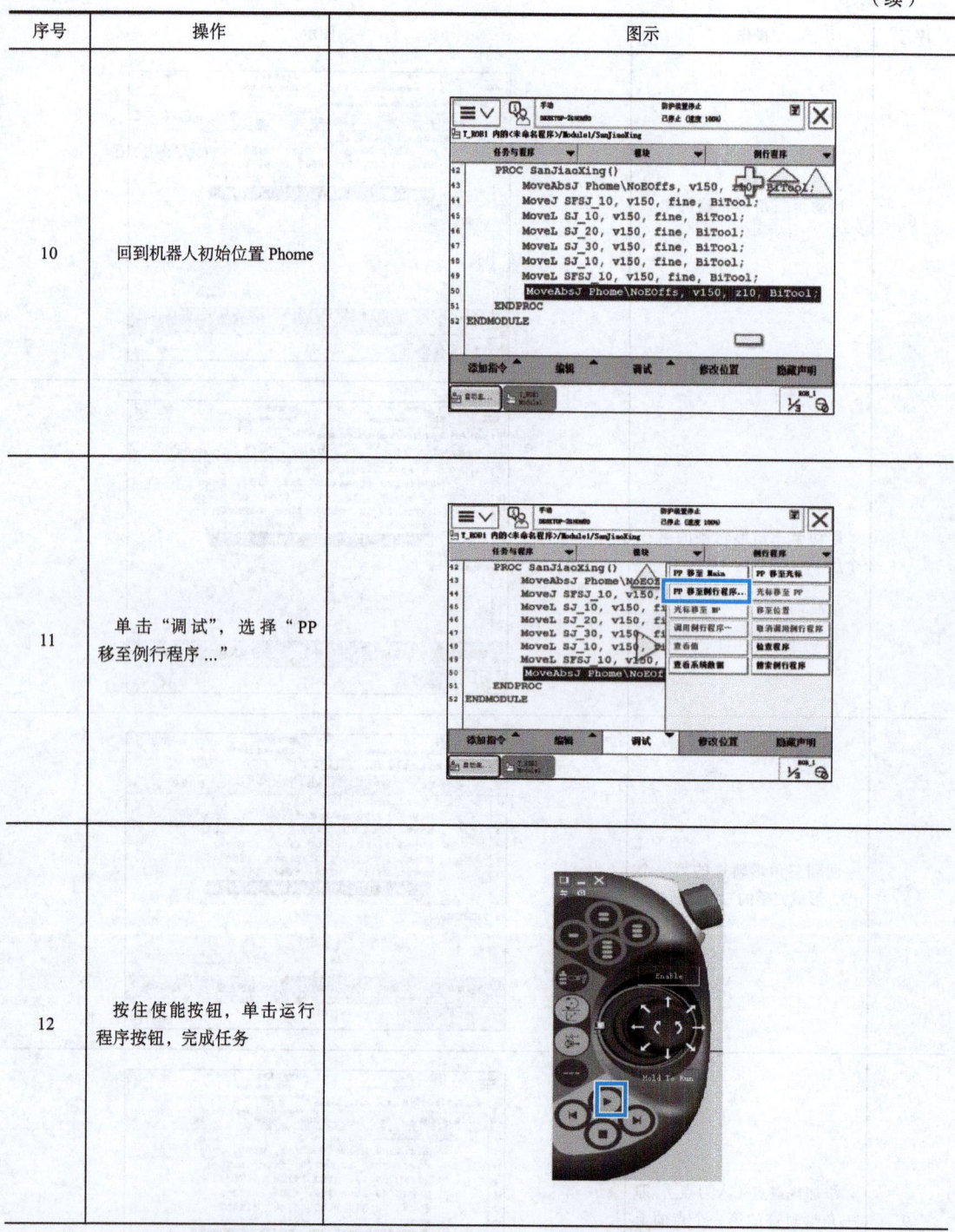

序号	操作	图示
10	回到机器人初始位置 Phome	
11	单击"调试"，选择"PP 移至例行程序…"	
12	按住使能按钮，单击运行程序按钮，完成任务	

注意事项：1）运动速度不可太快
　　　　　2）靠近目标点、示教点位时，速度要慢

知识扩展：偏移指令 Offs 的使用

效率是工业现场考虑的重要要素，编程的指令行数越少，实际示教的点数越少，编程效率会越高。该任务中，假设顶点上方点 SFSJ_10 在顶点 SJ_10 正上方 50mm，SFSJ_10 和 SJ_10 这两个点的坐标在 X 轴、Y 轴都是相同的，只是 Z 轴不同。这样 SFSJ_10 和 SJ_10 可以只示教一个点，另外一个点靠 Z 轴的偏移来实现。

偏移指令 Offs 是以选定的目标点为基准，沿着选定工件坐标系的 X、Y、Z 轴方向偏移一定的距离。如图 7-12 所示，在 Routine1 程序中，基于位置目标点 p10 在 X 方向偏移 100mm，Y 方向偏移 200mm，Z 方向偏移 300mm。而在 Routine2 中，所做的操作结果与 Routine1 一样，但执行的效率就不如 Routine1 了。

图 7-12 偏移指令 Offs 的使用

因此，如果以 SJ_10 为基准点，SFSJ_10 就可以用偏移指令 Offs 来实现，即 SFSJ_10:=Offs（SJ_10，0，0，100），如图 7-13 所示。

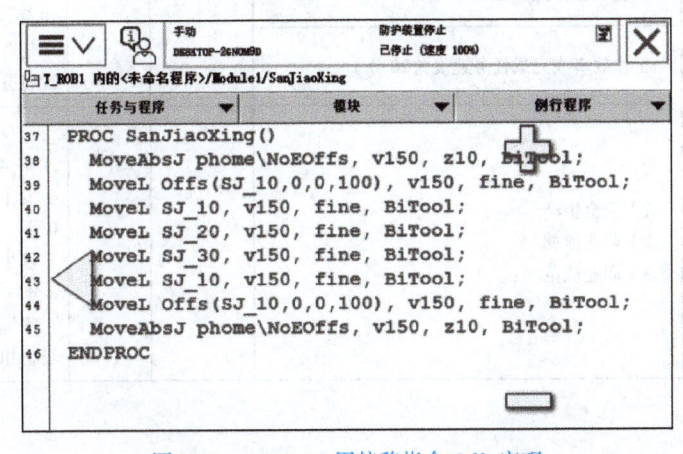

图 7-13 SFSJ_10 用偏移指令 Offs 实现

任务评价

任务评测表

姓名		学号			日期		年　月　日	
小组成员					教师签字			
类别	项目	考核内容			得分	总分	评分标准	
理论	知识准备（100分）	掌握工业机器人的定位精度和重复定位精度的定义与区别（20分）					根据完成情况打分	
		掌握编辑一个程序的基本流程（20分）						
		掌握ABB工业机器人的三种运动模式（20分）						
		理解转弯区半径以及该数据使用时的注意事项（20分）						
		正确理解偏移指令Offs（20分）						
实操	技能目标（60分）	能编制和调试机器人矩形轨迹运动程序（20分）	会□/不会□				单项技能目标为"会"，该项得满分；为"不会"，该项不得分 全部技能目标均为"会"记为"完成"；否则，记为"未完成"	
		能使用绝对运动指令完成机器人零点复归的操作（20分）	会□/不会□					
		能正确使用使能按钮（20分）	会□/不会□					
	任务完成情况	完成□/未完成□						
	任务完成质量（40分）	工艺或操作熟练程度（20分）					任务"未完成"，此项不得分 任务"完成"，根据完成情况打分	
		工作效率或完成任务速度（20分）						
	安全文明操作	1）安全生产 2）职业道德 3）职业规范					违反考场纪律，视情况扣20～40分 发生设备安全事故，扣至0分 发生人身安全事故，扣至0分 实训结束后未整理实训现场，扣10～20分	
评分说明								
备注	1）评测表原则上不能出现涂改现象，若出现则必须在涂改之处签字确认 2）每次考核结束后，教师及时记录考核成绩							

任务 7.2　工业机器人圆形轨迹编程

💡 任务描述

本任务主要介绍工业机器人圆形轨迹编程的相关内容。

💡 问题引导

1）走完一个圆弧至少需要几条 MoveC 指令？
2）MoveC 指令转弯半径参数中，使用 fine 和 zone 有什么区别？
3）如何建立 RAPID 程序实现工业机器人圆形轨迹运动？

💡 能力要求

知识要求：掌握 RAPID 程序的结构；掌握 MoveC 指令的格式及其参数设置；掌握点位示教方法，明白点位数据各参数的含义。

技能要求：能根据提供的多种轨迹图形编制和调试运动程序；能正确使用 MoveC 指令完成工业机器人圆形轨迹编程的操作。

素质要求：培养遵守规范、操作细致的职业素养；鼓励学生将理论知识与实践操作相结合，勇于实践创新；具备安全生产、节能环保等意识。

💡 工作任务

如图 7-14 所示，按照规划好的路径，在曲面工作台上进行圆形轨迹的定位运动编程。设置 Yuan_10 为轨迹的起始点，工具坐标系设定为本站默认的"BiTool"，工具坐标系选择默认的"wobj0"。

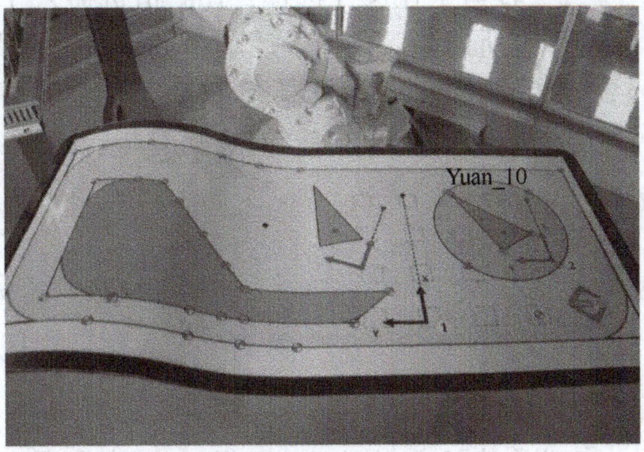

图 7-14　曲面工作台

💡 知识准备

圆弧运动指令（MoveC）是在机器人可到达的空间范围内定义 3 个位置点，第一个是圆弧的起始点；第二个是圆弧的中间点，用于计算圆弧的曲率；第三个是圆弧的终点。圆弧运动示意图如图 7-15 所示。圆弧运动指令如下：

```
MoveL p10,v500,fine,tool0\Wobj:=wobj0;
MoveC p30,p40,v500,fine,tool0\Wobj:=wobj0;
```

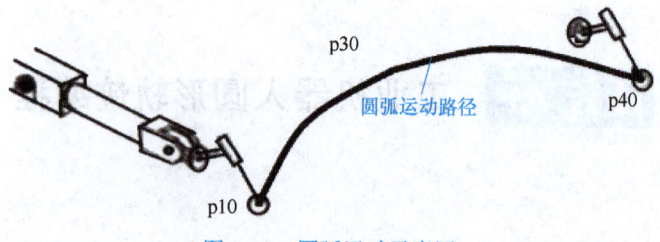

图 7-15 圆弧运动示意图

MoveC 指令在做圆弧运动时一般不超过 240°，所以走出一个完整的圆通常使用两条 MoveC 指令来完成。圆弧运动指令参数说明如图 7-16 所示。

```
MoveC    p30,    p40,    v500,    z10,    tool1\Wobj:=wobj1
```

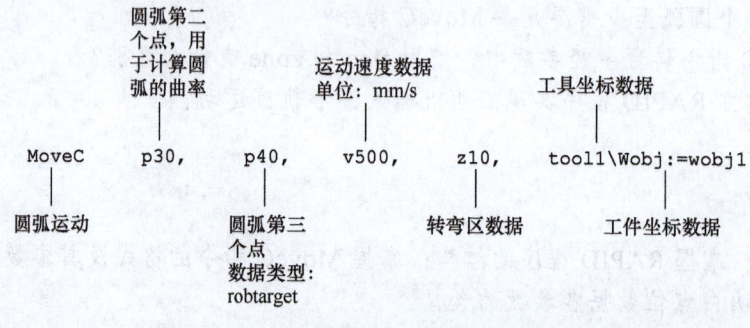

圆弧运动 圆弧第二个点，用于计算圆弧的曲率 圆弧第三个点 数据类型：robtarget 运动速度数据 单位：mm/s 转弯区数据 工具坐标数据 工件坐标数据

图 7-16 圆弧运动指令参数说明

说明：

1）速度选择：最大速度可定义至 v7000，但机器人未必能达到。在手动限速状态下，所有的运动速度被限制在 250mm/s 以下。

2）转弯半径尺寸选择：fine 指机器人 TCP 到达目标点，在目标点速度降为零，机器人动作有所停顿后再向下运动，如果是一段路径的最后一个点，一定要为 fine。

z10 中的 zone 指机器人 TCP 不到达目标点，机器人动作圆滑、流畅。转弯半径数值越大，机器人的动作路径就越圆滑与流畅。

课间加油站

勇闯"无人区"实现零的突破——熊有伦

20 世纪 80 年代，熊有伦从零开始进行机器人领域的探索，建立了国际首个精密测量的评定判别理论，换刀机械手在国际上实现零的突破，机器人离线编程系统填补国内机器人研发空白……他提出了一系列新方法和新概念，实现多个"第一"。"国家需要什么，我们就研究什么。"熊院士始终保持着创造精神、开拓精神，坚守在前沿科学一线。熊有伦对科研创新和教书育人抱有最单纯的热爱，在他的教诲下，数百名学子从他的团队走出，成为国内外科研领域的中流砥柱，为建设制造强国做出贡献。

项目 7　工业机器人轨迹编程

任务实施

曲面工作台圆形轨迹编程操作步骤见表 7-11。

表 7-11　曲面工作台圆形轨迹编程操作步骤

序号	操作	图示
1	在示教器主界面中选择"手动操纵"选项	
2	选择工具坐标为 BiTool；工件坐标为 wobj0	
3	新建名称为"YuanXing"的例行程序	
4	添加机器人初始位置	
5	添加入刀点	

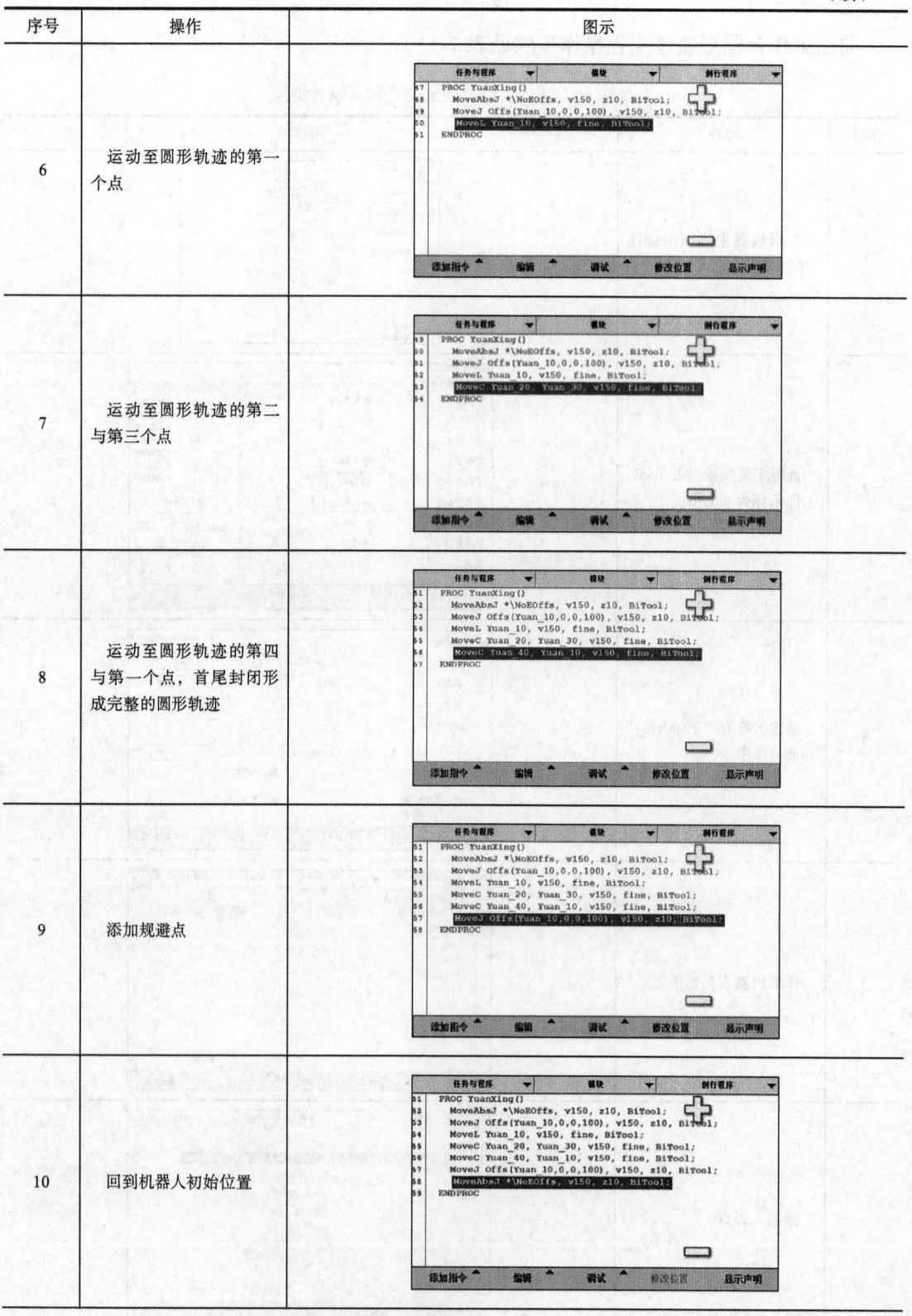

（续）

序号	操作	图示
6	运动至圆形轨迹的第一个点	
7	运动至圆形轨迹的第二与第三个点	
8	运动至圆形轨迹的第四与第一个点，首尾封闭形成完整的圆形轨迹	
9	添加规避点	
10	回到机器人初始位置	

（续）

序号	操作	图示
11	单击"调试"，选择"PP移至例行程序…"	
12	按住使能按钮，单击运行程序按钮，完成任务	

任务评价

任务评测表

姓名		学号		日期		年　月　日
小组成员				教师签字		

类别	项目	考核内容	得分	总分	评分标准
理论	知识准备（100分）	明确做一个规范的圆形需要用到MoveC指令的基本数目（30分）			根据完成情况打分
		指出 MoveC p30, p40, v500, z50, tool1\Wobj:=wobj1 指令中每个参数的含义（40分）			
		在MoveC指令使用中，说明fine和zone的特点和区别（30分）			

（续）

类别	项目	考核内容		得分	总分	评分标准
实操	技能目标（60分）	能编制和调试机器人圆形轨迹运动程序（30分）	会□／不会□			单项技能目标为"会"，该项得满分；为"不会"，该项不得分 全部技能目标均为"会"，记为"完成"；否则，记为"未完成"
		能使用绝对运动指令完成机器人零点复归的操作（30分）	会□／不会□			
	任务完成情况	完成□／未完成□				
	任务完成质量（40分）	工艺或操作熟练程度（20分）				任务"未完成"，此项不得分 任务"完成"，根据完成情况打分
		工作效率或完成任务速度（20分）				
	安全文明操作	1）安全生产 2）职业道德 3）职业规范				违反考场纪律，视情况扣20～40分 发生设备安全事故，扣至0分 发生人身安全事故，扣至0分 实训结束后未整理实训现场，扣10～20分
评分说明						
备注	1）评测表原则上不能出现涂改现象，若出现则必须在涂改之处签字确认 2）每次考核结束后，教师及时记录考核成绩					

任务 7.3 工业机器人多种轨迹编程

任务描述

本任务主要介绍工业机器人多种轨迹编程的相关内容。

问题引导

1）GOTO 指令有什么功能？
2）TEST-CASE 指令有什么功能？
3）如何编程以实现工业机器人多种轨迹运动？

能力要求

知识要求：掌握 TEST-CASE 分支循环指令的内涵和使用场合；正确理解组信号内涵

和使用场合；

技能要求：能正确添加 TEST-CASE 分支循环指令；能正确添加组输入、组输出信号；能正确使用子程序调用指令 ProcCall；能根据提供的多种轨迹图形编制和调试运动程序。

素质要求：培养遵守规范、操作细致、团队合作的职业素养，鼓励学生将理论知识与实践操作相结合，勇于探索创新；能够以逻辑化、系统化的思维完成编程任务；具备安全生产、节能环保等意识。

工作任务

编写机器人程序，完成机器人点位示教以及系统的调试，使工作站能实现以下功能：

1）实现 3D 工作台上的 3 种轨迹编程，程序名称分别为 sanjiaoxing、yuanxing 和 wailunkuo。

2）在此模块下新建主程序 main。

3）在主程序编辑界面，利用 While 循环指令和 TEST-CASE 分支循环指令完成循环技术编程，其中 TEST-CASE 分支循环指令嵌入 WHILE 指令中。

4）使用调用程序指令 ProcCall，依次将已有的子程序调到主程序中。

5）以变量组输入信号 di1（占用地址为 0~3）的值为判断条件，根据 gi1 值的不同，执行不同的程序。例如：当 gi1 值为 1 时，执行 sanjiaoxing 程序；当 gi1 值为 2 时，执行 yuanxing 程序；当 gi1 值为 3 时，执行 wailunkuo 程序。

6）程序编辑完成后，分别在手动慢速和自动运行模式下测试程序。

知识准备

一、GOTO 指令

GOTO 指令用于跳转到例行程序内标签的位置，配合 Label（跳转标签）指令使用。如图 7-17 所示，执行 Routine4 程序过程中，当判断条件 reg1=1 时，会跳转到待跳转标签 sq 的位置；当判断条件 reg1=2 时，会跳转到待跳转标签 cir 的位置。

```
PROC Routine4()
    reg1 := 0;
    start:
    IF reg1 = 1 GOTO sq;
    IF reg1 = 2 GOTO cir;
    GOTO start;
    sq:
    square;
    reg1 := 0;
    GOTO start;
    cir:
    circle;
    reg1 := 0;
    GOTO start;
ENDPROC
```

图 7-17　GOTO 指令应用实例

二、TEST-CASE 指令

TEST-CASE 指令用于对一个变量进行判断，从而执行不同的程序。TSET 指令传递的变量作为开关，根据变量值不同跳转到预定义的 CASE 指令，达到执行不同程序的目的，会跳转到 DEFAULT 段（事先已经定义）。如图 7-18 所示，当 reg1=1 时，执行 gozero；当 reg1=2 时，执行 square；当 reg1=3 时，执行 circle。

```
PROC Routine5()
  reg1 := 0;
  WHILE TRUE DO
    TEST reg1
    CASE 1:
      gozero;
      reg1 := 0;
    CASE 2:
      square;
      reg1 := 0;
    CASE 3:
      circle;
      reg1 := 0;
    ENDTEST
  ENDWHILE
ENDPROC
```

图 7-18　TEST-CASE 指令应用实例

三、组输入、组输出信号

ABB 机器人的组输入、组输出信号是机器人单独的输入、输出信号的联合体，对于组信号我们最常用的就是通过组信号与外部设备传输整数数字。通常在使用中，一个信号只能有 0 或 1 两种状态，有时可能由于硬件限制的原因，如 I/O 板的 I/O 点数量不够但又不方便新增 I/O 板时，可以利用组信号提高信号利用率，如仅使用 4 个信号就可以通过 8421 的方式实现 16 种状态组合方式，见表 7-12。

表 7-12　4 个信号实现 16 种状态组合

状态序号	地址 3	地址 2	地址 1	地址 0	组信号值
1	0	0	0	0	0
2	0	0	0	1	1
3	0	0	1	0	2
4	0	0	1	1	3
5	0	1	0	0	4
6	0	1	0	1	5
7	0	1	1	0	6
8	0	1	1	1	7
9	1	0	0	0	8
10	1	0	0	1	9
11	1	0	1	0	10
12	1	0	1	1	11
13	1	1	0	0	12
14	1	1	0	1	13
15	1	1	1	0	14
16	1	1	1	1	15

等待 4 个输出（输入）信号同时为 1 的方案见表 7-13。

项目 7 工业机器人轨迹编程

表 7-13 等待 4 个输出（输入）信号同时为 1 的方案

序号	程序	特点
方案一	WaitDI di0,1; WaitDI di1,1; WaitDI di2,1; WaitDI di3,1;	1）当信号太多时，代码会很长 2）多个信号的处理会存在时间差异，不太安全。如当程序指针走到 di1 时，di0 突然变成 0 了，机器人还是会继续往下执行
方案二	WaitUntil di0 = 1 AND di1 = 1 AND di2 = 1 AND di3 =1;	解决了出现时间差异的问题，但当信号条件非常多时，程序语句会很繁琐，变得非常长
方案三	WaitGI gi1,15;	4 个信号配置成一个组输入，既解决了时间差异问题，又使语句简洁

任务实施

一、组输入信号的添加

组输入信号的添加操作步骤见表 7-14。

表 7-14 组输入信号的添加操作步骤

序号	操作	图示
1	选择"控制面板→配置→I/O→signal"，Name 设为"di1"，Type of Signal 选择"Group Input"	
2	Assigned to Device 设为"d652"，Device Mapping 设为"0-3"。单击"确定"，重启后，信号添加成功	

(续)

序号	操作	图示
3	信号添加完成后，在Signal界面里会看到刚刚添加的组输入信号"dil"	
4	选中要添加组输入信号的添加位置，双击进入	
5	选择数据类型"signalgi"	
6	选择组输入信号"dil"	
7	将组输入信号"dil"添加到程序中	

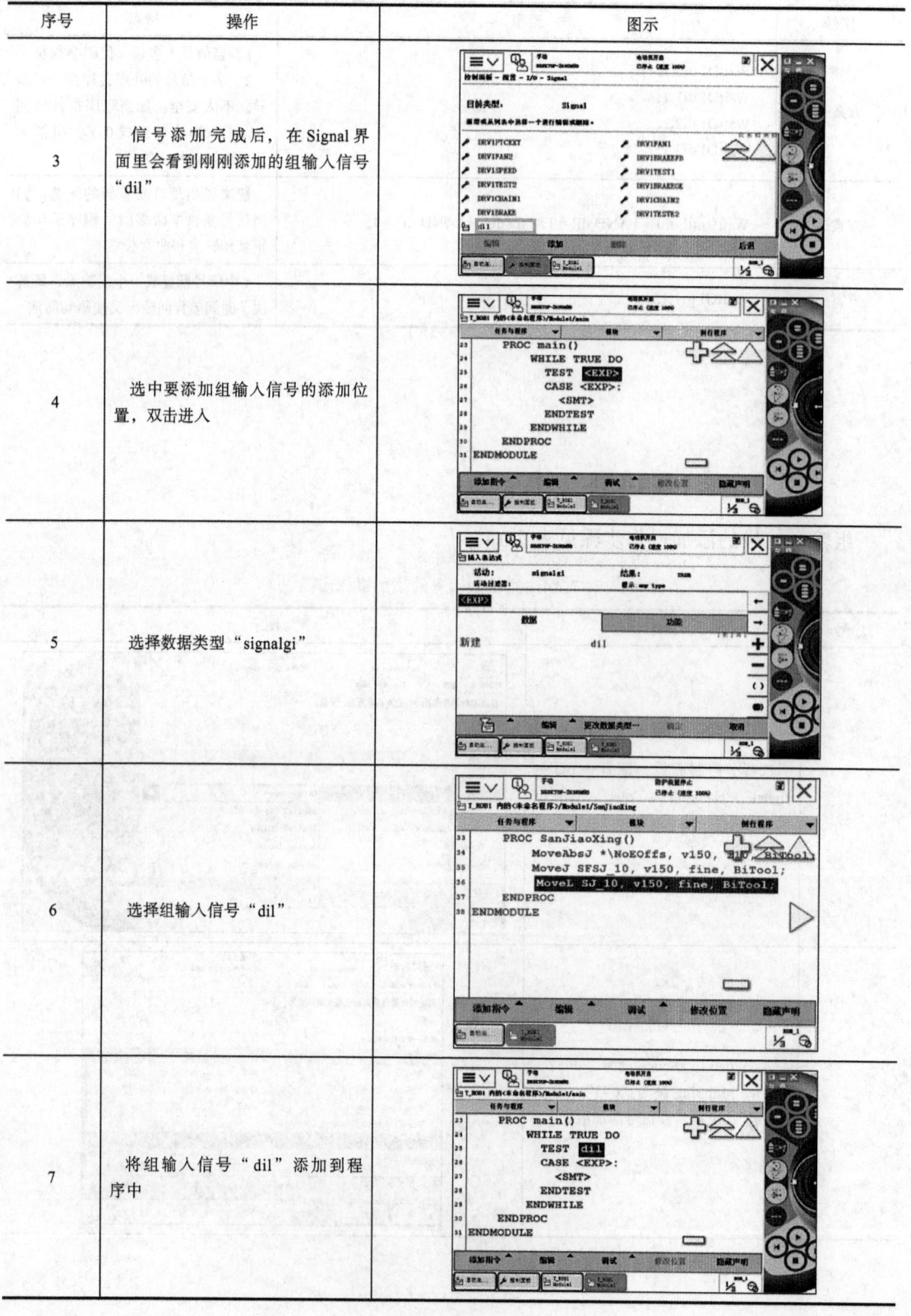

二、TEST-CASE 指令的添加

TEST-CASE 指令的添加操作步骤见表 7-15。

表 7-15 TEST-CASE 指令的添加操作步骤

序号	操作	图示
1	单击选中程序段	
2	单击"添加 CASE"，添加 CASE 分支	
3	选中要添加 CASE 分支的位置，双击进入	
4	在"编辑"中选择"仅限选定内容"	

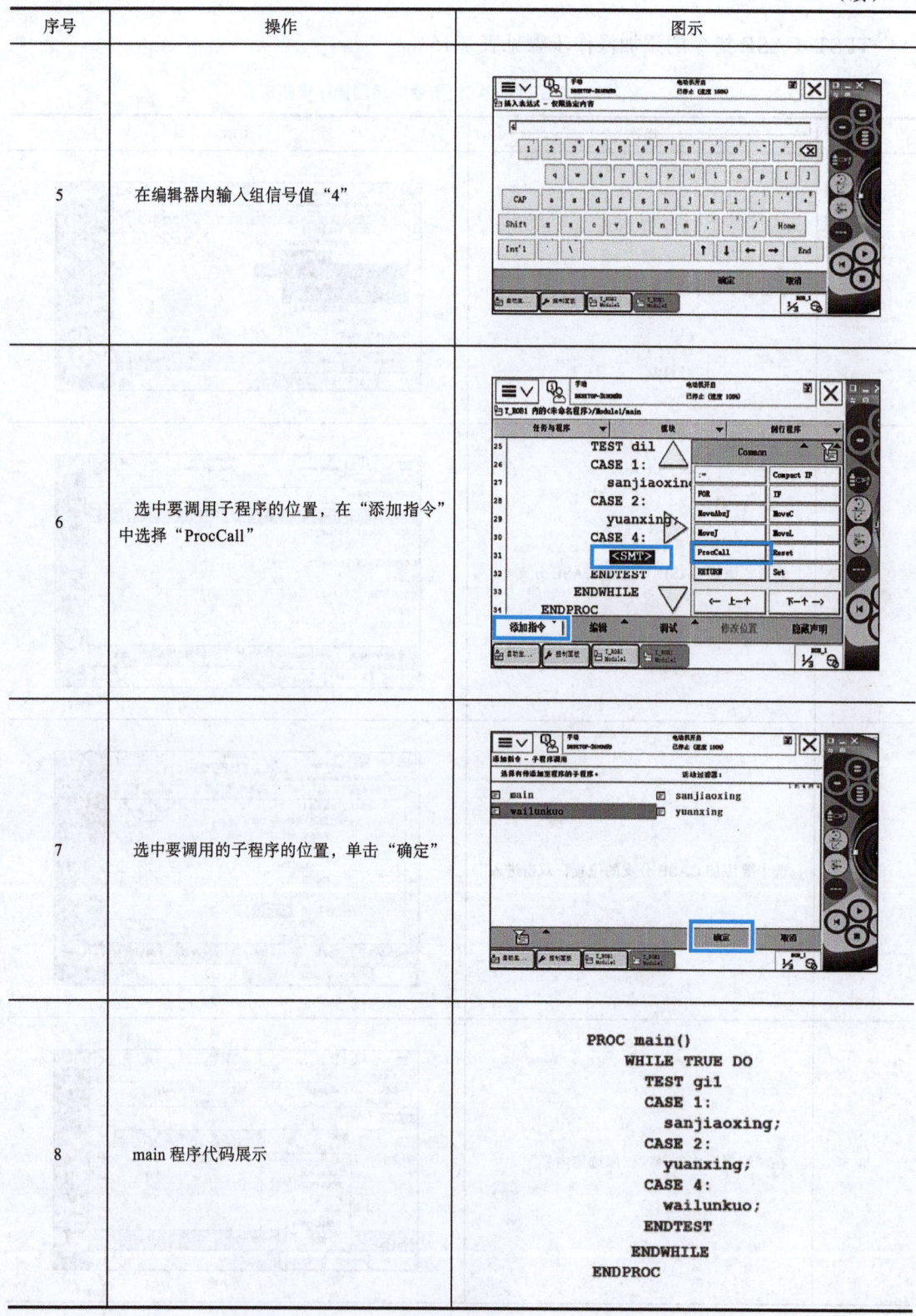

（续）

序号	操作	图示
5	在编辑器内输入组信号值"4"	
6	选中要调用子程序的位置，在"添加指令"中选择"ProcCall"	
7	选中要调用的子程序的位置，单击"确定"	
| 8 | main 程序代码展示 | ```
PROC main()
    WHILE TRUE DO
        TEST gi1
        CASE 1:
            sanjiaoxing;
        CASE 2:
            yuanxing;
        CASE 4:
            wailunkuo;
        ENDTEST
    ENDWHILE
ENDPROC
``` |
```

任务评价

任务评测表

姓名		学号			日期	年　月　日	
小组成员					教师签字		
类别	项目	考核内容			得分	总分	评分标准
理论	知识准备（100分）	掌握 TEST-CASE 分支循环指令的内涵和使用场合（30分）					根据完成情况打分
		正确理解组信号内涵和使用场合（30分）					
		理解程序结构，恰当处理主程序 main 与子程序的调用关系；正确使用子程序调用指令 ProcCall（40分）					
实操	技能目标（60分）	能根据提供的多种轨迹图形编制和调试运动程序（20分）	会□ / 不会□				单项技能目标为"会"，该项得满分；为"不会"，该项不得分 全部技能目标均为"会"，记为"完成"；否则，记为"未完成"
		能正确添加 TEST-CASE 分支循环指令（20分）	会□ / 不会□				
		正确添加组输入、组输出信号（20分）	会□ / 不会□				
	任务完成情况	完成□ / 未完成□					
	任务完成质量（40分）	工艺或操作熟练程度（20分）					任务"未完成"，此项不得分 任务"完成"，根据完成情况打分
		工作效率或完成任务速度（20分）					
	安全文明操作	1）安全生产 2）职业道德 3）职业规范					违反考场纪律，视情况扣20～40分 发生设备安全事故，扣至0分 发生人身安全事故，扣至0分 实训结束后未整理实训现场，扣10～20分
评分说明							
备注	1）评测表原则上不能出现涂改现象，若出现则必须在涂改之处签字确认 2）每次考核结束后，教师及时记录考核成绩						

项目评测

1. 问题与思考

（1）简要描述 ABB 工业机器人创建程序的步骤。

(2)线性运动与关节运动的区别是什么？
(3)MoveAbsJ 绝对运动指令的作用是什么？
(4)画出一个规范的圆形至少需要几条 MoveC 指令？
(5)指出 MoveC p30，p40，v500，z50，tool1\Wobj:=wobj1 指令中每个参数的含义。
(6)在 MoveC 指令使用中，fine 和 zone 有什么区别？
(7)何为组输入、组输出信号？组输入、组输出信号有何优点？在什么场合下使用？

2. 实践环节

(1)一次实训任务中要求工业机器人依次执行手爪的拾取、码垛块的拾取与码放、手爪的释放 3 个环节。要求：手爪的拾取和释放均从 Home 点出发，完成操作后返回至 Home 点，工作原点 Home 对应工业机器人的状态为五轴垂直向下，其余关节轴均为 0°。此处可以应用 MoveAbsJ 指令便捷地写出 Home 点出发或者回到 Home 点的指令行。思考：此时各轴的角度值应该依次设为多少？

(2)MoveJ Offs（c10，100，50，0），v1000，z10，tool0\Wobj:=wobj1；

Offs（c10，0，0，100）代表一个距离 c10 点相对于工件坐标系 wobj1 在 X 轴偏移量为 100mm，Y 轴偏移量为 50mm，Z 轴偏移量为 0 的点。

如图 7-19 所示，以 c10 为起点，半径为 40mm，应用偏移指令 Offs 画圆。

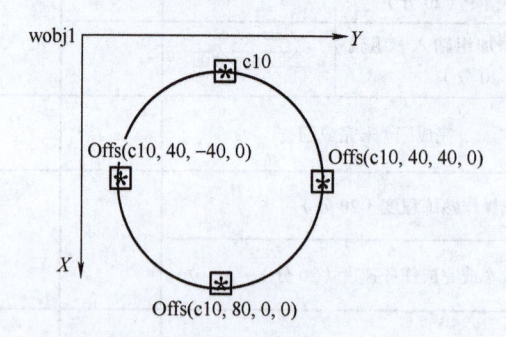

图 7-19 实践环节题（2）图

项目 8

工业机器人搬运

项目描述

码垛机器人的出现,改善了劳动环境,且对减轻劳动强度,保证人身安全,降低能耗,减少辅助设备资源,提高劳动生产率等方面具有重要意义。码垛机器人可加快码垛效率,提升物流速度,减少物料的破损与浪费,因此码垛机器人将逐步取代传统方式以实现生产制造新自动化、无人化。本项目以工业机器人单块物料搬运为切入点,着重介绍码垛程序的设计与功能,加深学生对码垛作业的理解。

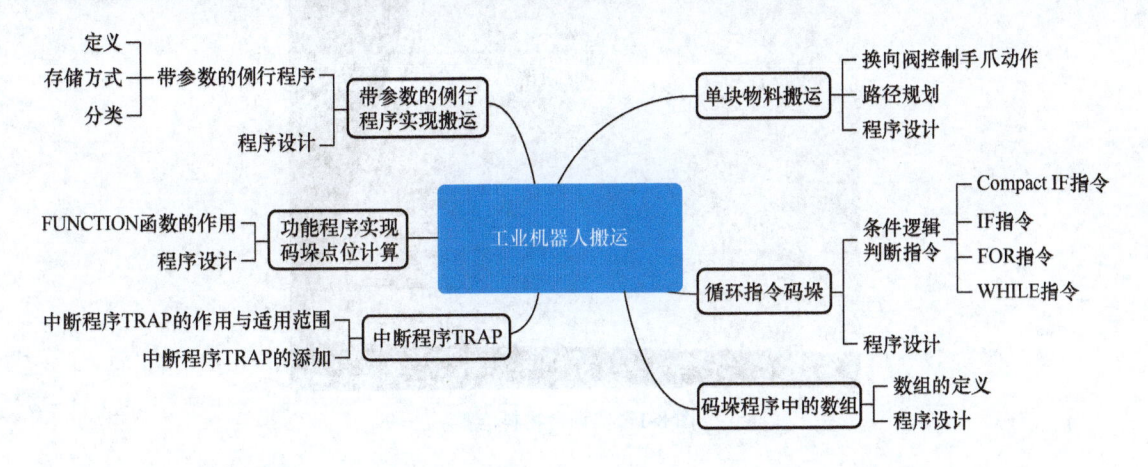

```
                定义
       存储方式 — 带参数的例行程序
       分类                              带参数的例行
                     程序设计             程序实现搬运           单块物料搬运 — 换向阀控制手爪动作
                                                                        路径规划
                                                                        程序设计
FUNCTION函数的作用   功能程序实现
                     码垛点位计算                                                          Compact IF指令
       程序设计                          工业机器人搬运         条件逻辑            IF指令
                                                              判断指令            FOR指令
中断程序TRAP的作用与适用范围                                                        WHILE指令
                          中断程序TRAP                      循环指令码垛
中断程序TRAP的添加
                                                              程序设计
                                                码垛程序中的数组 — 数组的定义
                                                                  程序设计
```

任务 8.1 工业机器人单块物料搬运

任务描述

本任务主要介绍工业机器人单块物料搬运的相关内容。

问题引导

1) 在搬运任务中,换向阀如何实现对手爪动作的控制?

2）完成该单块物料搬运任务需要示教几个程序点？
3）如何设计程序以实现单块物料的搬运？

能力要求

知识要求：掌握 I/O 控制指令、赋值指令、逻辑指令、数值运算指令、写屏指令等；掌握搬运作业的简单工艺设计。

技能要求：能完成单块物料搬运的轨迹设计、程序编程及调试。

素质要求：增长见识，培养遵守规范、操作细致、团队合作的职业素养；鼓励学生将理论知识与实践操作相结合，勇于探索创新；培养安全生产、节能环保等意识。

工作任务

编写机器人程序，完成机器人点位示教以及系统的调试，使工作站能实现以下功能：机器人从 Home 点出发，在实训台上抓取物料由 A 位置放置到 B 位置，之后机器人返回 Home 点，如图 8-1 所示。

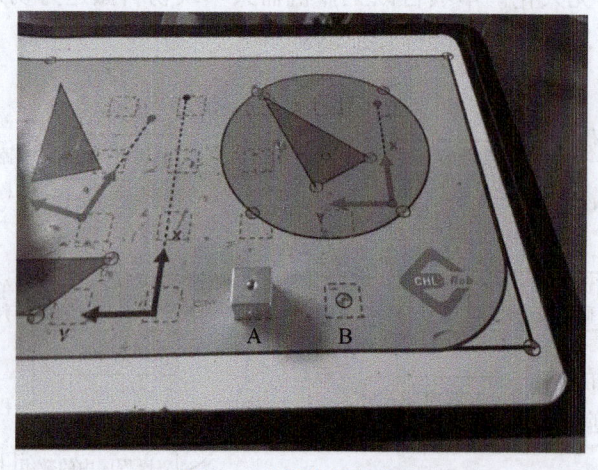

图 8-1 实训台物料位置

知识准备

随着我国智能制造的迅速发展，对自动化程度的要求越来越高。因此出现了各式各样的工业机器人，代替人的工作，降低了企业的人力成本，代替人解决单调、重复、长时间的作业或者危险恶劣环境下的作业。但是不管多么复杂的搬运作业流程，分解开看，都是由一个位置拾取货物，走向另一个位置放置货物。今天我们一起来实现单个物料的搬运。

图 8-2 所示为工业机器人教学工作站。手爪是搬运的执行工具，旁边有两根蓝色的气路管，其动作由气动部件提供动力。要想很好地执行搬运任务，实现对手爪动作的控制，首先我们需要掌握其气动工作原理。

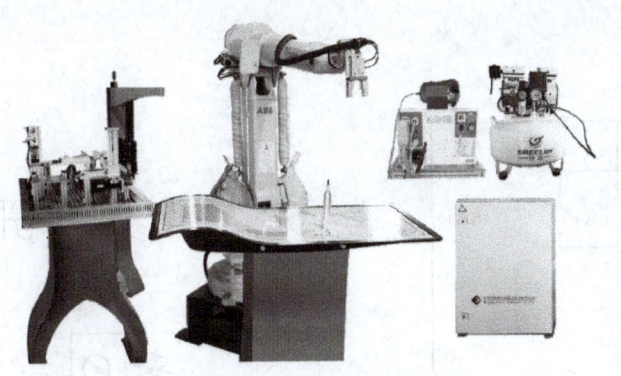

图 8-2　工业机器人教学工作站

换向阀种类繁多，结构各异，控制方式多样，但其工作原理都是利用外力使阀芯和阀体之间产生相对运动，改变气体通道使压缩空气流动方向发生变化，从其改变气动执行元件的运行方向。工业机器人快换工具的安装与释放、手爪的夹紧与张开都是由换向阀来实现的。本任务以二位五通单电控换向阀和二位三通单电控换向阀为例进行介绍。

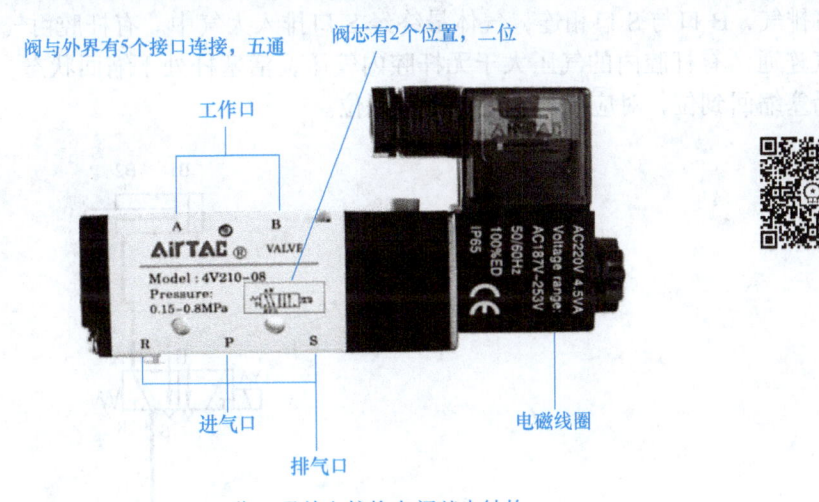

一、二位五通单电控换向阀

二位五通单电控换向阀基本结构如图 8-3 所示。

图 8-3　二位五通单电控换向阀基本结构

换向阀实物铭牌标记中会看到两个框，代表阀芯有 2 个位置，即二位。电磁阀带电状态和失电状态下阀芯的位置不同，对应机器人手爪的夹紧和张开状态。

阀与外界有 5 个接口连接，即五通。其中 P 为进气口；A、B 为工作口，实际工作中直接与气缸连接；R、S 为排气口，实际工作中与大气连通。

单电控指有一个电磁线圈通电后带动阀芯移动，失电后靠弹簧将阀芯顶回原位。

如图 8-4 所示，原理图分为电路部分和气路部分。电路部分主要实现对电磁线圈得电的控制；气路部分主要由气源处理装置、二位五通单电控换向阀和气缸组成。

a) 电路部分　　　　　　　　　　　b) 气路部分

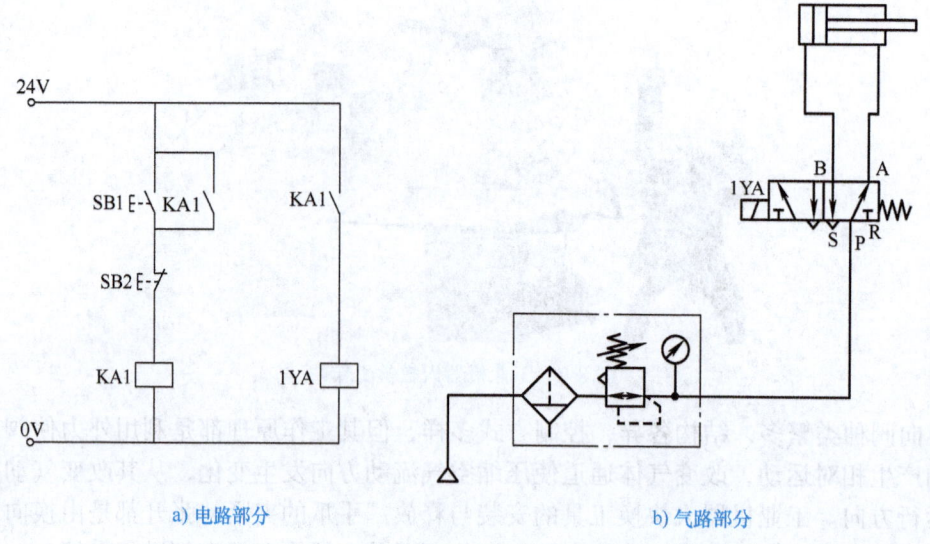

图 8-4　二位五通单电控换向阀对手爪动作控制的原理图

如图 8-5 所示，换向阀电磁线圈失电，阀芯处于初始状态，压缩空气经过气源处理装置，由进气口 P 进入，P 口跟 A 口相连，A 口直接连接气缸。气缸被活塞分成两个腔，有活塞杆的腔称为有杆腔，无活塞杆的腔称为无杆腔。此时有杆腔进入压缩空气，无杆腔经 B 口排气，B 口与 S 口相连，气体最终经 S 口排入大气中。有杆腔由气源供气，无杆腔与大气连通，有杆腔内的气压大于无杆腔内气压，活塞杆处于缩回状态，磁性开关 B1 检测到活塞缩回到位，对应机器人手爪张开到位。

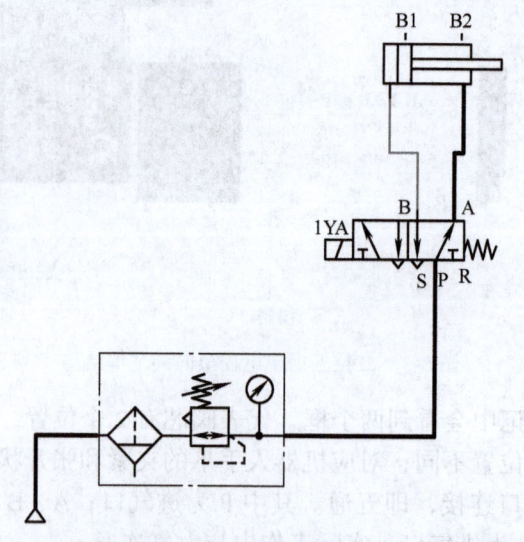

图 8-5　二位五通单电控换向阀电磁线圈失电工作状态示意图

如图 8-6 所示，换向阀电磁线圈得电，阀体移动，换向阀转位，压缩空气经过气源处理装置，由进气口 P 进入，P 口跟 B 口相连，B 口直接连接气缸。无杆腔进入压缩空气，有杆腔经 A 口排气，A 口与 R 口相连，气体最终经 R 口排入大气中。无杆腔由气源供气，有杆腔与大气连通，无杆腔内的气压大于有杆腔内气压，活塞杆处于伸出状态，磁性开关

B2 检测到活塞伸出到位，对应机器人手爪夹紧到位。

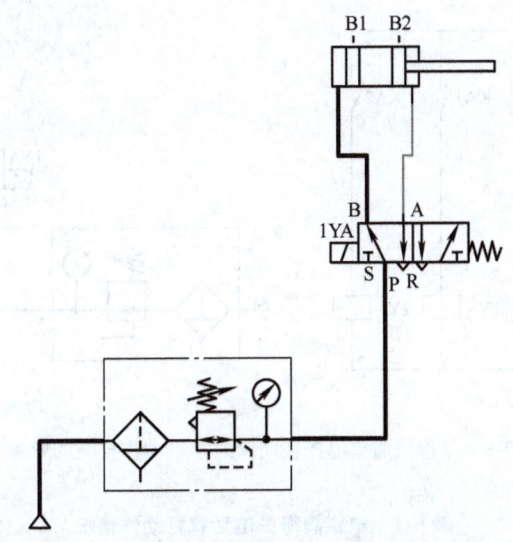

图 8-6 二位五通单电控换向阀电磁线圈得电工作状态示意图

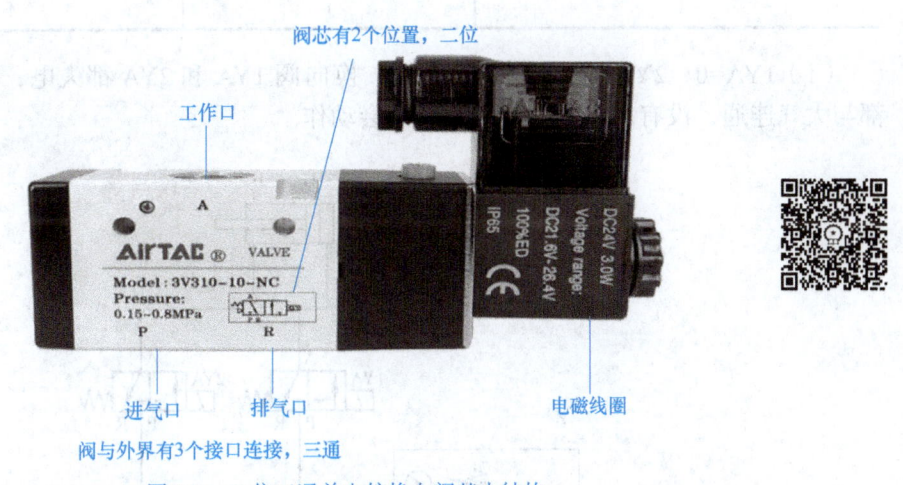

二、二位三通单电控换向阀

二位三通单电控换向阀基本结构如图 8-7 所示。

图 8-7 二位三通单电控换向阀基本结构

换向阀实物铭牌标记中会看到两个框，代表阀芯有 2 个位置，即二位。

阀与外界有 3 个接口连通，即三通。其中 P 为进气口；A 为工作口，实际工作中直接与气缸连接；R 为排气口，实际工作中与大气连通。

单电控指有一个电磁线圈通电后带动阀芯移动，失电后靠弹簧将阀芯顶回原位。

如图 8-8 所示，二位三通单电控换向阀对手爪动作控制的原理图同样分为电路部分和气路部分。完成手爪动作的执行需要 2 个二位三通单电控换向阀，所以电路部分需要设计对 2 个电磁线圈的控制；气路部分主要由气源处理装置、二位三通单电控换向阀和气缸组成。根据电磁阀得失电组合状态，分析活塞杆动作情况，分析完成后，将结果填入表 8-1 中。

a) 电路部分　　　　　　　　　　　　b) 气路部分

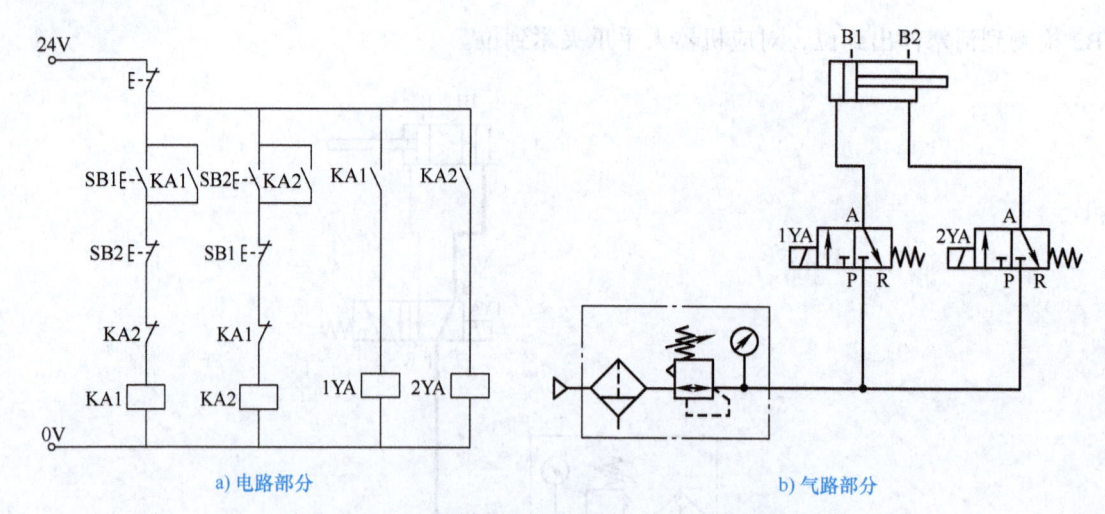

图 8-8　二位三通单电控换向阀对手爪动作控制的原理图

表 8-1　电磁阀得失电活塞杆动作情况

1YA	2YA	活塞杆动作情况
0	0	
0	1	动作
1	0	
1	1	不动作

（1）1YA=0、2YA=0　如图 8-9 所示，换向阀 1YA 和 2YA 都失电，有杆腔和无杆腔都与大气连通，没有压差，此时活塞杆不会动作。

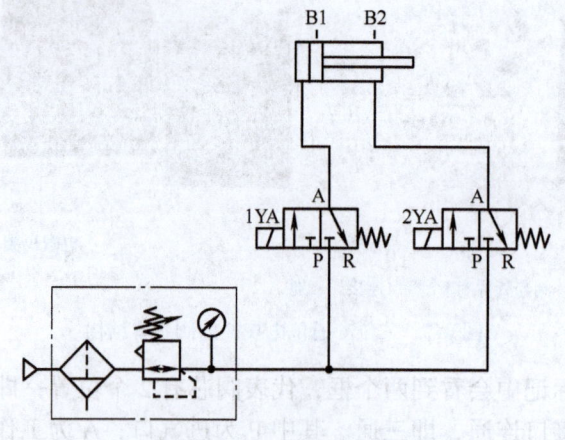

图 8-9　1YA=0、2YA=0 工作示意图

（2）1YA=1、2YA=1　如图 8-10 所示，换向阀 1YA 和 2YA 都得电，有杆腔和无杆腔都与气源连通，没有压差，此时活塞杆不会动作。

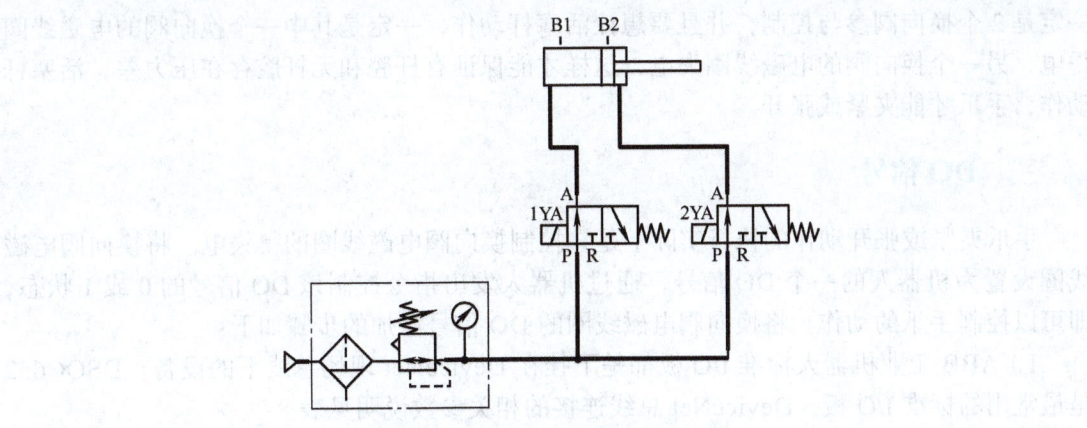

图8-10 1YA=1、2YA=1 工作示意图

（3）1YA=1、2YA=0 如图8-11所示，换向阀1YA得电，压缩空气经过气源处理装置，由P口进入，P口跟A口相连，A口直接连接气缸。此时无杆腔进入压缩空气，有杆腔经换向阀2YA的A口排气，A口与R口相连，气体最终经换向阀2YA的R口排入大气中。无杆腔由气源供气，有杆腔与大气连通，无杆腔内的气压大于有杆腔内气压，活塞杆伸出，磁性开关B2检测到活塞伸出到位，对应机器人手爪夹紧到位。

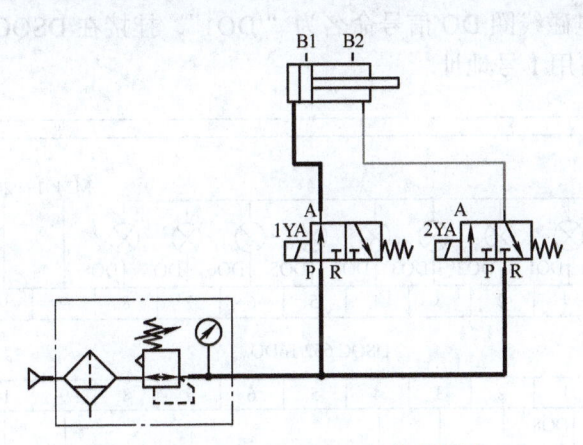

图8-11 1YA=1、2YA=0 工作示意图

（4）1YA=0、2YA=1 如图8-12所示，换向阀2YA得电，压缩空气经过气源处理装置，由换向阀2YA P口进入，P口跟A口相连，A口直接连接气缸。此时有杆腔进入压缩空气，无杆腔经换向阀1YA的A口排气，A口与R口相连，气体最终经换向阀1YA的R口排入大气中。有杆腔由气源供气，无杆腔与大气连通，有杆腔内的气压大于无杆腔内气压，活塞杆缩回，磁性开关B1检测到活塞缩回到位，对应机器人手爪张开到位。

所以，如果选用二位三通单电控换向阀，

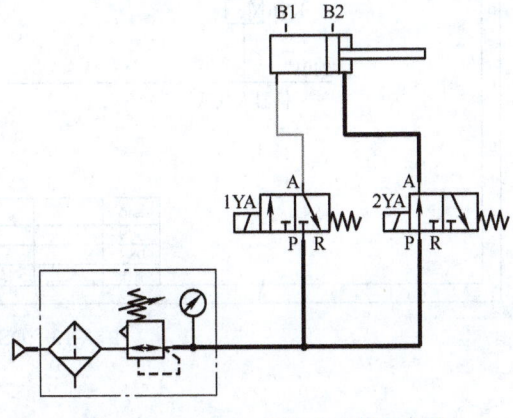

图8-12 1YA=0、2YA=1 工作示意图

一定是 2 个换向阀参与控制，并且要想让活塞杆动作，一定是其中一个换向阀的电磁线圈得电，另一个换向阀的电磁线圈失电，这样才能保证有杆腔和无杆腔存在压力差，活塞杆动作，手爪才能夹紧或张开。

三、DO 信号

手爪夹紧或张开动作的执行实际上是在控制换向阀电磁线圈的得失电。将换向阀电磁线圈设置为机器人的一个 DO 信号，通过机器人发出指令控制该 DO 信号的 0 或 1 状态，即可以控制手爪的动作。将换向阀电磁线圈的 DO 信号添加的步骤如下：

1）ABB 工业机器人标准 I/O 板都是下挂在 DeviceNet 现场总线下的设备。DSQC652 是最常用的标准 I/O 板，DeviceNet 总线连接的相关参数说明见表 8-2。

表 8-2 DeviceNet 总线连接的相关参数说明

参数名称	设定值	说明
Name	Board10	设定 I/O 板在系统中的名字
Network	DeviceNet	I/O 板连接总线
Address	10	设定 I/O 板在总线中的地址

2）将该换向阀电磁线圈 DO 信号命名为"DO1"，挂接在 DSQC652 板下。其硬件接线如图 8-13 所示，占用 1 号地址。

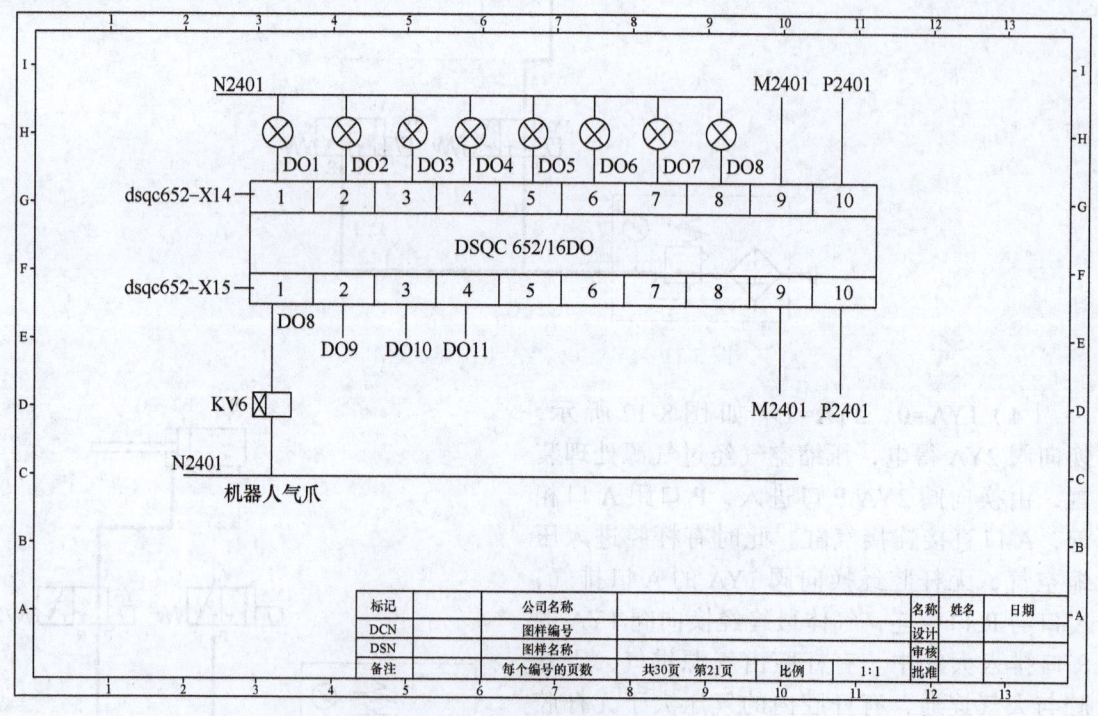

图 8-13 DSQC652 板硬件接线

在机器人系统中，DSQC652 板配置 DO 信号相关参数说明见表 8-3。

表 8-3　DSQC652 板配置 DO 信号相关参数说明

参数名称	设定值	说明
Name	DO1	设定数字输出信号的名字
Type of Signal	Digital Output	设定信号的类型
Assigned to Device	Board10	设定信号所在的 I/O 模块
Device Maoping	1	设定信号所占用的地址

四、I/O 控制指令

I/O 控制指令用于控制 I/O 信号，以达到与机器人周边设备进行通信的目的。下面介绍基本的 I/O 控制指令。

（1）Set 数字信号置位指令　如图 8-14 所示，该指令用于将数字输出（DO）置位为"1"。发出置位信号后，电磁线圈得电，需要等待气缸动作到位后才开始下一个动作，所以 Set 数字信号置位指令常与时间等待指令 WaitTime 结合使用。

（2）Reset 数字信号复位指令　如图 8-15 所示，该指令用于将数字输出（DO）置位为"0"。发出复位信号后，电磁线圈失电，需要等待气缸动作到位后才开始下一个动作，所以 Reset 数字信号置位指令常与时间等待指令 WaitTime 结合使用。

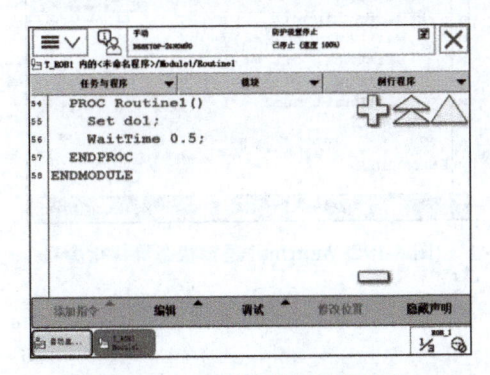

图 8-14　Set 数字信号置位指令

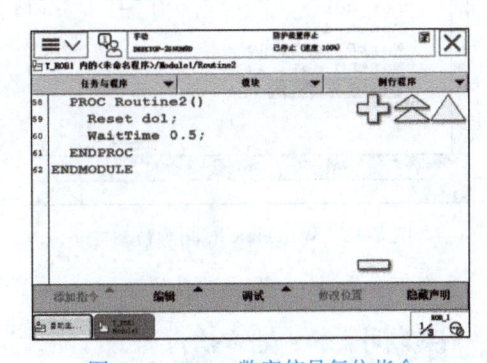

图 8-15　Reset 数字信号复位指令

注意： 如果在 Set、Reset 指令前有运动指令 MoveL、MoveJ、MoveC、MoveAbsJ 的转弯区数据，必须使用 fine 才可以准确地输出 I/O 信号状态的变化。否则，Set、Reset 的动作有可能提前，从而发生意外。

（3）WaitDI 数字输入信号判断指令　如图 8-16 所示，该指令用于判断数字输入信号的值是否与目标一致。在程序执行此指令时，等待 di1 的值为 1。如果 di1 为 1，则程序继续往下执行。如果达到最大等待时间 300s 以后，di1 还不为 1，则机器人报警或进入出错处理程序。

（4）WaitDO 数字输出信号判断指令　如图 8-17 所示，该指令用于判断数字输出信号的值是否与目标一致。在程序执行此指令时，等待 do1 的值为 1。如果 do1 为 1，则程序继续往下执行。如果达到最大等待时间 300s 以后，do1 的值还不为 1，则机器人报警或进入出错处理程序。

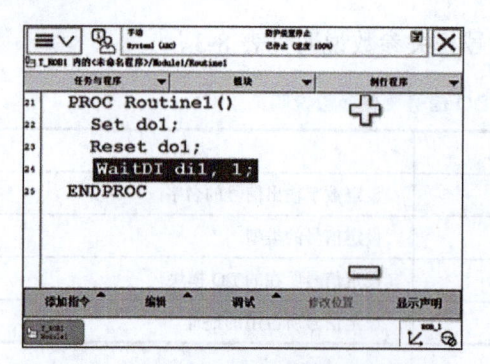

图 8-16　WaitDI 数字输入信号判断指令 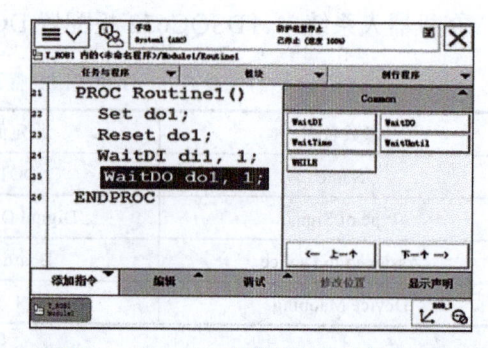　　　　图 8-17　WaitDO 数字输出信号判断指令

（5）WaitTime 时间等待指令　如图 8-18 所示，该指令用于程序在等待一个指定的时间以后，再继续向下执行。

（6）WaitUntil 逻辑状态等待指令　如图 8-19 所示，WaitUntil 信号可以判断指令，可用于布尔量、数字量和 I/O 信号值的判断，如果条件到达指令中的设定值，程序继续往下执行，否则一直等待，除非设置了最大等待时间。

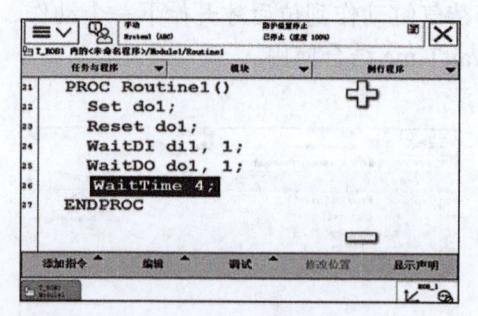

图 8-18　WaitTime 时间等待指令 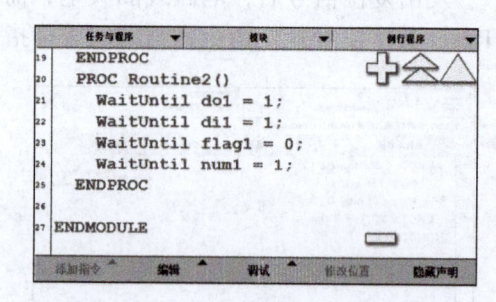　　　　图 8-19　WaitUntil 逻辑状态等待指令

课间加油站

方寸匠心　不差毫厘——田得梅

作为 2022 年大国工匠年度人物，田得梅 15 年来始终奋战在水电建设一线，在长期实践中，不仅练就了过硬的技术本领，更总结出了一套适用于机组设备吊装的工作方法。2019 年，田得梅调往世界在建规模最大水电站白鹤滩水电站工作，从举世瞩目的百万千瓦机组首台转子成功吊装，到左岸 8 台百万千瓦水轮发电机组全部并网投产发电，她带领天车班全体员工不断钻研改进吊装工艺，各项部件吊装精度、效率得到极大提升。田得梅一如既往地干好自己的本职工作，爱岗敬业，在岗位上传承着执着专注、精益求精、一丝不苟、追求卓越的工匠精神。

任务实施

一、路径规划

根据工艺要求确定程序点说明表，见表 8-4。根据前面的学习，请同学们思考，完成该任务需要示教几个点呢？将要示教的点做成表 8-4 程序点说明表。

表 8-4　程序点说明表

说明	点命名	插补方式
原点	Phome	MoveAbsJ
张开手爪		
抓取准备点（抓取上方点）	PRDPick=Offs（Ppick，0，0，100）	MoveJ
抓取点（作业点）	PPick	MoveL
夹紧手爪		
抓取准备点（抓取上方点）	PRDPick=Offs（Ppick，0，0，100）	MoveL
过渡点（根据抓取规避点与放置规避点之间的空间距离可选择是否设置，如果空间距离较远可设置一个或者多个过渡点）	Pgd	MoveJ
放置准备点（放置上方点）	PRDplace=Offs（Pplace，0，0，100）	MoveJ
放置点（作业点）	PPlace	MoveL
张开手爪		
放置准备点（放置上方点）	PRDplace=Offs（Pplace，0，0，100）	MoveL
原点	Phome	MoveAbsJ

二、单块物料搬运程序设计

对单块物料搬运流程进行具体设计，具体步骤如下：

（1）示教前准备

1）安全确认。确认操作者与机器人之间保持安全距离，做好安全隐患预防措施。

2）创建系统备份。通过 robotstudio 或者示教器给当前机器人系统做一份备份（防止后续操作中对系统误删除或误操作，出现问题后可用备份系统恢复）。

3）确认机器人原点。

4）按照实训任务要求，合理布局工作站。

（2）配置 I/O 信号　根据实际 I/O 信号设置，配置 I/O 信号。该任务中包括手爪信号 DO10-09、手爪夹紧磁性开关到位信号 DI10-1 和手爪张开磁性开关到位信号 DI10-2。

（3）创建程序数据　创建 3 种重要的程序数据，分别是工具数据、工件数据和有效载荷数据。本任务中，使用默认工具坐标系 tool0、默认工件坐标系 wobj0；此搬运操作中物料质量较轻，暂时也不需要设置有效载荷。

（4）输出信号置复位编程　具体步骤见表 8-5。

表 8-5　输出信号置复位编程步骤

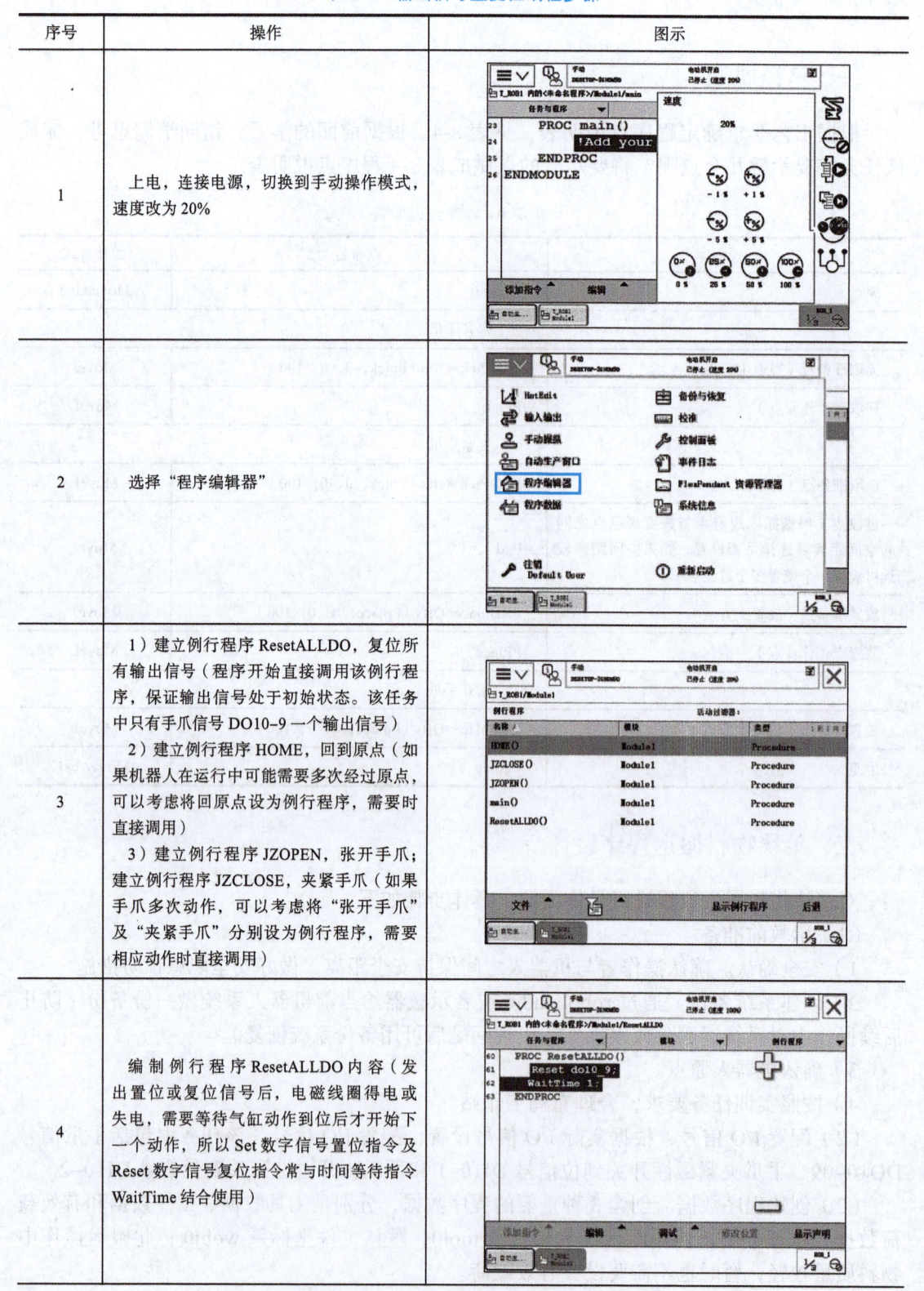

序号	操作	图示
1	上电，连接电源，切换到手动操作模式，速度改为 20%	
2	选择"程序编辑器"	
3	1）建立例行程序 ResetALLDO，复位所有输出信号（程序开始直接调用该例行程序，保证输出信号处于初始状态。该任务中只有手爪信号 DO10-9 一个输出信号） 2）建立例行程序 HOME，回到原点（如果机器人在运行中可能需要多次经过原点，可以考虑将回原点设为例行程序，需要时直接调用） 3）建立例行程序 JZOPEN，张开手爪；建立例行程序 JZCLOSE，夹紧手爪（如果手爪多次动作，可以考虑将"张开手爪"及"夹紧手爪"分别设为例行程序，需要相应动作时直接调用）	
4	编制例行程序 ResetALLDO 内容（发出置位或复位信号后，电磁线圈得电或失电，需要等待气缸动作到位后才开始下一个动作，所以 Set 数字信号置位指令及 Reset 数字信号复位指令常与时间等待指令 WaitTime 结合使用）	

（续）

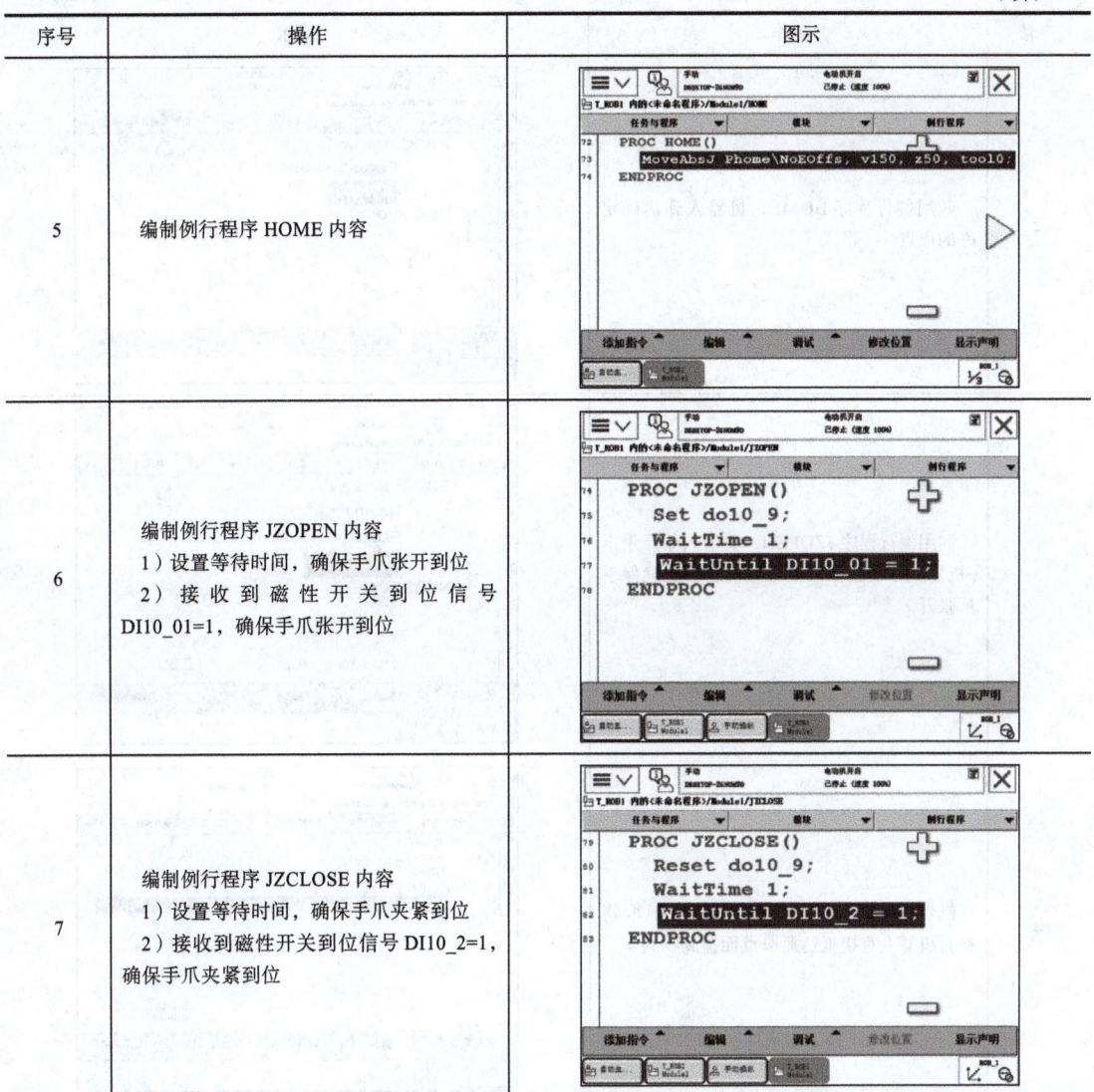

序号	操作	图示
5	编制例行程序 HOME 内容	PROC HOME() MoveAbsJ Phome\NoEOffs, v150, z50, tool0; ENDPROC
6	编制例行程序 JZOPEN 内容 1）设置等待时间，确保手爪张开到位 2）接收到磁性开关到位信号 DI10_01=1，确保手爪张开到位	PROC JZOPEN() Set do10_9; WaitTime 1; WaitUntil DI10_01 = 1; ENDPROC
7	编制例行程序 JZCLOSE 内容 1）设置等待时间，确保手爪夹紧到位 2）接收到磁性开关到位信号 DI10_2=1，确保手爪夹紧到位	PROC JZCLOSE() Reset do10_9; WaitTime 1; WaitUntil DI10_2 = 1; ENDPROC

（5）取放物料编程　具体步骤见表 8-6。

表 8-6　取放物料编程步骤

序号	操作	图示
1	调用例行程序 ResetALLDO，复位所有输出信号	PROC main() ResetALLDO; ENDPROC

（续）

序号	操作	图示
| 2 | 调用例行程序 HOME，机器人到达确定好的原点 | ```
PROC main()
    ResetALLDO;
    HOME;
ENDPROC
``` |
| 3 | 调用例行程序 JZOPEN，机器人张开手爪（机器人移动至抓取准备点前，再次确保手爪张开） | ```
PROC main()
    ResetALLDO;
    HOME;
    JZOPEN;
ENDPROC
``` |
| 4 | 机器人移动到抓取准备点（避免抓取物料时机器人直接抵达抓取点而撞到物料） | ```
PROC main()
    ResetALLDO;
    HOME;
    JZOPEN;
    MoveJ Offs(Ppick,0,0,100), v100, z10, tool0;
ENDPROC
``` |
| 5 | 机器人移动至抓取点<br>1）速度需要缓慢<br>2）此处转弯半径数据一定用 fine | ```
PROC main()
    ResetALLDO;
    HOME;
    JZOPEN;
    MoveJ Offs(Ppick,0,0,100), v100, z10, tool0;
    MoveL Ppick, v30, fine, tool0;
ENDPROC
``` |
| 6 | 设置等待时间 | 在一些大型机械作业中，为避免工具机械结构颤抖产生误差带来的影响，一般设置等待时间，让机器人稳妥抵达抓取点。此处可不用设置 |

（续）

序号	操作	图示
7	调用例行程序 JZCLOSE，机器人夹紧手爪	
8	机器人移动到抓取准备点	
9	机器人移动至放置准备点（放置物料时，避免机器人直接抵达放置点而产生撞击）	
10	机器人移动至放置点 1）速度需要缓慢 2）此处转弯半径数据一定用 fine	
11	设置等待时间	在一些大型机械作业中，为避免工具机械结构颤抖产生误差带来的影响，一般设置等待时间，让机器人稳妥抵达放置点。此处可不用设置

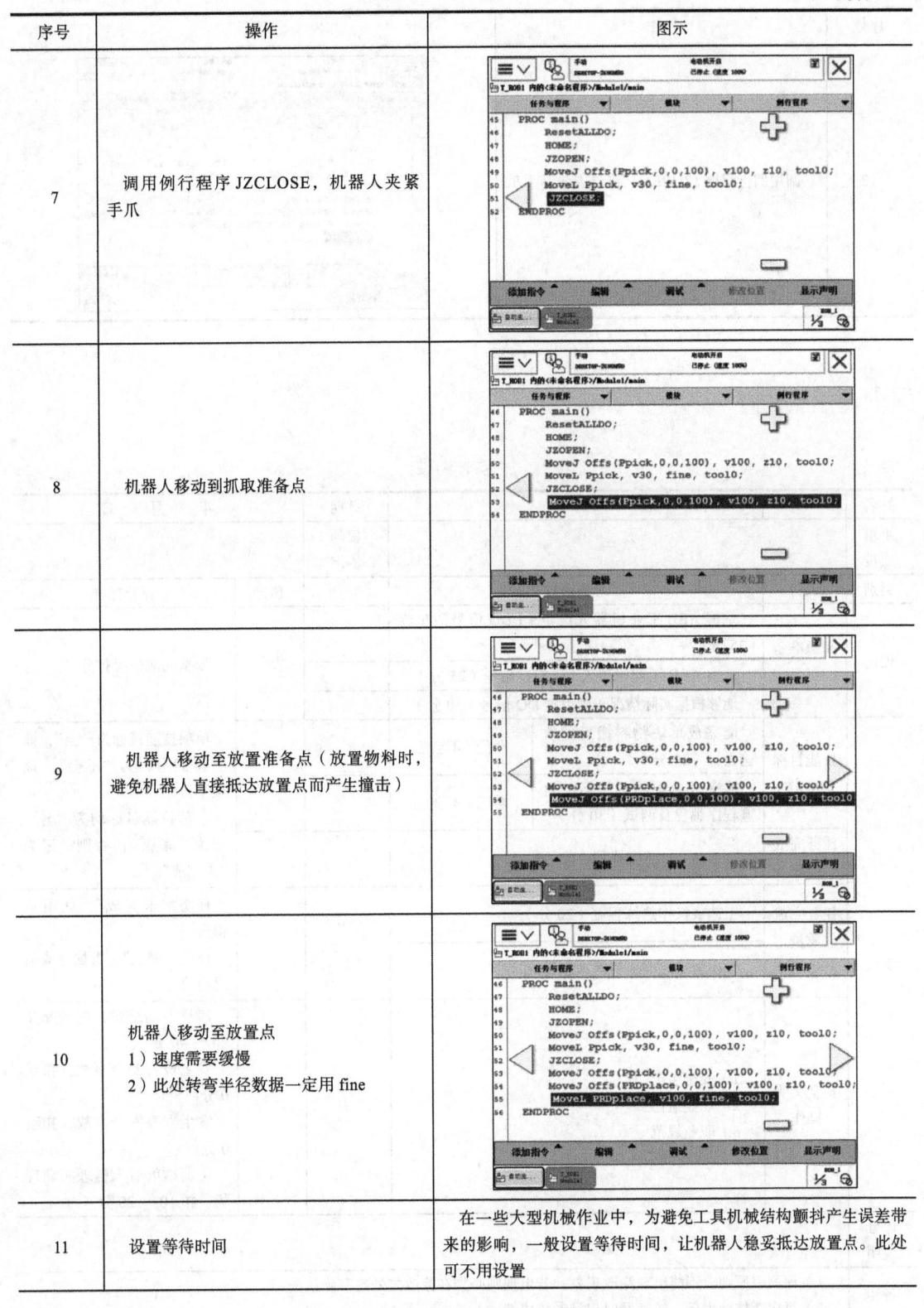

（续）

序号	操作	图示
12	调用例行程序 JZOPEN，机器人张开手爪	

任务评价

任务评测表

姓名		学号		日期		年　月　日
小组成员				教师签字		

类别	项目	考核内容	得分	总分	评分标准
理论	知识准备（100分）	掌握ABB工业机器人设定DI/DO信号的步骤（25分）			根据完成情况打分
		掌握ABB工业机器人I/O控制指令（25分）			
		能够根据实际情况正确设置DO信号（50分）			
实操	技能目标（60分）	能完成单块物料搬运的轨迹设计（30分）	会□/不会□		单项技能目标为"会"，该项得满分；为"不会"，该项不得分 全部技能目标均为"会"，记为"完成"；否则，记为"未完成"
		能完成单块物料搬运的轨迹程序编程及调试（30分）	会□/不会□		
	任务完成情况	完成□/未完成□			
	任务完成质量（40分）	工艺或操作熟练程度（20分）			任务"未完成"，此项不得分 任务"完成"，根据完成情况打分
		工作效率或完成任务速度（20分）			
	安全文明操作	1）安全生产 2）职业道德 3）职业规范			违反考场纪律，视情况扣20～40分 发生设备安全事故，扣至0分 发生人身安全事故，扣至0分 实训结束后未整理实训现场，扣10～20分
评分说明					
备注	1）评测表原则上不能出现涂改现象，若出现则必须在涂改之处签字确认 2）每次考核结束后，教师及时记录考核成绩				

任务 8.2 利用循环指令码垛的案例讲解

任务描述

本任务主要讲解利用循环指令码垛案例的准备与实现。

问题引导

1）条件逻辑判断指令有哪几种？又分别可以实现什么功能？
2）如何利用循环指令实现物料的二层码垛？

能力要求

知识要求：掌握 Compact IF 紧凑型条件判断指令、IF 条件判断指令、FOR 重复执行判断指令、WHILE 条件判断指令等条件逻辑判断指令的使用方法。

技能要求：能熟练建立工件坐标系；能根据码垛的不同垛形要求建立解决方案；能将 WHILE 循环指令应用于案例方案解决；堆垛意识的建立及解决方案。

素质要求：了解行业需求，培养遵守规范、操作细致、团队合作的职业素养；鼓励学生将理论知识与实践操作相结合，勇于探索创新；培养安全生产、节能环保等意识。

工作任务

机器人从输送带 p10 处使用手爪取料进行码垛，物料到位传感器的数字输入信号变为 1，码垛垛形示意图如图 8-20 所示，物料为长 64mm、宽 32mm、高 15mm 的立方体，手爪信号为数字输出 jz，置为 1。安全位定义为 HOME，请利用偏移、循环、赋值等指令编写工作程序。

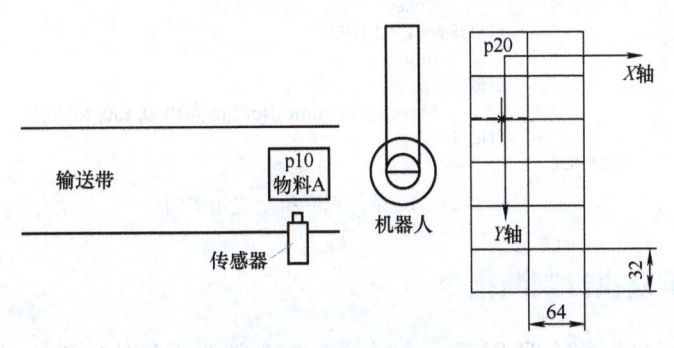

图 8-20 码垛垛形示意图

知识准备

条件逻辑判断指令用于对条件判断后，执行相应的操作，是 RAPID 程序中重要的组成部分，如图 8-21 所示。

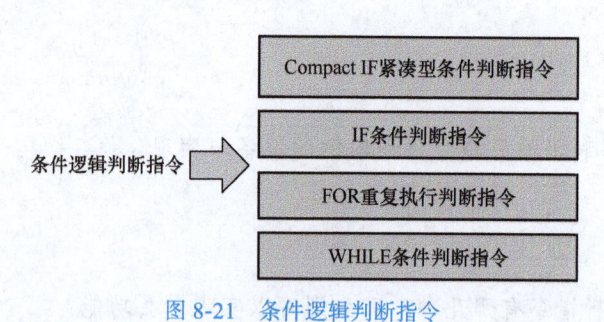

```
                        ┌──────────────────────────────┐
                        │ Compact IF 紧凑型条件判断指令 │
                        ├──────────────────────────────┤
条件逻辑判断指令  ⇒     │ IF 条件判断指令              │
                        ├──────────────────────────────┤
                        │ FOR 重复执行判断指令         │
                        ├──────────────────────────────┤
                        │ WHILE 条件判断指令           │
                        └──────────────────────────────┘
```

图 8-21 条件逻辑判断指令

一、Compact IF 紧凑型条件判断指令

Compact IF 紧凑型条件判断指令用于当一个条件满足了以后，就执行一条指令。如图 8-22 所示，如果 reg1=1，执行画圆操作；如果 reg1=2，执行画正方形操作。

```
PROC Routine5()
    IF reg1 = 1 circle;
    IF reg1 = 2 squre;
ENDPROC
```

图 8-22 Compact IF 紧凑型条件判断指令应用实例

二、IF 条件判断指令

IF 条件判断指令就是根据不同的条件去执行不同的指令，条件数量可以根据实际情况进行增加与减少。如图 8-23 所示，如果 reg1=1，执行画圆操作；如果 reg1=2，执行画正方形操作；如果 reg1 既不为 1，也不为 2，就回到原点。

```
PROC Routine3()
    IF reg1 = 1 THEN
        circle;
    ELSEIF reg1 = 2 THEN
        squre;
    ELSE
        MoveAbsJ phome\NoEOffs, v1000, z50, tool0;
    ENDIF
ENDPROC
```

图 8-23 IF 条件判断指令应用实例

三、FOR 重复执行判断指令

FOR 重复执行判断指令适用于一个或多个指令需要重复执行数次的情况。每执行一次，i 自动加 1。如图 8-24 所示，执行 3 次画正方形。

```
PROC Routine4()
    FOR i FROM 1 TO 3 DO
        squre;
    ENDFOR
ENDPROC
```

图 8-24　FOR 重复执行判断指令应用实例

四、WHILE 条件判断指令

系统执行 WHILE 条件判断指令时，如循环条件满足，则可执行 WHILE 至 ENDWHILE 之间的循环指令或程序，循环指令执行完成后，系统将再次检查循环条件，如满足，则继续执行循环指令，如此循环；如不满足，系统可跳过 WHILE 至 ENDWHILE 的循环指令，执行 ENDWHILE 后的其他指令。如图 8-25 所示，机器人执行例行程序 squre 3 次后，回到 p10 点。

```
PROC Routine3()
    reg1 := 0;
    WHILE reg1 < 3 DO    ← BOOL信号
        squre;
        reg1 := reg1 + 1;
    ENDWHILE
    MoveL p10, v1000, fine, tool0;
ENDPROC
```

图 8-25　WHILE 条件判断指令应用实例

WHILE 条件判断指令的循环条件可用判别比较式，如 "reg1<5" 等，也可直接定义为逻辑状态 "TRUE（满足）" 或 "FALSE（不满足）"。如果循环条件直接定义为 "TRUE"，则 WHILE 至 ENDWHILE 的循环指令将进入无限重复；如定义 "FALSE"，则 WHILE 至 ENDWHILE 的指令将永远无法执行，如图 8-26 所示。

```
PROC Routine2()                      PROC Routine2()
    WHILE TRUE DO   仿真CPU过载运行，    WHILE FLASE DO
        squre;      加一等待时间            squre;
        WaitTime 0.5;                       WaitTime 0.5;
    ENDWHILE                         ENDWHILE
ENDPROC                              ENDPROC
```

a) 机器人一直执行例行程序 squre　　　b) 机器人永不执行例行程序 squre

图 8-26　循环条件为逻辑状态

任务实施

完成工作任务之前，需要知道各料位的点位信息。将垛形看成是两列六行，每行有两个（或者是将垛形看成是两行六列，每行有六个），每行放置的个数设置为 nx，放置的行数设置为 ny，层数设置为 nz，各参数初始值都设置为 0，一行中每当放置一块，nx 自动加 1，一行中每当放置完两块物料后，跳出 nx<2 的循环，ny 自动加 1，nx 清 0；以此类推，当放置完 6 行以后，跳出 ny<6 的循环，nz 自动加 1，ny 清 0，完成一层码垛。第二层码

垛完成后，跳出 nz<2 的循环，从最后一块物料的上方直接回到原点 phome。

如图 8-20 所示，以第一个物料的抓取点 p20 为原点，建立工件坐标系 wobj1。

程序结构总览及解析如下：

```
PROC liangceng()
    MoveAbsJ phome\NoEOffs,v100,fine,tool0\Wobj:=wobj1;
    Reset jz;
    WaitTime 0.5;
    nz:= 0;
    WHILE nz< 2 DO(两层)
        ny:= 0;
        WHILE ny<6  DO(六行)
            nx:= 0;
            WHILE nx< 2 DO(一行放两个)
                MoveL Offs(p10,0,0,100),v100,fine,tool0\Wobj:=wobj1;
                MoveL p10,v100,fine,tool0\Wobj:=wobj1;
                Set jz;
                WaitTime 0.5;
                MoveL Offs(p10,0,0,50),v100,fine,tool0\Wobj:=wobj1;
                MoveL Offs(p20,65*nx,33*ny,50+nz*16),v100,fine,tool0\Wobj:=wobj1;
                MoveL Offs(p20,nx*65,ny*33,nz*16),v100,fine,tool0\Wobj:=wobj1;
                (放置时为防止发生堆垛，在长宽高的基础上分别多加了1mm)
                Reset jz;
                WaitTime 0.5;
                MoveL Offs(p20,65*nx,33*ny,50+nz*16),v100,fine,tool0\Wobj:=wobj1;
                nx:= nx + 1;
            ENDWHILE
            ny:= ny + 1;
        ENDWHILE
        Incrnz;
    ENDWHILE
    MoveAbsJ phome\NoEOffs,v100,fine,tool0\Wobj:=wobj1;
ENDPROC
```

任务评价

任务评测表

姓名		学号		日期	年 月 日
小组成员				教师签字	

（续）

类别	项目	考核内容		得分	总分	评分标准
理论	知识准备 （100分）	能够灵活运用条件逻辑判断指令，掌握Compact IF 紧凑型条件判断指令、IF 条件判断指令、FOR 重复执行判断指令、WHILE 条件判断指令（50分）				根据完成情况打分
		掌握工件坐标系的建立（50分）				
实操	技能目标 （60分）	能根据不同垛形要求建立解决方案（20分）	会□/不会□			● 单项技能目标为"会"，该项得满分；为"不会"，该项不得分 ● 全部技能目标均为"会"，记为"完成"；否则，记为"未完成"
		能将 WHILE 循环指令应用于案例方案解决（20分）	会□/不会□			
		堆垛意识的建立及解决方案（20分）	会□/不会□			
	任务完成情况	完成□/未完成□				
	任务完成质量 （40分）	工艺或操作熟练程度（20分）				● 任务"未完成"，此项不得分 ● 任务"完成"，根据完成情况打分
		工作效率或完成任务速度（20分）				
	安全文明操作	1）安全生产 2）职业道德 3）职业规范				● 违反考场纪律，视情况扣20～40分 ● 发生设备安全事故，扣至0分 ● 发生人身安全事故，扣至0分 ● 实训结束后未整理实训现场，扣10～20分
评分说明						
备注	1）评测表原则上不能出现涂改现象，若出现则必须在涂改之处签字确认 2）每次考核结束后，教师及时记录考核成绩					

任务 8.3 数组在码垛程序中的案例讲解

任务描述

本任务主要介绍数组在码垛程序中的应用。

问题引导

1）什么是数组？
2）如何将数组应用于搬运或码垛程序中？

能力要求

知识要求：理解数组的定义；掌握 ABB 工业机器人中数组的添加步骤；掌握 ABB 工业机器人数组表达的注意事项。

技能要求：能将数组意识正确应用于搬运或者码垛案例中；能根据码垛的不同垛形要求建立解决方案。

素质要求：了解行业需求，培养遵守规范、操作细致、团队合作的职业素养；鼓励学生将理论知识与实践操作相结合，勇于探索创新；具备安全生产、节能环保等意识。

工作任务

如图 8-27 所示，把物料由 A 料盘搬运至 B 料盘。已知，物料的长为 30mm，宽为 30mm，高为 30mm。要求相邻两个物料在 X 轴方向距离 50mm，Y 轴上距离为 50mm。

a) 搬运界面示意图　　b) 料盘示意图

图 8-27　搬运示意图

知识准备

完成工作任务之前，必须要知道 A 料盘及 B 料盘共 12 个料位的点位信息。比如对于 A 料盘来说，当把第一个料位 p10 点示教完成后，其他的料位可以通过数组来建立相对的空间位置。

数组是在程序设计中，为了处理方便，把具有相同类型的若干变量按有序的形式组织起来的一种形式。有限个类型相同的变量的集合的名称称为数组名。组成数组的各个变量称为数组的分量，也称为数组的元素或下标变量。用于区分数组的各个元素的数字编号称为下标。例如：int a[10] 为整型数组 a，有 10 个元素；float b[10] 为实数型数组 b，有 10 个元素。

当数组中每个元素都只带有一个下标时，称为一维数组。例如：VAR num num1{3}={5，7，9}，定义 num 型一维数组（数组名为 num1）有 3 个元素，分别是 5、7、9，其中第一个元素 num1{1}=5。

当数组中每个元素都带有两个下标时，称为二维数组。例如定义数组：

```
VAR num num1{3,4}:={1, 2, 3, 4}
                   {5, 6, 7, 8}
                   {9, 10, 11, 12}
```

三行四列总共 12 个数据，其中第 1 个元素 num1{1，1}=1；最后的元素 num1{3，4}=12。

ABB 工业机器人数组表达注意事项：

1）ABB 工业机器人数组下标从 1 开始。例如，将从视觉系统得到的 10 个信号建立一个数组，可以表示为

`VAR num camera{10}:={camera1,camera2,camera3,camera4,camera5,camera6,camera7,camera8,camera9,camera10};`

数组中第一个元素是 camera1，不是 camera0。

再如，VAR num num1{3}={5，7，9}，定义数组有 3 个元素，分别是 5、7、9，第一个元素值为 5，而非第 0 个元素值为 5。

2）最多支持三维数组，如 camera{10，10，10}。

任务实施

一、数组的建立

数组的建立步骤见表 8-7。

表 8-7 数组的建立步骤

序号	操作	图示
1	在主菜单界面中选择"程序数据"选项	
2	选择"num"，显示数据	

（续）

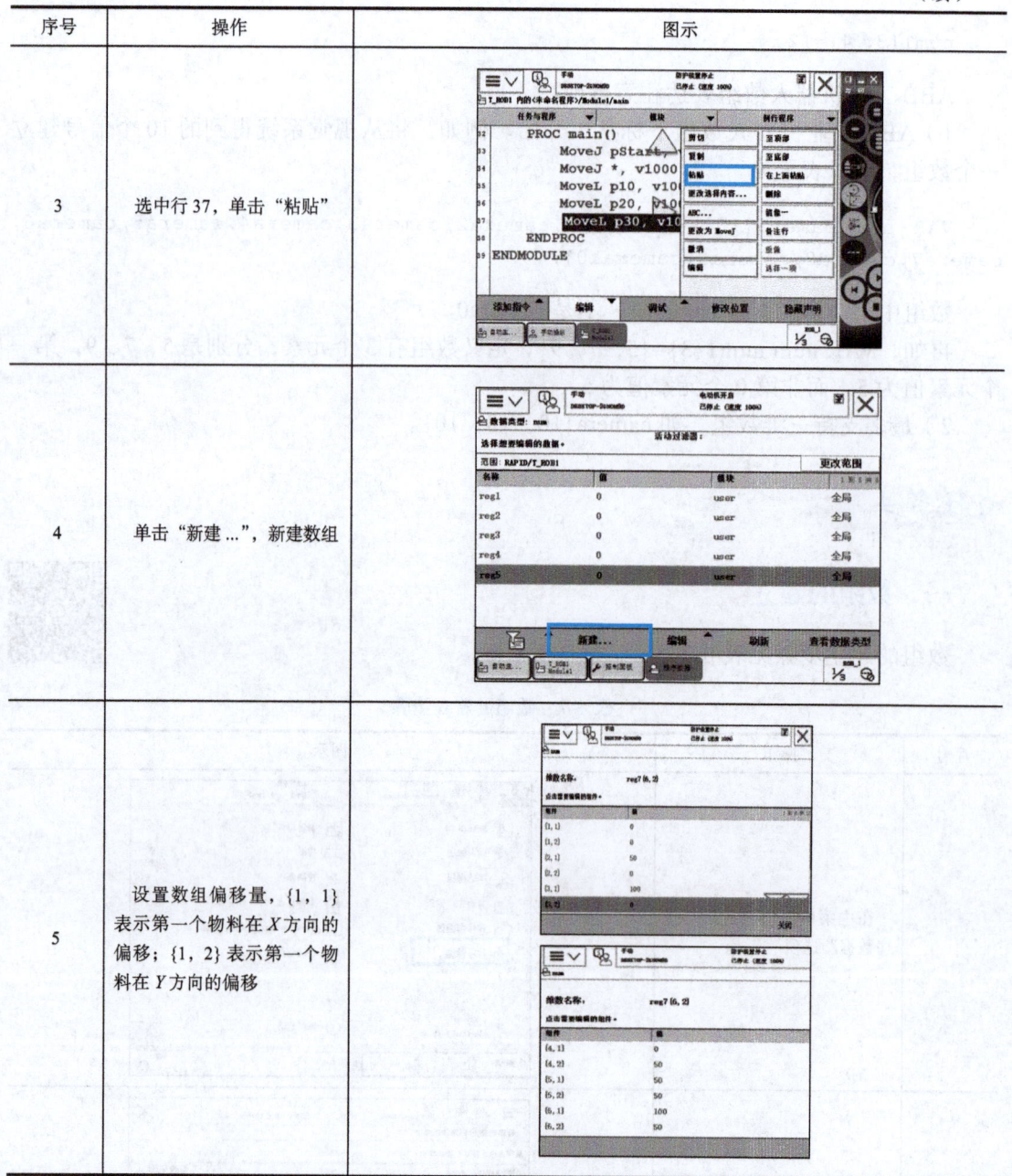

序号	操作	图示
3	选中行37,单击"粘贴"	
4	单击"新建...",新建数组	
5	设置数组偏移量,{1,1}表示第一个物料在X方向的偏移;{1,2}表示第一个物料在Y方向的偏移	

二、数组指令的具体使用

1）新建运动指令。设p10为A料盘料位示教点。

MoveL p10,v100,fine,tool0\Wobj:=wobj1;

2）如图8-28所示，在指令行选中p10，单击"进入"，在功能里面选中Offs。

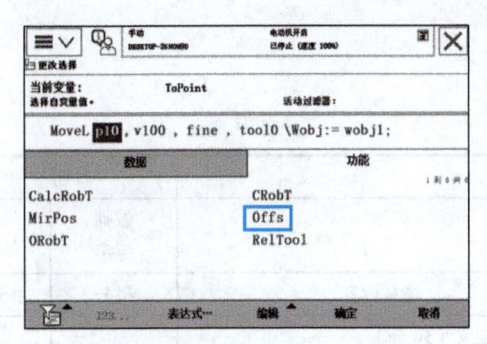

图 8-28 数组指令的具体使用

3）Offs 指令括号内 4 个值的含义分别是参考点、X 方向的偏移量、Y 方向的偏移量和 Z 方向的偏移量，这里需使用一个常量 reg1 来表示当前进行到第几个物料的取放。

Offs(p10,reg7{reg1,1},reg7{reg1,2},0)

三、程序结构总览及解析

```
MoveAbsJ Home\NoEOffs,v1000,fine,tool0\wobj1;
                        (到达定义的 Home 点，准备出发)
Reset DO_01;            (张开手爪)
reg1 := 1;              (令 reg1=1，即表示从放置第一个物料到第一个料位开始执行)
WHILE reg1 < 7 DO       (因为只有 6 个物料，设置 WHILE 循环 reg1 < 7)
MoveJ Offs(p10,reg6{reg1,1},reg6{reg1,2},-80),v100,fine,tool0\wobj1;
                        (到达 A 料盘第一个物料上方 80cm 处)
MoveL Offs(p10,reg6{reg1,1},reg6{reg1,2},0),v100,fine,tool0\wobj1;
                        (到达 A 料盘第一个物料抓取点 p10 处)
Set DO_01;              (夹紧手爪)
WaitTime 1;
MoveL Offs(p10,reg6{reg1,1},reg6{reg1,2},-80),v100,fine,tool0\wobj1;
                        (回到 A 料盘第一个物料上方 80cm 处)
MoveJ pgd,v100,z10,tool0\wobj1;
                        (根据工作台的实际情况，可以在 A 料盘和 B 料盘直接设置过渡点)
MoveJ Offs(p11,reg7{reg1,1},reg7{reg1,2},-80),v100,fine,tool0\wobj1;
                        (到达 B 料盘第一个物料上方 80cm 处)
MoveJ Offs(p11,reg7{reg1,1},reg7{reg1,2},0),v100,fine,tool0\wobj1;
                        (到达 B 料盘第一个物料抓取点 p11 处)
Reset DO_01;            (张开手爪)
WaitTime 1;
MoveL Offs(p11,reg7{reg1,1},reg7{reg1,2},-80),v100,fine,tool0\wobj1;
                        (回到 B 料盘第一个物料上方 80cm 处)
reg1 := reg1+1;         (码垛完成 1 个物料，reg1 自动加 1)
ENDWHILE                (6 个物块全部码垛完成后，跳出 WHILE 循环)
MoveAbsJ Home\NoEOffs,v1000,fine,tool0\wobj1;
                        (从 B 料盘最后一个物料上方直接回到 Home 点)
```

任务评价

任务评测表

类别	项目	考核内容	得分	总分	评分标准
姓名		学号		日期	年 月 日
小组成员			教师签字		
理论	知识准备（100分）	数组的定义（50分）			根据完成情况打分
		ABB工业机器人中数组的表达方式（50分）			
实操	技能目标（60分）	能根据不同垛形要求建立解决方案（30分）	会□ / 不会□		单项技能目标为"会"，该项得满分；为"不会"，该项不得分。全部技能目标均为"会"，记为"完成"；否则，记为"未完成"
		掌握ABB工业机器人数组的添加步骤（10分）	会□ / 不会□		
		能将数组意识正确应用于搬运或者码垛案例中（20分）	会□ / 不会□		
	任务完成情况	完成□ / 未完成□			
	任务完成质量（40分）	工艺或操作熟练程度（20分）			任务"未完成"，此项不得分。任务"完成"，根据完成情况打分
		工作效率或完成任务速度（20分）			
	安全文明操作	1）安全生产 2）职业道德 3）职业规范			违反考场纪律，视情况扣20～40分。发生设备安全事故，扣至0分。发生人身安全事故，扣至0分。实训结束后未整理实训现场，扣10～20分
评分说明					
备注	1）评测表原则上不能出现涂改现象，若出现则必须在涂改之处签字确认 2）每次考核结束后，教师及时记录考核成绩				

任务 8.4 利用带参数的例行程序实现搬运

任务描述

本任务主要介绍带参数的例行程序在搬运中的应用。

项目 8　工业机器人搬运

问题引导

1）什么是带参数和不带参数的例行程序？
2）带参数的例行程序有哪些分类？
3）如何利用带参数的例行程序来实现搬运？

能力要求

知识要求：正确理解带参数的例行程序与不带参数的例行程序的区别；掌握带参数的例行程序的格式；理解带参数的例行程序参数的 4 种存取模式。

技能要求：理解并灵活应用带参数的例行程序参数的不同分类（参数、可选参数、可选共用参数）；能将带参数的例行程序思想应用于搬运或者码垛案例中；掌握 ABB 工业机器人带参数的例行程序的添加方法。

素质要求：了解行业需求，培养遵守规范、操作细致、团队合作的职业素养；鼓励学生将理论知识与实践操作相结合，勇于探索创新；具备安全生产、节能环保等意识。

工作任务

如图 8-29 所示，ABB 工业机器人内带有切割功能包，切割功能包里提供了大量的切割孔加工程序，如圆形、正方形、长方形、六边形、五边形、U 形槽以及其标准的带参数的例行程序。实际应用中，只需要定义圆心、半径，就能自动钻一个圆形孔。带参数的例行程序为参数设置好，封装到功能包里的程序，应用时只需定义一些新的数值即可。

图 8-29　工业机器人钻孔

任务一：图 8-30 所示为执行正方形任务，通过"参数"例行程序的添加，定义参考起点位置和边长，实现正方形钻孔作业。

任务二：任务一有可能执行正方形作业，也有可能执行长方形作业，通过添加带可选参数的例行程序完成任务一需求。提示：长方形和正方形的根本区别在于长方形边长有长和宽之分，可将长和宽定义成两个参数，通过设置可选参数是否应用，选择是正方形作业还是长方形作业。

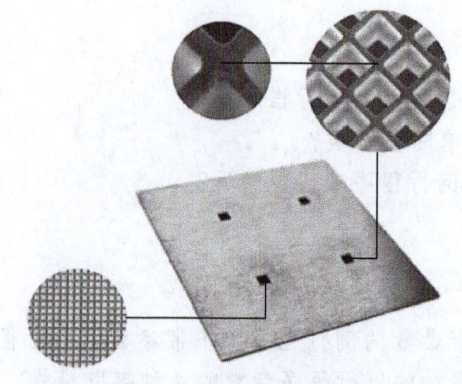

图 8-30　执行正方形任务

任务三：如图 8-31 所示，利用取物料和放物料带参数的例行程序，完成物料从 P 点组到 Q 点组的搬运。

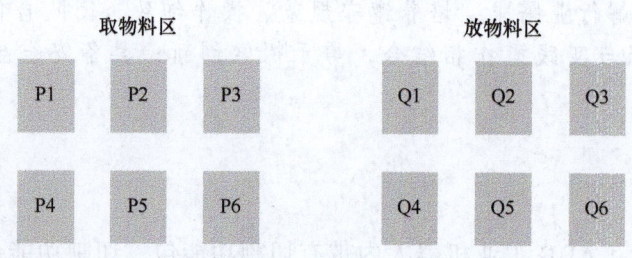

取物料区　　　　　　　　　放物料区

| P1 | P2 | P3 |　　| Q1 | Q2 | Q3 |

| P4 | P5 | P6 |　　| Q4 | Q5 | Q6 |

图 8-31　物料从 P 点组到 Q 点组的搬运

知识准备

一、不带参数的例行程序

之前学习中用到的多为不带参数的且没有返回值的例行程序，此类例行程序可直接被调用，如图 8-32 所示。

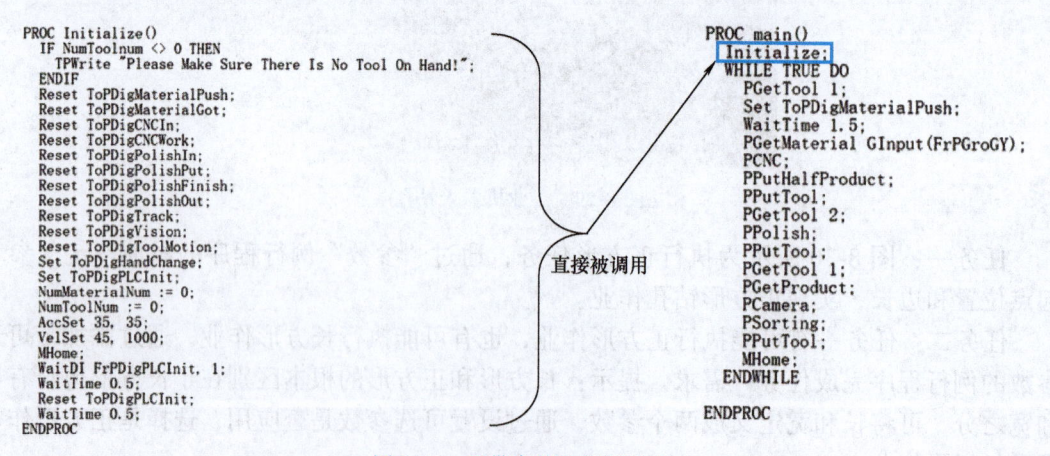

```
PROC Initialize()                                           PROC main()
    IF NumToolnum <> 0 THEN                                     Initialize;
        TPWrite "Please Make Sure There Is No Tool On Hand!";   WHILE TRUE DO
    ENDIF                                                           PGetTool 1;
    Reset ToPDigMaterialPush;                                       Set ToPDigMaterialPush;
    Reset ToPDigMaterialGot;                                        WaitTime 1.5;
    Reset ToPDigCNCIn;                                              PGetMaterial GInput(FrPGroGY);
    Reset ToPDigCNCWork;                                            PCNC;
    Reset ToPDigPolishIn;                                           PPutHalfProduct;
    Reset ToPDigPolishPut;                                          PPutTool;
    Reset ToPDigPolishFinish;                                       PGetTool 2;
    Reset ToPDigPolishOut;                                          PPolish;
    Reset ToPDigTrack;                                              PPutTool;
    Reset ToPDigVision;                                             PGetTool 1;
    Reset ToPDigToolMotion;                                         PGetProduct;
    Set ToPDigHandChange;                                           PCamera;
    Set ToPDigPLCInit;                     直接被调用              PSorting;
    NumMaterialNum := 0;                                            PPutTool;
    NumToolNum := 0;                                                MHome;
    AccSet 35, 35;                                              ENDWHILE
    VelSet 45, 1000;                                        ENDPROC
    MHome;
    WaitDI FrPDigPLCInit, 1;
    WaitTime 0.5;
    Reset ToPDigPLCInit;
    WaitTime 0.5;
ENDPROC
```

图 8-32　不带参数的例行程序

二、带参数的例行程序

1)如果一个例行程序能够传递或者引用某种参数,那么此例行程序就为带参数的例行程序。格式为:程序名(参数类型 参数名),例如:get(num n),其中 n 为某种参数,可以是数字量 num、位置数据量 Pos、点位数据量 Robtarget 或 TCP 数据量 tooldata 等,也可以为常量、变量或可变量。

2)图 8-33 所示为带参数的例行程序 4 种存取模式,即输入、输入/输出、变量和可变量。

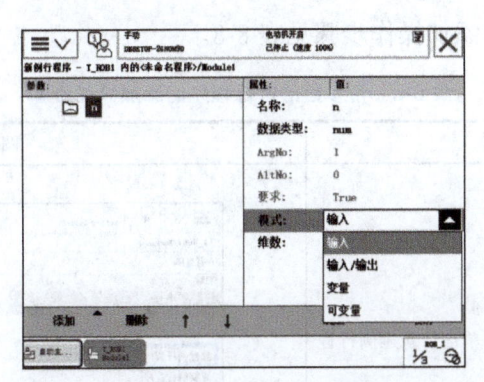

图 8-33 带参数的例行程序 4 种存取模式

① 输入(INPUT):通常例行程序参数被设为该模式,并作为例行程序数据来处理。在例行程序内改变该变量时,对相应自变量没有影响。

② 输入/输出(INOUT):如果例行程序参数被设为该模式,则相应的自变量必须是可被例行程序修改的变量或可变量数据。

③ 变量(VAR):如果例行程序参数被设为该模式,则相应的自变量必须是可被例行程序修改的变量数据。

④ 可变量(PERS):如果例行程序参数被设为该模式,则相应的自变量必须是可被例行程序修改的可变量数据。

3)如图 8-34 所示,带参数的例行程序所添加参数可分为添加参数、添加可选参数和添加可选共用参数。

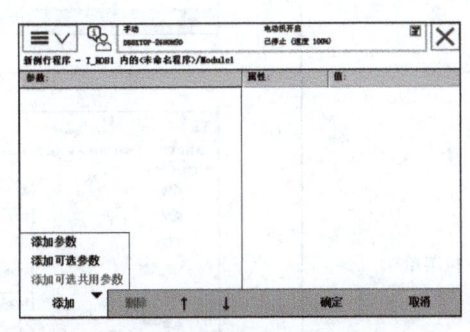

图 8-34 添加可选共用参数

① 添加参数:即通常使用的默认参数。
② 添加可选参数:使用 present 函数判断用户是否选择该可选参数。例如:作业中有

可能执行正方形作业，也有可能执行长方形作业，就可以通过添加带可选参数的例行程序完成相应的任务需求。

③ 添加可选共用参数：互斥参数。

任务实施

一、带参数的例行程序的添加

带参数的例行程序的添加操作步骤见表 8-8。

表 8-8　带参数的例行程序的添加操作步骤

序号	操作	图示
1	在例行程序界面下，单击"新建例行程序…"	
2	例行程序的名称为"draw"	
3	单击"参数"右侧处下拉菜单	

项目 8　工业机器人搬运

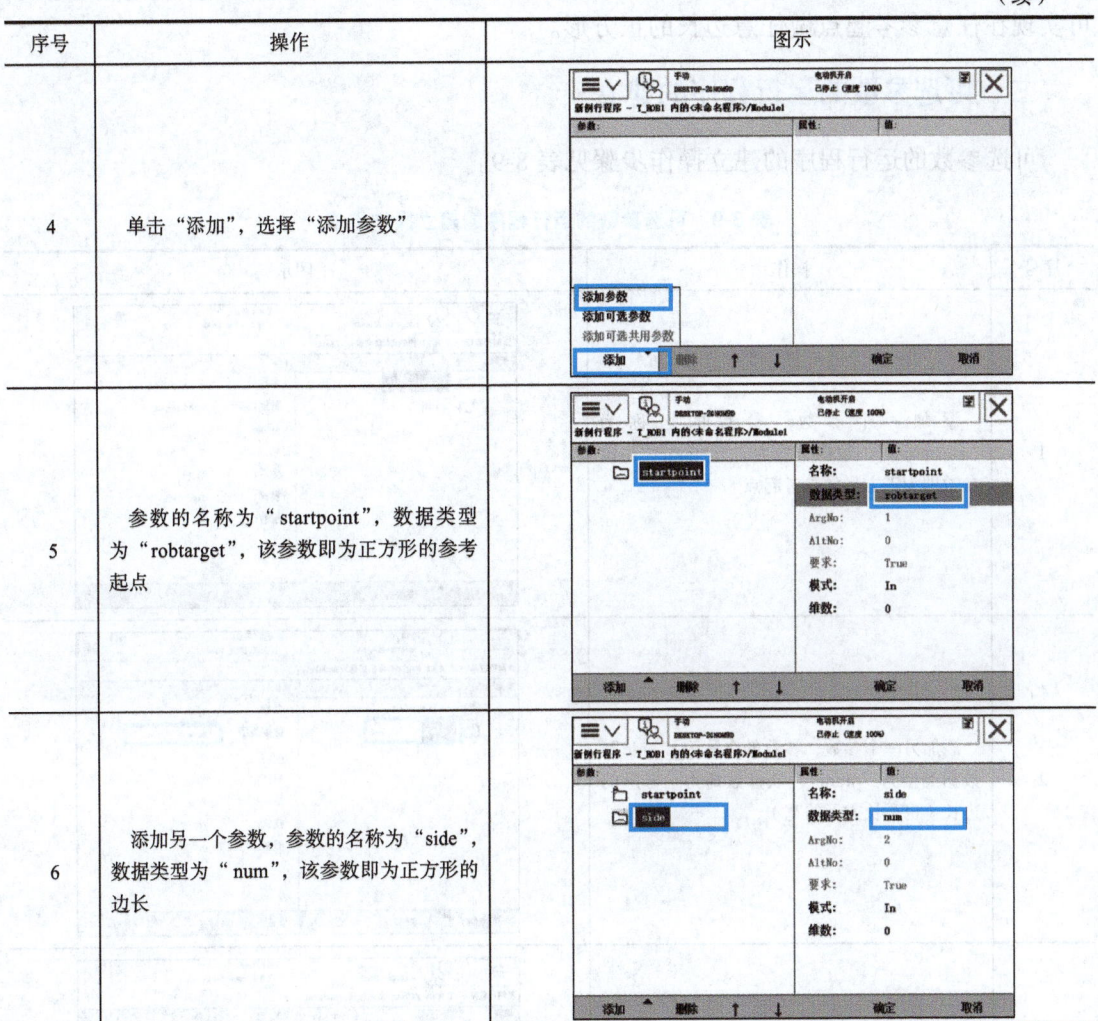

（续）

序号	操作	图示
4	单击"添加"，选择"添加参数"	
5	参数的名称为"startpoint"，数据类型为"robtarget"，该参数即为正方形的参考起点	
6	添加另一个参数，参数的名称为"side"，数据类型为"num"，该参数即为正方形的边长	

程序结构总览如下：

```
PROC draw(robtarget startpoint,num side)
        MoveJ Offs(startpoint,0,0,100),v1000,z20,tool0;
        MoveL startpoint,v1000,fine,tool0;
        MoveL Offs(startpoint,side,0,0),v1000,fine,tool0;
        MoveL Offs(startpoint,side,side,0),v1000,fine,tool0;
        MoveL Offs(startpoint,0,side,0),v1000,fine,tool0;
        MoveL startpoint,v1000,fine,tool0;
        MoveJ Offs(startpoint,0,0,100),v1000,z20,tool0;
ENDPROC


PROC main()
    draw p20,100;
ENDPROC
```

p20 和 100 都是实际参数，p20 为参考起点位置，100 为边长。通过对参数的定义，可实现在任意参考起点做任意边长的正方形。

二、可选参数的运行程序的建立

可选参数的运行程序的建立操作步骤见表 8-9。

表 8-9 可选参数的运行程序的建立操作步骤

序号	操作	图示
1	添加一个参数，参数的名称为"startpoint"，数据类型为"robtarget"，该参数即为正方形的参考起点	
2	添加另一个参数，参数的名称为"side"，数据类型为"num"，该参数即为正方形的边长（也是长方形的宽）	
3	单击"添加可选参数"，建立另外一个参数	
4	参数的名称为"length"，数据类型为"num"，该参数只有在画长方形时才会用到，即为长方形的长。此处使用 present 函数判断用户是否选择该可选参数	

程序结构总览如下：

1）建立可选参数的例行程序，参数分别是参考起点 startpoint、边长 side 和可选参数 length。

```
PROC draw(robtarget startpoint,num side,\num length)
    IF Present(length)THEN
        MoveJ Offs(startpoint,0,0,100),v1000,z20,tool0;
        MoveL startpoint,v1000,fine,tool0;
        MoveL Offs(startpoint,side,0,0),v1000,fine,tool0;          画
        MoveL Offs(startpoint,side,length,0),v1000,fine,tool0;     长
        MoveL Offs(startpoint,0,length,0),v1000,fine,tool0;        方
        MoveL startpoint,v1000,fine,tool0;                         形
        MoveJ Offs(startpoint,0,0,100),v1000,z20,tool0;
    ELSE
        MoveJ Offs(startpoint,0,0,100),v1000,z20,tool0;
        MoveL startpoint,v1000,fine,tool0;
        MoveL Offs(startpoint,side,0,0),v1000,fine,tool0;          画
        MoveL Offs(startpoint,side,side,0),v1000,fine,tool0;       正
        MoveL Offs(startpoint,0,side,0),v1000,fine,tool0;          方
        MoveL startpoint,v1000,fine,tool0;                         形
        MoveJ Offs(startpoint,0,0,100),v1000,z20,tool0;
    ENDIF
ENDPROC
```

2）调用带可选参数的例行程序，赋实参。

```
PROC main()
    draw p10,100\length:=200;
ENDPROC
```

三、取物料 1/2 程序的添加

取物料 1/2 程序的添加操作步骤见表 8-10。

表 8-10　取物料 1/2 程序的添加操作步骤

序号	操作	图示
1	以取物料为例，对比两段程序，程序格式相似，仅两个点位不同	取物料1的程序： 其中P1点是取物料1的位置点 PROC get1() 　MoveJ Home,v500,fine,tool0; 　MoveL offs(P1,0,0,300),v200,fine,tool0; 　MoveL P1,v100,fine,tool0; 　WaitTime 1; 　Set DO10_127; 　WaitTime 1; 　MoveL offs(P1,0,0,300),v200,fine,tool0; 　MoveJ Home,v500,fine,tool0; ENDPROC　　取物料2的程序： 其中P2点是取物料2的位置点 PROC get2() 　MoveJ Home,v500,fine,tool0; 　MoveL offs(P2,0,0,300),v200,fine,tool0; 　MoveL P2,v100,fine,tool0; 　WaitTime 1; 　Set DO10_127; 　WaitTime 1; 　MoveL offs(P2,0,0,300),v200,fine,tool0; 　MoveJ Home,v500,fine,tool0; ENDPROC

（续）

序号	操作	图示
2	两段程序合并表示	取物料1/2的程序： 其中P1/P2点是取物料1/2的位置点 PROC get1() 　MoveJ Home,v500,fine,tool0; 　MoveL offs(P1/P2,0,0,300),v200,fine,tool0; 　MoveL P1/P2,v100,fine,tool0; 　WaitTime 1; 　Set DO10_127; 　WaitTime 1; 　MoveL offs(P1/P2,0,0,300),v200,fine,tool0; 　MoveJ Home,v500,fine,tool0; ENDPROC
3	将所出现的点位全部保存至数组 P{2} 中 CONST robtarget P{2}:=[P1，P2]; 那么，P{1}=P1　P{2}=P2	取物料1的程序： PROC get1() 　MoveJ Home,v500,fine,tool0; 　MoveL offs(P{1},0,0,300),v200,fine,tool0; 　MoveL P{1},v100,fine,tool0; 　WaitTime 1; 　Set DO10_127; 　WaitTime 1; 　MoveL offs(P{1},0,0,300),v200,fine,tool0; 　MoveJ Home,v500,fine,tool0; ENDPROC　　　取物料2的程序： PROC get2() 　MoveJ Home,v500,fine,tool0; 　MoveL offs(P{2},0,0,300),v200,fine,tool0; 　MoveL P{2},v100,fine,tool0; 　WaitTime 1; 　Set DO10_127; 　WaitTime 1; 　MoveL offs(P{2},0,0,300),v200,fine,tool0; 　MoveJ Home,v500,fine,tool0; ENDPROC
4	将程序合并表示	合并后的程序： CONST robtarget P{2}:=[P1,P2]; PROC get(num n) 　MoveJ Home,v500,fine,tool0; 　MoveL offs(P{n},0,0,300),v200,fine,tool0; 　MoveL P{n},v100,fine,tool0; 　WaitTime 1; 　Set DO10_127; 　WaitTime 1; 　MoveL offs(P{n},0,0,300),v200,fine,tool0; 　MoveJ Home,v500,fine,tool0; ENDPROC　　当 n=1 时，P{n} = P{1}；当 n = 2 时，P{n} = P{2}。

任务评价

任务评测表

姓名		学号		日期		年　月　日	
小组成员				教师签字			
类别	项目	考核内容		得分	总分	评分标准	
理论	知识准备（100分）	正确理解带参数的例行程序与不带参数的例行程序（25分）				根据完成情况打分	
		掌握带参数的例行程序的格式（25分）					
		理解带参数的例行程序的4种存取模式（25分）					
		理解并灵活应用带参数的例行程序参数的不同分类（25分）					

(续)

类别	项目	考核内容	得分	总分	评分标准
实操	技能目标（60分）	能将带参数的例行程序思想应用于搬运或者码垛案例中（30分）	会☐／不会☐		单项技能目标为"会"，该项得满分；为"不会"，该项不得分 全部技能目标均为"会"记为"完成"；否则，记为"未完成"
		掌握ABB工业机器人带参数的例行程序添加步骤（30分）	会☐／不会☐		
	任务完成情况	完成☐／未完成☐			
	任务完成质量（40分）	工艺或操作熟练程度（20分）			任务"未完成"，此项不得分 任务"完成"，根据完成情况打分
		工作效率或完成任务速度（20分）			
	安全文明操作	1）安全生产 2）职业道德 3）职业规范			违反考场纪律，视情况扣20～40分 发生设备安全事故，扣至0分 发生人身安全事故，扣至0分 实训结束后未整理实训现场，扣10～20分
评分说明					
备注	1）评测表原则上不能出现涂改现象，若出现则必须在涂改之处签字确认 2）每次考核结束后，教师及时记录考核成绩				

任务 8.5　利用功能程序实现码垛点位计算

任务描述

本任务主要介绍利用功能程序实现码垛点位计算的方法。

问题引导

1）FUNCTION程序的作用是什么？
2）RETURN语句的作用是什么？
3）什么是MOD函数和DIV函数？如何利用它们来实现码垛点位计算？

能力要求

知识要求：理解功能程序的作用及使用场合；了解RETURN语句在不同程序中的作

用；掌握 MOD 函数及 DIV 函数的含义。

技能要求：掌握 ABB 工业机器人中功能函数的添加步骤；能将功能函数思想准确应用于点位计算。

素质要求：了解行业需求，培养遵守规范、操作细致、团队合作的职业素养；鼓励学生将理论知识与实践操作相结合，勇于探索创新；培养安全生产、节能环保等意识；建立运用功能函数解决问题的意识。

工作任务

已知有 12 个物料，厚度均为 30mm，按照图 8-35 中顺序在流水线上依次到达 P0 点。机器人只从 P0 点处取包裹，当取走 P0 点上的包裹时，下一个包裹才能到达 P0 点。要求：对快递包裹码垛，从 P1 位置开始，按图中顺序一层层码垛，P1、P2 和 P3 是包裹处于第一层的位置。

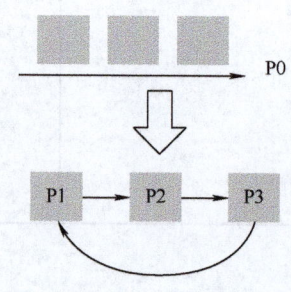

图 8-35 搬运案例中的点位

知识准备

下面介绍功能程序。

（1）功能程序的作用　通过调用有返回值程序（FUNCTION 程序），对特定的、有返回值程序进行求值，并且在调用过程中会收到有返回值程序返回的值。有返回值程序可为预定义的或用户定义的。有返回值程序调用的参数将数据传递至所调用的有返回值程序中（也可用调用的有返回值程序传递数据）。调用参数的数据类型必须与有返回值程序的相应参数的类型一致。FUNCTION 程序案例如下：

```
FUNC bool threshold(num param0,num param1)
  IF param0+param1>10 THEN
    RETURN TRUE;    ! 如果 param0+param1>10, 将 TRUE 作为返回值。
  ELSE
    RETURN FALSE;   ! 如果 param0+param1<=10, 将 FALSE 作为返回值。
  ENDIF
ENDFUNC
```

（2）RETURN 语句　RETURN 用于完成程序的执行。如果程序是一个函数，则同时返回函数值。其用法如下：

1）主程序：停止程序，指针回到主程序第一条语句。
2）无返回值程序：通过过程调用后的指令，继续程序执行。
3）功能程序：返回函数的值。
4）软中断程序：从出现中断的位置，继续程序执行。
5）无返回值程序中的错误处理器：通过调用程序以及错误处理器的程序（通过过程调用后的指令），继续程序执行。
6）功能程序中的错误处理器：返回函数值。
（3）功能程序的添加和介绍　功能程序的添加和介绍如图8-36所示。

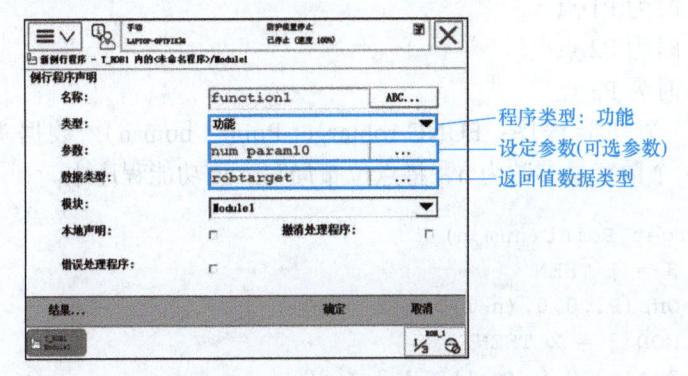

图8-36　功能程序的添加和介绍

任务实施

1）解决工作任务的关键在于要知道各个物料的位置，即物料在平面的位置和物料在竖直方向上的位置，如图8-37所示。

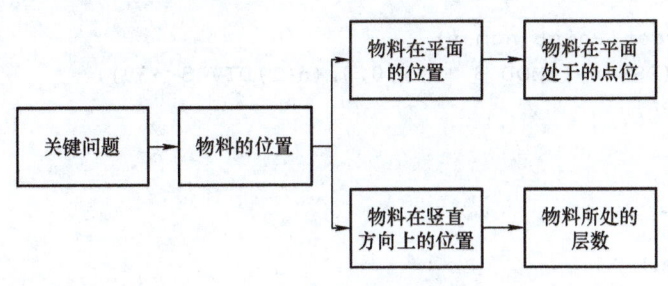

图8-37　物料的位置

2）MOD函数及DIV函数介绍。

① MOD函数：MOD是用于计算整数除法余数的函数。示例：

```
reg1 := 14 MOD 4;
```

reg1的值为2。

② DIV函数：DIV是用于计算整数除法商的函数。示例：

```
reg1 := 14 DIV 4;
```

reg1的值为3。

3）首先设置一个变量 n，其含义为包裹的序号，定义序号从 1 开始。n-1 除以 3 的商再加 1 即为该包裹应处于的层数。

（n-1）DIV 3 =0 时为第一层。

（n-1）DIV 3 =1 时为第二层。

（n-1）DIV 3 =2 时为第三层。

（n-1）DIV 3 =3 时为第四层。

当 n 除以 3 的余数为 1 时，表示该包裹在 P1 点及其上方；当 n 除以 3 的余数为 2 时，表示该包裹在 P2 点及其上方；当 n 除以 3 的余数为 0 时，表示该包裹在 P3 点及其上方。

n MOD 3 =1 时为 P1 点

n MOD 3 =2 时为 P2 点

n MOD 3 =0 时为 P3 点

4）再建立一个功能程序：FUNC robtarget Point（num n），数据类型为点位数据 robtarget，设置一个数字量参数为 n，将点位布局写入该功能程序中。

```
FUNC robtarget Point(num n)
  IF n MOD 3 = 1 THEN
      PA:=Offs(P1,0,0,(n-1)DIV 3 * 30);
  ELSEIF n MOD 3 = 2 THEN
      PA:=Offs(P2,0,0,(n-1)DIV 3 * 30);
  ELSEIF n MOD 3 = 0 THEN
      PA:=Offs(P3,0,0,(n-1)DIV 3 * 30);
  ENDIF
  RETURN PA;
ENDFUNC
```

也可以将 P1、P2 和 P3 点编成一个数组：CONST robtarget PS{3}:=[P1，P2，P3];

```
FUNC robtarget Point(num n)
   PA:=Offs(PS{(n-1)MOD 3 + 1},0,0,(n-1)DIV 3 *30);
   RETURN PA;
ENDFUNC
```

5）程序总览。

```
PROC banyun()
  MoveJ Home,v500,fine,tool0;
  FOR m FROM 1 TO 12 DO
    MoveJ Offs(P0,0,0,300),v200,fine,tool0;
    MoveL P0,v100,fine,tool0;
    WaitTime 1;
    Set DO10_127;
    WaitTime 1;
    MoveL Offs(P0,0,0,300),v100,fine,tool0;
    MoveJ Offs(Point(m),0,0,300),v200,fine,tool0;
    MoveL Point(m),v100,fine,tool0;
    WaitTime 1;
```

```
        Reset DO10_127;
        WaitTime 1;
        MoveL Offs(Point(m),0,0,300),v100,fine,tool0;
    ENDFOR
    MoveJ Home,v500,fine,tool0;
ENDPROC
```

任务评价

任务评测表

姓名		学号		日期		年　月　日	
小组成员				教师签字			
类别	项目	考核内容		得分	总分	评分标准	
理论	知识准备（100分）	理解功能程序的作用及使用场合（60分）				根据完成情况打分	
		了解 RETURN 语句在不同程序中的作用（20分）					
		掌握 MOD 函数及 DIV 函数的含义（20分）					
实操	技能目标（60分）	建立运用功能函数解决问题的意识（30分）	会□/不会□			单项技能目标为"会"，该项得满分；为"不会"，该项不得分　全部技能目标均为"会"记为"完成"；否则，记为"未完成"	
		掌握 ABB 工业机器人中功能函数的添加步骤（10分）	会□/不会□				
		能将功能函数意识准确应用于点位计算（20分）	会□/不会□				
	任务完成情况	完成□/未完成□					
	任务完成质量（40分）	工艺或操作熟练程度（20分）				任务"未完成"，此项不得分　任务"完成"，根据完成情况打分	
		工作效率或完成任务速度（20分）					
	安全文明操作	1）安全生产 2）职业道德 3）职业规范				违反考场纪律，视情况扣20～40分　发生设备安全事故，扣至0分　发生人身安全事故，扣至0分　实训结束后未整理实训现场，扣10～20分	
评分说明							
备注	1）评测表原则上不能出现涂改现象，若出现则必须在涂改之处签字确认 2）每次考核结束后，教师及时记录考核成绩						

任务 8.6 中断程序 TRAP 的使用

任务描述

本任务主要介绍中断程序 TRAP 在处理紧急状况时的应用。

问题引导

1）在程序的执行过程中，如果发生需处理的紧急情况，机器人应该如何应对？
2）有哪些常见的触发条件？
3）如何添加中断程序 TRAP？

能力要求

知识要求：了解中断程序 TRAP 的作用及适用范围。

技能要求：掌握中断指令 TRAP 基本添加过程；通过实际的例子，完成中断指令的配置和设定。

素质要求：了解行业需求，培养遵守规范、操作细致、团队合作的职业素养；鼓励学生将理论知识与实践操作相结合，勇于探索创新；培养安全生产、节能环保等意识。

工作任务

以对一个传感器的信号进行实时监控为例，编写一个中断程序，要求如下：
1）在正常的情况下，di1 的信号为 0。
2）当 di1 的信号从 0 变为 1 时，对 reg1 数据进行加 1 处理。

知识准备

程序在执行过程中，如果发生需要紧急处理的情况，就需要机器人中断当前的执行，程序指针 PP 马上跳转到专门的程序中，对紧急的情况进行相应的处理，结束之后，程序指针 PP 返回到原来被中断的地方，继续往下执行程序。专门用来处理紧急情况的程序称为中断程序（TRAP）。中断程序经常会用于出错处理和实时响应要求高的场合。中断执行过程如图 8-38 所示。

当发生中断时，正在运行的程序暂停执行，系统执行中断程序，中断程序执行完以后，继续执行原来的程序；如果前台是运动程序，中断非运动程序，机器人不会停；如果中断有运动指令，必须先停止机器人运动后（stopmove），才可执行新的运动指令，否则冲突。常见的触发条件见表 8-11。

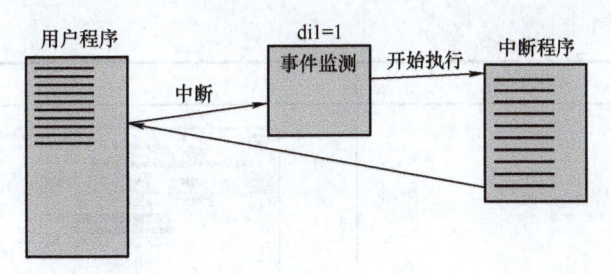

图 8-38 中断执行过程

表 8-11 常见的触发条件

参数	含义
ISignalDI	数字量输入信号变化触发中断
ISignalDO	数字量输出信号变化触发中断
ISignalGI	组输入信号变化触发中断
ISignalGO	组输出信号变化触发中断
ISignalAI	模拟量输入信号变化触发中断
ISignalAO	模拟量输出信号变化触发中断
ITimer	设定时间间隔触发中断
TriggInt	固定位置中断（用于 Trigg 相关指令）
IPers	可变量数据变化触发中断
IError	出现错误时触发中断
IRMQMessage i	RAPID 语言消息队列收到指定数据类型时中断

任务实施

创建中断程序的操作步骤见表 8-12。

表 8-12 创建中断程序的操作步骤

序号	操作	图示
1	单击左上角主菜单按钮，选择"程序编辑器"	

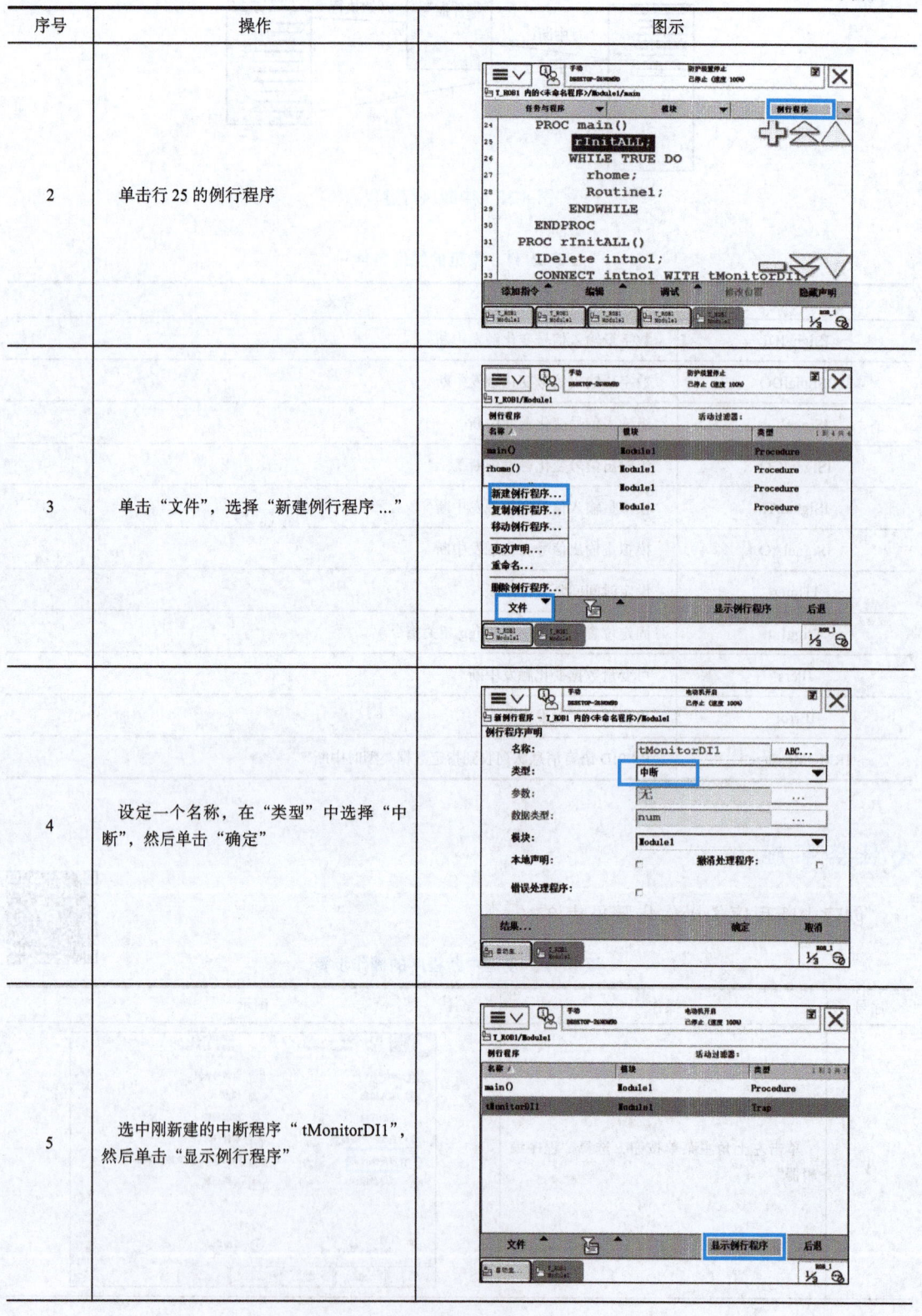

（续）

序号	操作	图示
2	单击行 25 的例行程序	
3	单击"文件"，选择"新建例行程序…"	
4	设定一个名称，在"类型"中选择"中断"，然后单击"确定"	
5	选中刚新建的中断程序"tMonitorDI1"，然后单击"显示例行程序"	

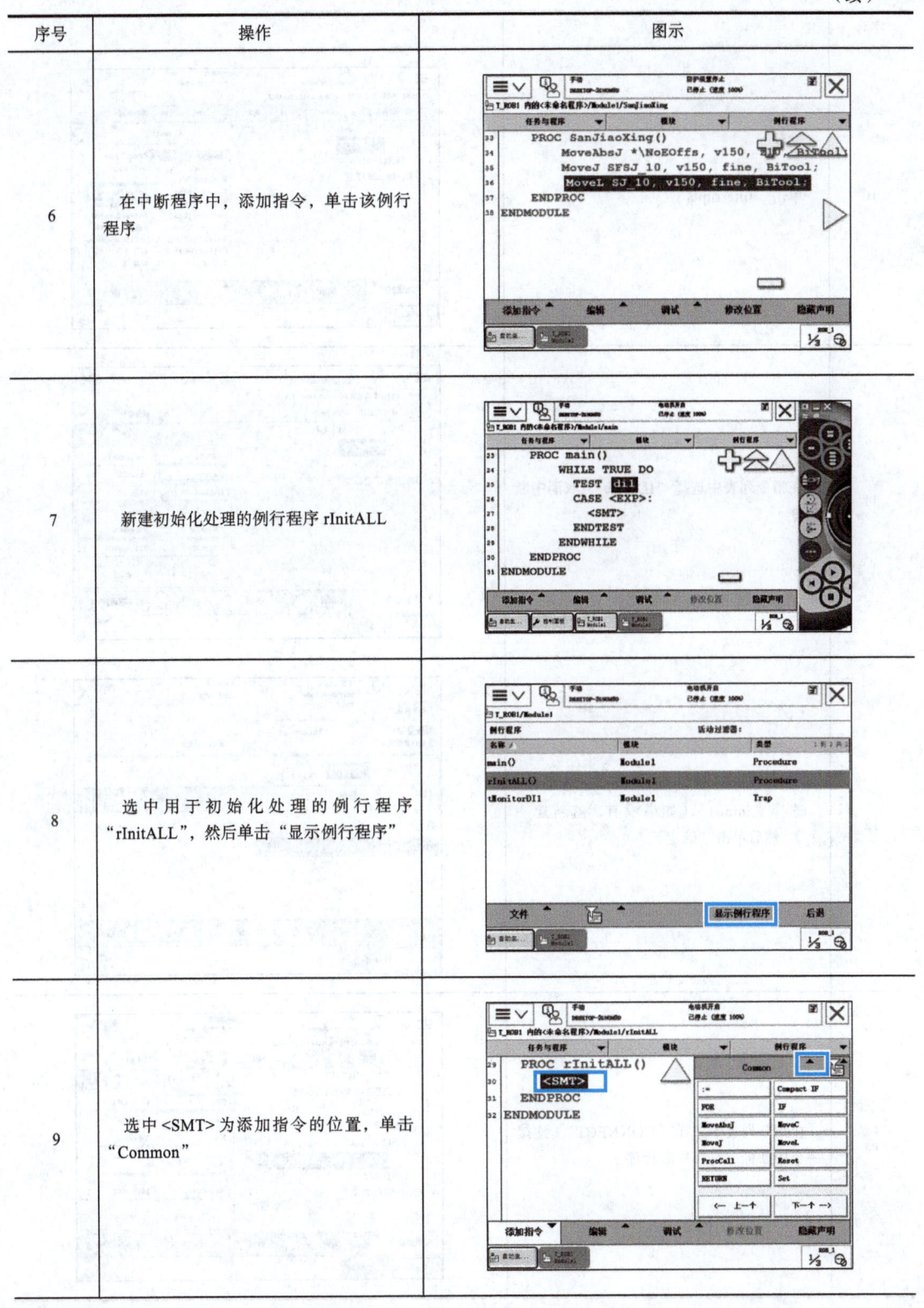

（续）

序号	操作	图示
6	在中断程序中，添加指令，单击该例行程序	
7	新建初始化处理的例行程序 rInitALL	
8	选中用于初始化处理的例行程序"rInitALL"，然后单击"显示例行程序"	
9	选中 <SMT> 为添加指令的位置，单击"Common"	

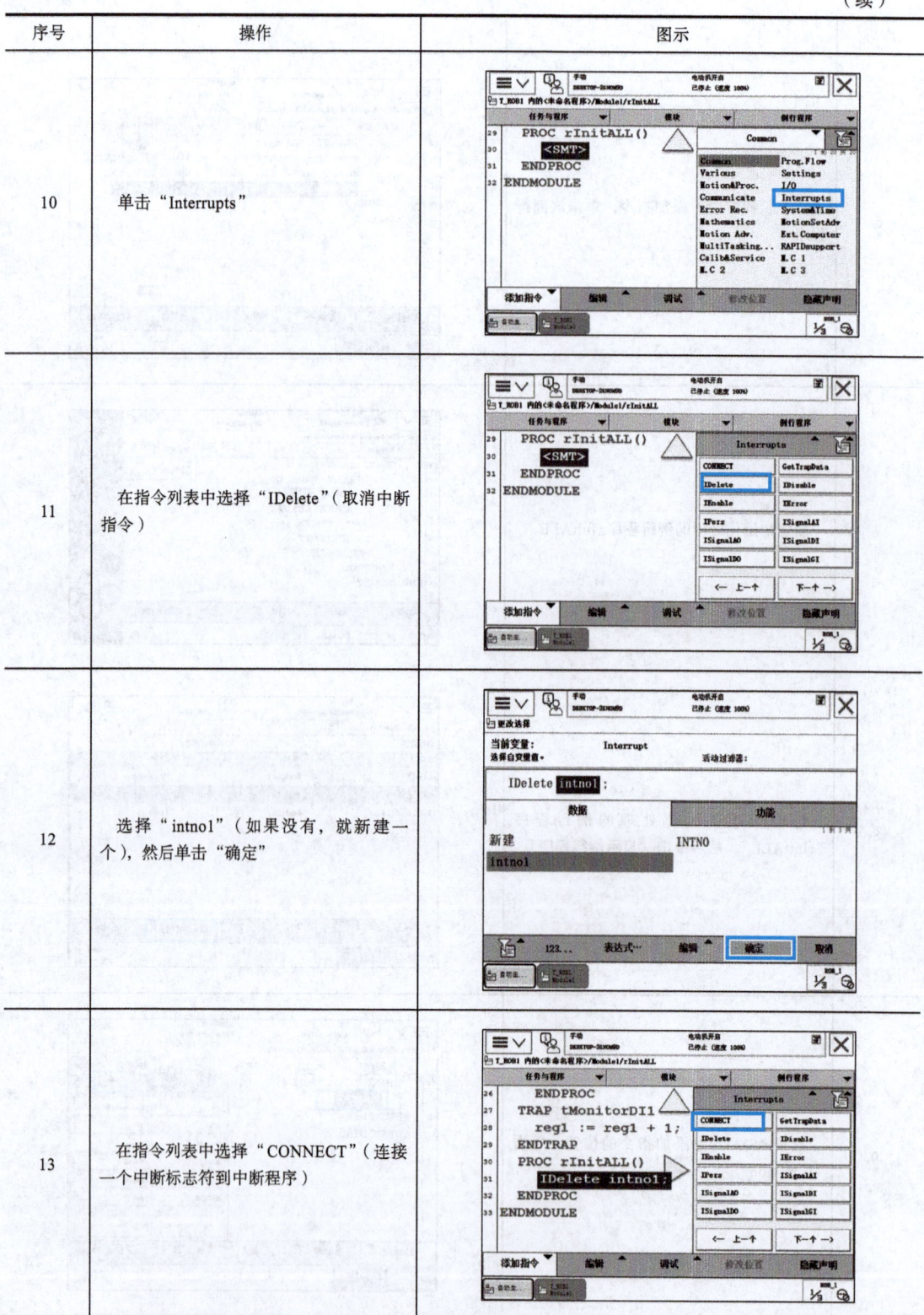

（续）

序号	操作	图示
10	单击"Interrupts"	
11	在指令列表中选择"IDelete"（取消中断指令）	
12	选择"intno1"（如果没有，就新建一个），然后单击"确定"	
13	在指令列表中选择"CONNECT"（连接一个中断标志符到中断程序）	

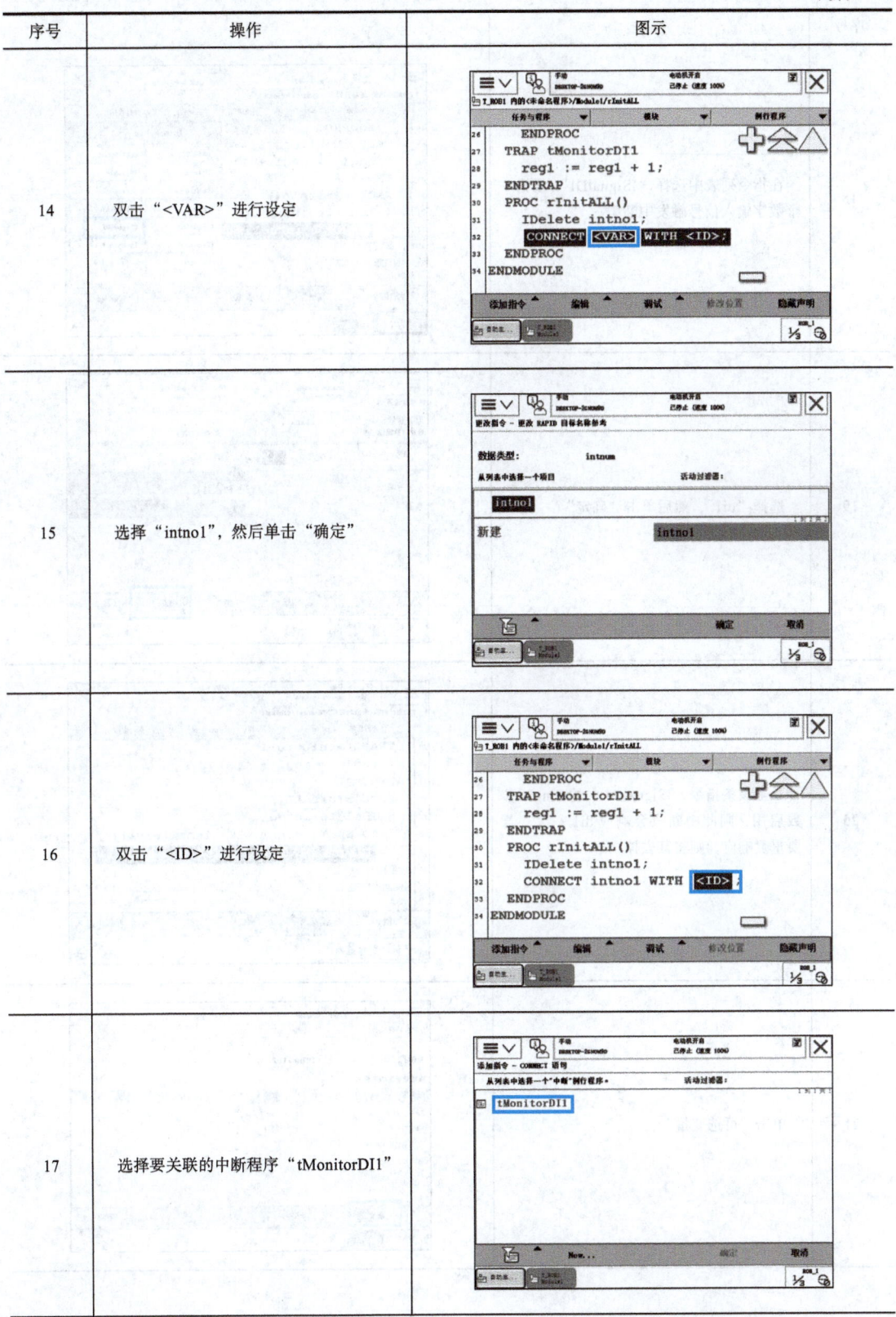

(续)

序号	操作	图示
14	双击"<VAR>"进行设定	
15	选择"intno1",然后单击"确定"	
16	双击"<ID>"进行设定	
17	选择要关联的中断程序"tMonitorDI1"	

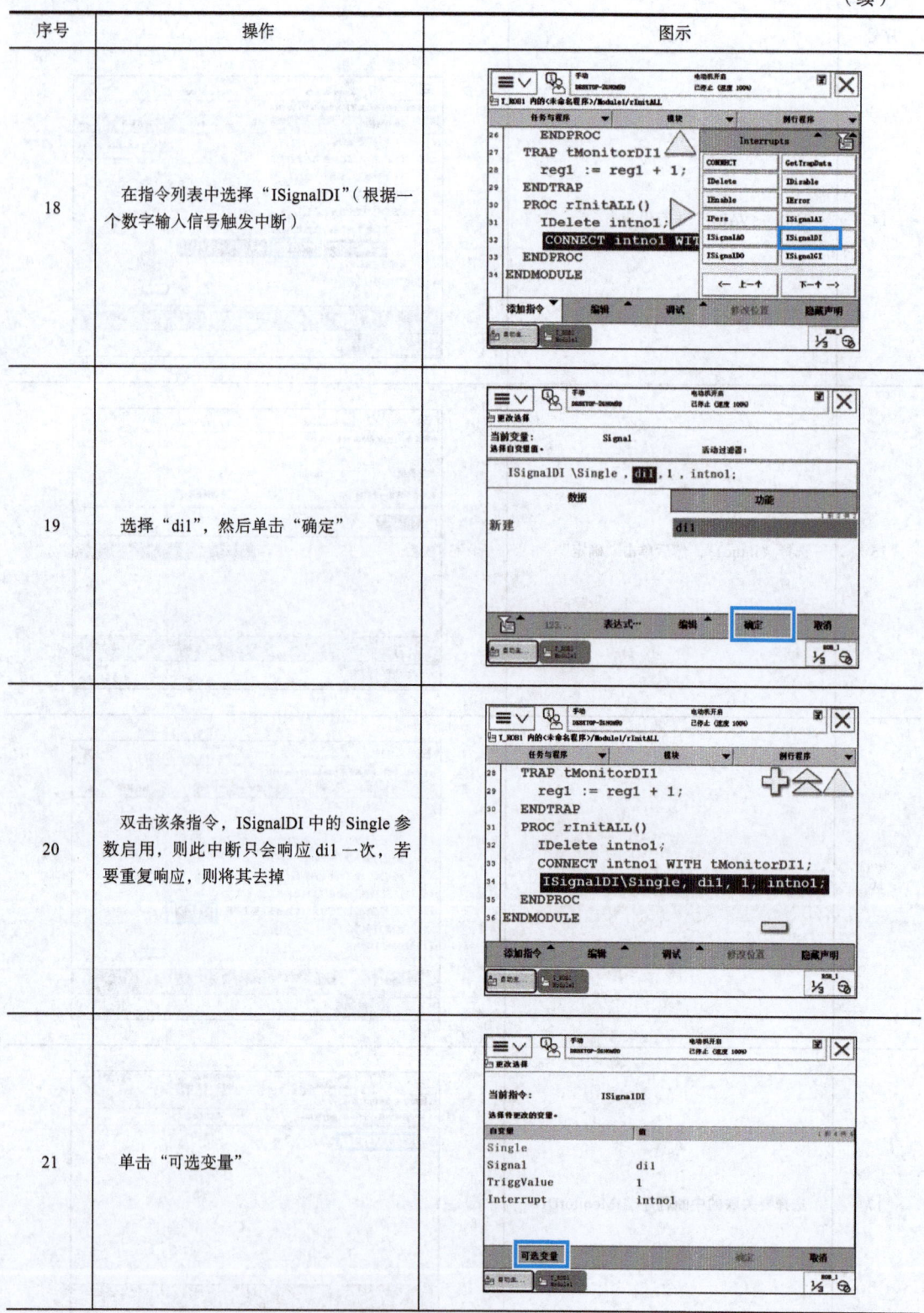

（续）

序号	操作	图示
18	在指令列表中选择"ISignalDI"（根据一个数字输入信号触发中断）	
19	选择"di1"，然后单击"确定"	
20	双击该条指令，ISignalDI 中的 Single 参数启用，则此中断只会响应 di1 一次，若要重复响应，则将其去掉	
21	单击"可选变量"	

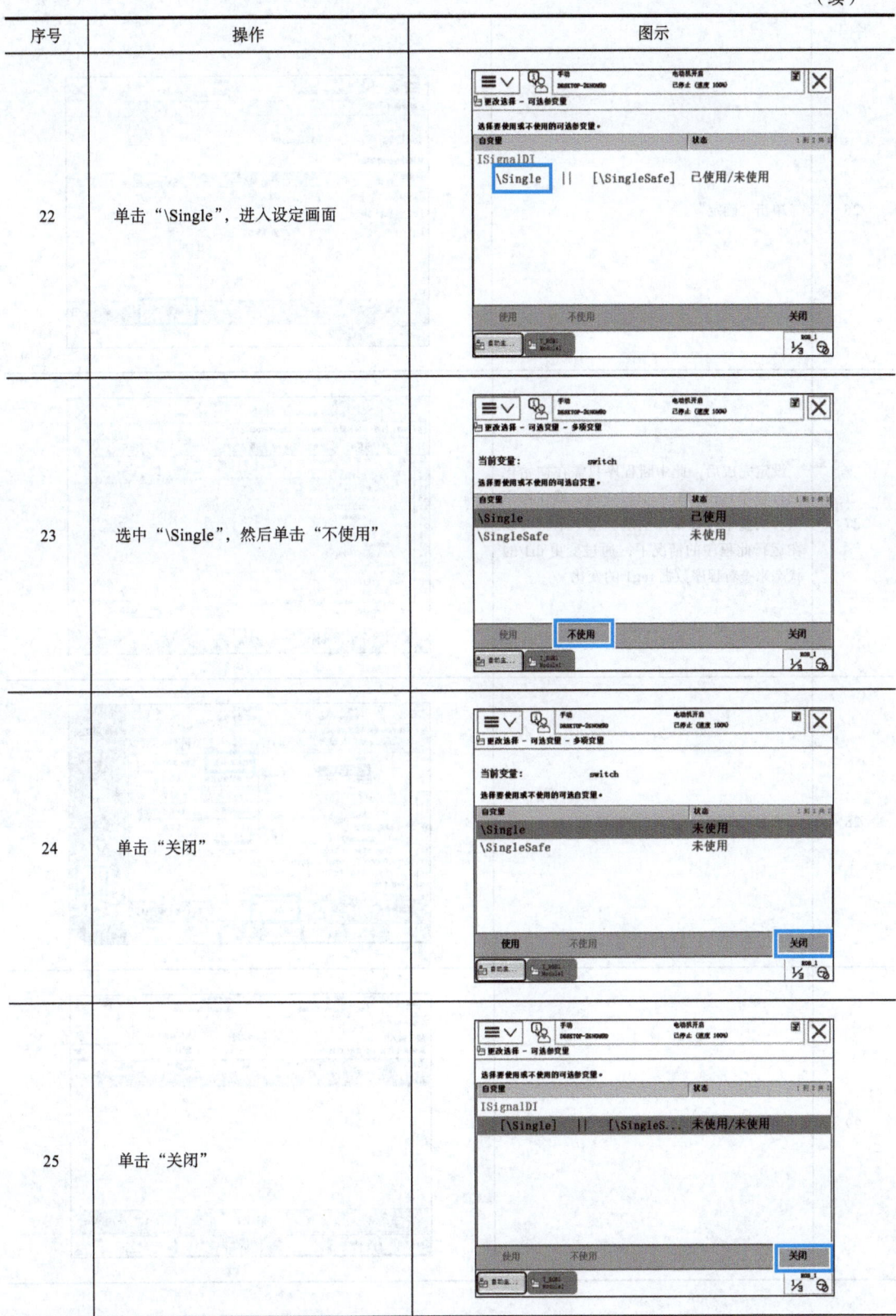

（续）

序号	操作	图示
22	单击"\Single"，进入设定画面	
23	选中"\Single"，然后单击"不使用"	
24	单击"关闭"	
25	单击"关闭"	

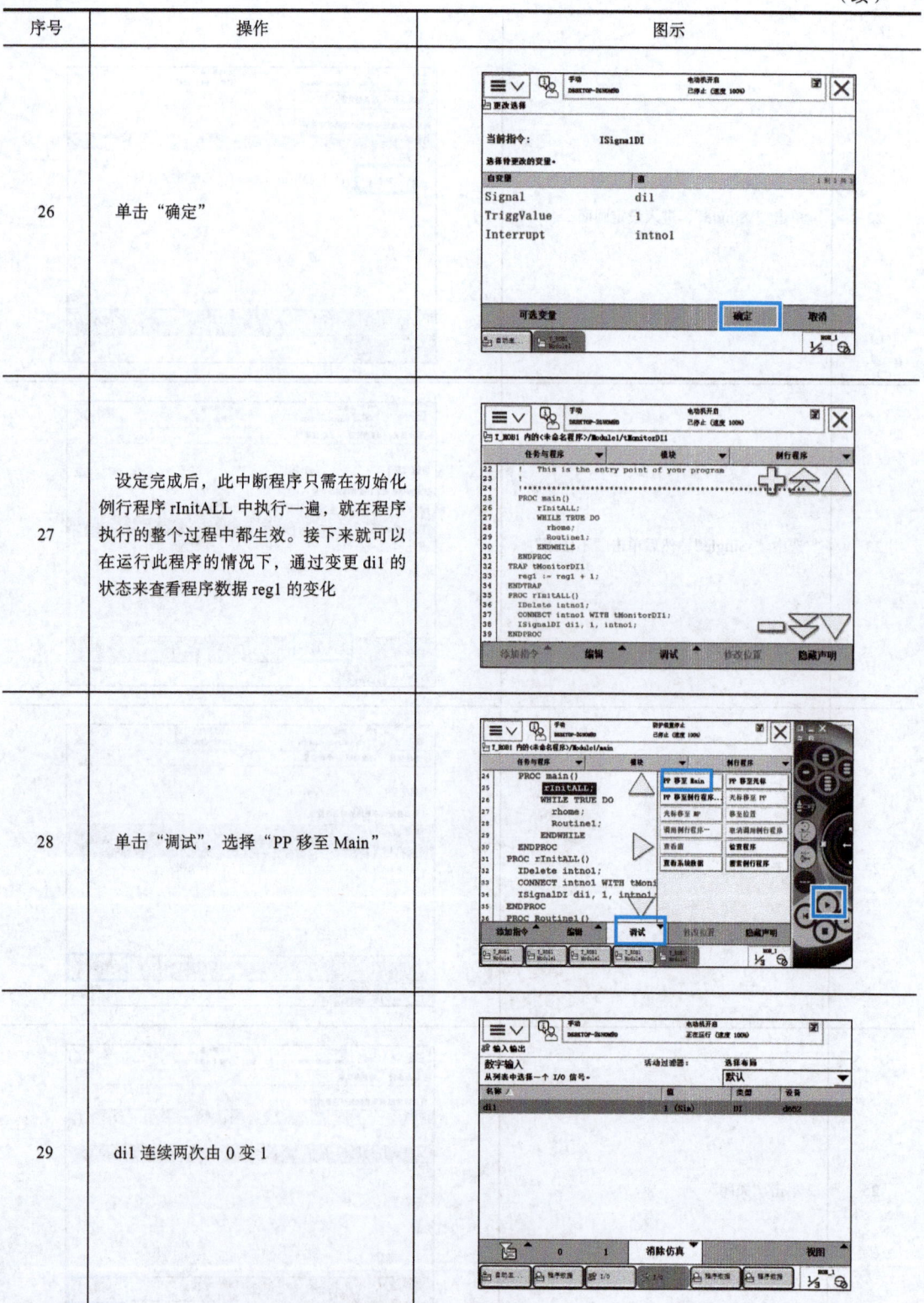

（续）

序号	操作	图示
26	单击"确定"	
27	设定完成后，此中断程序只需在初始化例行程序 rInitALL 中执行一遍，就在程序执行的整个过程中都生效。接下来就可以在运行此程序的情况下，通过变更 di1 的状态来查看程序数据 reg1 的变化	
28	单击"调试"，选择"PP 移至 Main"	
29	di1 连续两次由 0 变 1	

（续）

序号	操作	图示
30	reg1 的当前值为 2	

小结：

（1）定义并激活一个中断程序的基本思路

1）创建一个中断处理程序 tr1。

2）连接中断号前先清空中断，确保不被占线，IDelete intno1。

3）将中断程序和一个中断号相连，CONNECT intno1 WITH tr1。

4）定义中断触发事件 ISignalDI di1，1，intno1；（去除 Single 可选参数，否则只响应一次）。

（2）任务程序结构总览

```
PROC main()
    init;
    WHILE TRUE DO
        square;
    ENDWHILE
ENDPROC
TRAP tr1
    reg1 := reg1 + 1;                创建一个中断处理程序 tr1
    TPWrite "reg1"\Num:=reg1;
ENDTRAP
PROC init()
    IDelete intno1;                  清空中断号
    CONNECT intno1 WITH tr1;         将中断处理程序和一个中断号相连
    ISignalDI di1,1,intno1;          定义中断触发事件（去除 Single 可
                                     选参数，否则只响应一次）
ENDPROC
```

在中断程序的实际使用中，不需要在主程序中对该中断程序进行调用，定义触发条件的语句一般放在初始化程序中，当程序启动运行完成该定义触发条件的语句一次后，则进入中断监控。当数字输入信号 di1 变为 1 时，机器人立即执行 tTRAP 中的程序。运行完成以后，指针 PP 返回至触发该中断的程序位置继续往下执行。

任务评价

任务评测表

类别	项目	考核内容		得分	总分	评分标准
	姓名		学号		日期	年 月 日
	小组成员				教师签字	
理论	知识准备（100分）	了解中断程序TRAP的作用及适用范围（50分）				根据完成情况打分
		掌握定义并激活一个中断的基本思路（50分）				
实操	技能目标（60分）	掌握中断程序TRAP基本添加过程，通过实际的例子，完成中断程序的配置和设定（30分）	会□/不会□			单项技能目标为"会"，该项得满分；为"不会"，该项不得分
		能将中断意识应用于实际问题的解决（30分）	会□/不会□			全部技能目标均为"会"，记为"完成"；否则，记为"未完成"
	任务完成情况	完成□/未完成□				
	任务完成质量（40分）	工艺或操作熟练程度（20分）				任务"未完成"，此项不得分
		工作效率或完成任务速度（20分）				任务"完成"，根据完成情况打分
	安全文明操作	1）安全生产 2）职业道德 3）职业规范				违反考场纪律，视情况扣20~40分 发生设备安全事故，扣至0分 发生人身安全事故，扣至0分 实训结束后未整理实训现场，扣10~20分
	评分说明					
	备注	1）评测表原则上不能出现涂改现象，若出现则必须在涂改之处签字确认 2）每次考核结束后，教师及时记录考核成绩				

项目评测

1. 问题与思考

（1）ABB工业机器人中常用的I/O控制指令有哪些？

（2）物料搬运中手爪的夹紧和张开需要气路参与实现，简要说明对气动控制系统的认识。

（3）在手爪动作控制程序编写中，以手爪张开动作为例，有时只需要置位相应的DO

信号，而有时还需要再复位另一个 DO 信号，如图 8-39 和图 8-40 所示，试分析其中的原因。

```
53  PROC get()
54    Set DO1;
55    WaitTime 2;
56  ENDPROC
```
手爪夹紧子程序
a)

```
58  PROC put()
59    Reset DO1;
60    WaitTime 2;
61  ENDPROC
```
手爪张开子程序
b)

图 8-39　问题与思考题（3）图 1

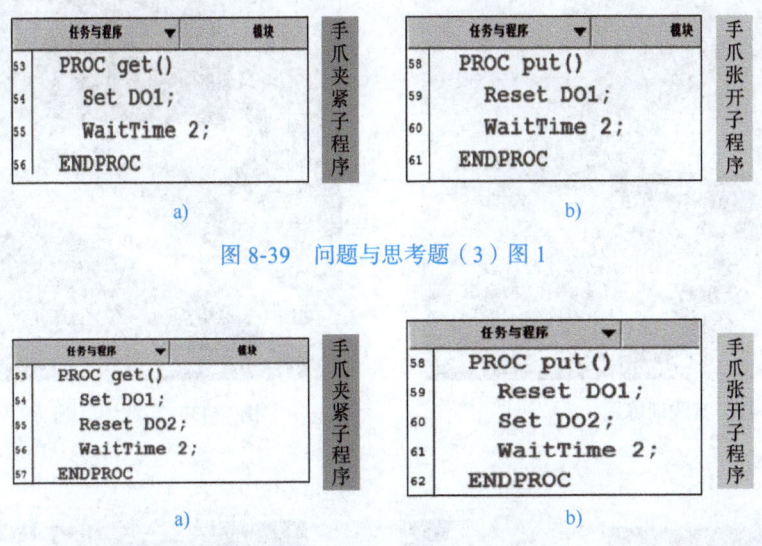

```
53  PROC get()
54    Set DO1;
55    Reset DO2;
56    WaitTime 2;
57  ENDPROC
```
手爪夹紧子程序
a)

```
58  PROC put()
59    Reset DO1;
60    Set DO2;
61    WaitTime 2;
62  ENDPROC
```
手爪张开子程序
b)

图 8-40　问题与思考题（3）图 2

2. 实践训练

（1）图 8-41 所示是某同学在实训中的一段程序，请大家找出程序段中不合适的地方，并在右侧框中说明如何修改。

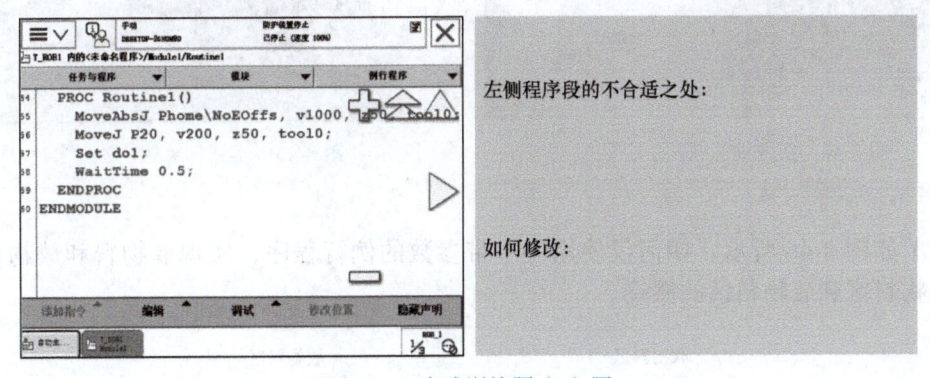

```
54  PROC Routine1()
55    MoveAbsJ Phome\NoEOffs, v1000, z50, tool0;
56    MoveJ P20, v200, z50, tool0;
57    Set do1;
58    WaitTime 0.5;
59  ENDPROC
60  ENDMODULE
```

左侧程序段的不合适之处：

如何修改：

图 8-41　实践训练题（1）图

（2）示教编写工业机器人程序并分别在手动和自动模式下调试运行，实现工业机器人依次执行手爪的拾取、码垛块的拾取与码放、手爪的释放。码垛块拾取位置如图 8-42 所示，码垛垛形如图 8-43 所示。码垛两层，每层 3 个物料，第一层垛形如图 8-44 所示，第二层垛形如图 8-45 所示。

要求：手爪的拾取和释放均从 Home 点出发，最后完成操作后返回至 Home 点，工作原点 Home 对应工业机器人的状态为五轴垂直向下，其余关节轴均为 0°；码垛块的拾取程序为 Pick，手爪的拾取程序为 MGet，手爪的释放程序命名为 MPut。物料的长、宽、高分别为 64mm、32mm、15mm。

图 8-42　实践训练题（2）图 1

图 8-43　实践训练题（2）图 2

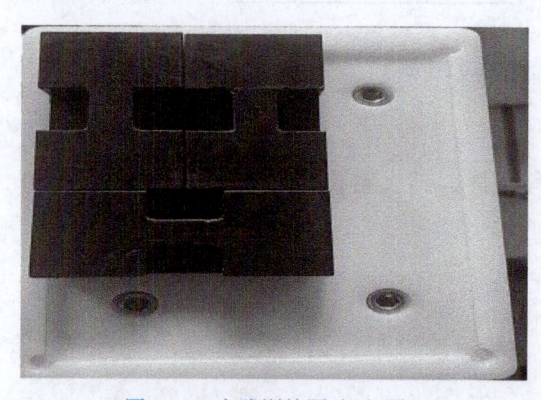

图 8-44　实践训练题（2）图 3

图 8-45　实践训练题（2）图 4

（3）如图 8-46 所示，如何仅使用一个带参数的例行程序，实现取物料和放物料，以及从取物料区到放物料区的搬运。

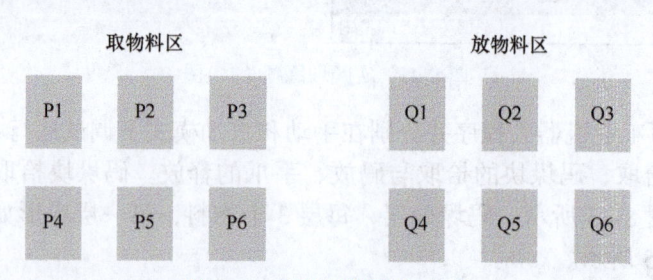

取物料区　　　　　　　　　放物料区

| P1 | P2 | P3 |　　| Q1 | Q2 | Q3 |

| P4 | P5 | P6 |　　| Q4 | Q5 | Q6 |

图 8-46　实践训练题（3）图

（4）如图 8-47 所示，已知物料长、宽、高均为 30mm，物料之间上下和左右的间隔为 30mm。每层均从左下角的物料开始，以顺时针码垛，总共码 3 层。第一层左下角物料点位 P1 为已知点位，写出点位功能程序。

项目 8　工业机器人搬运

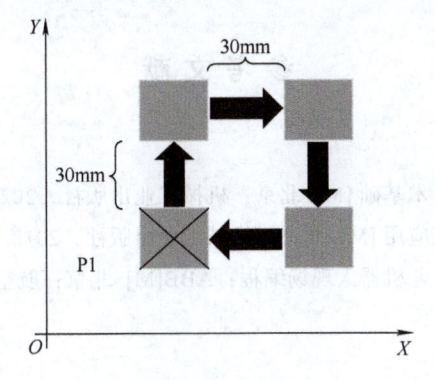

图 8-47　实践训练题（4）图

（5）如图 8-48 所示，已知物料长 80mm、宽 40mm、厚 40mm，分单数层和双数层码垛。每层均从左上角的物料开始，以顺时针码垛，总共码 4 层。第一层两个物料点位 P1 与 P2 为已知点位，写出点位功能程序。

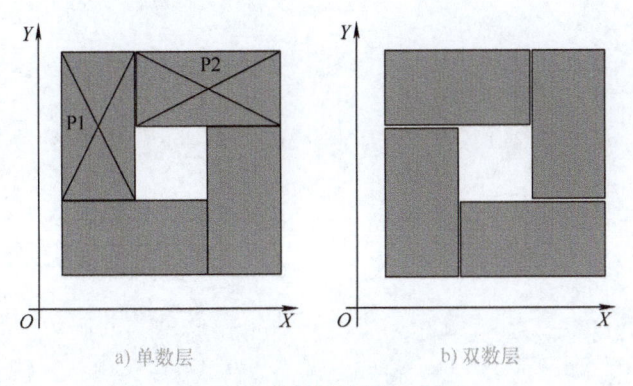

a）单数层　　b）双数层

图 8-48　实践训练题（5）图

（6）如图 8-49 所示，通过触摸屏实现 ABB 工业机器人暂停 / 继续功能，ABB 工业机器人执行画圆操作任务，按下触摸屏暂停信号，机器人停止当前作业；按下触摸屏继续信号，机器人从当前作业任务继续工作。

图 8-49　实践训练题（6）图

参 考 文 献

[1] 李峰，李伟.工业机器人技术基础[M].北京：机械工业出版社，2022.
[2] 张明文.工业机器人基础及应用[M].北京：机械工业出版社，2018.
[3] 李春勤，赵振铎，李娜.工业机器人现场编程：ABB[M].北京：航空工业出版社，2019.